口絵① ダイズ品種の多様な粒形・色 （写真：羽鹿牧太）

口絵② ダイズの不耕起播種 （写真：島田信二）

口絵③ 不耕起播種されたダイズの出芽 （写真：島田信二）

口絵④ ダイズの培土作業 （写真：島田信二）

口絵⑤ ダイズ栄養成長期の湿害 （写真：国分牧衛）

口絵⑥　ダイズの開花のようす
（写真：羽鹿牧太）

口絵⑦　青立ち状態のダイズ（写真：羽鹿牧太）

口絵⑧　コンバインによるダイズの収穫（写真：島田信二）

口絵⑨　伝統的なダイズ食品その1（豆腐・納豆）（写真：島田信二）

口絵⑩　伝統的なダイズ食品その2（みそ・煮豆）（写真：島田信二）

口絵⑪　粉末状ダイズタンパク
　　　（写真：河野光登）

口絵⑫　粒状ダイズタンパク（写真：河野光登）

口絵⑬　ダイズタンパク食品（写真：河野光登）

口絵⑭　ダイズタンパクを用いたシリアルバー（写真：河野光登）

口絵⑮　アズキ品種の多様な粒形・色（写真：島田尚典）

口絵⑯　ラッカセイの子房柄が地下に侵入するようす（左）と，着莢のようす
（写真：千葉県農林総合研究センター育種研究所　落花生試験地）

口絵⑰　ソラマメの着莢のようす（写真：高橋晋太郎）

日本作物学会「作物栽培大系」編集委員会 監修

作物栽培大系 ⑤

豆類の栽培と利用

国分牧衛 編

朝倉書店

執筆者 (執筆順, * は本巻の担当編集委員)

羽鹿 牧太	作物研究所
島田 信二	中央農業総合研究センター
辻 博之	北海道農業研究センター
持田 秀之	東北農業研究センター
浜口 秀生	中央農業総合研究センター
岡部 昭典	近畿中国四国農業研究センター
高橋 幹	九州沖縄農業研究センター
塚本 知玄	岩手大学
石黒 貴寛	旭松食品株式会社
坂本 晋一	タカノフーズ株式会社
工藤 重光	弘前大学
山崎 達雄	株式会社 ヤマサORM
戸田 登志也	フジッコ株式会社
本多 芳孝	マルサンアイ株式会社
松浦 健一	株式会社 佐藤政行種苗
河野 光登	不二製油株式会社
島田 尚典	北海道立総合研究機構
国分 牧衛*	東北大学
及川 一也	八幡平農業改良普及センター
蘆田 哲也	京都府 農林水産部
加藤 淳	北海道立総合研究機構
長谷川 誠	千葉県農林総合研究センター
桑田 主税	千葉県農林総合研究センター
清島 浩之	千葉県農林総合研究センター
鈴木 茂	千葉県農林総合研究センター

『作物栽培大系』刊行にあたって

　「栽培」という文字が入った講義が，多くの大学農学部から消えて久しい．これは，栽培研究の成果が品種育成のように見えやすいものでなく，栽培学が百年一日のごとく同じような栽培試験を繰り返すだけの古い学問領域と誤解されているからかもしれない．しかしこの間，要素還元的な研究が発展し，個別の作物の形態・遺伝・生理などに関する知見が蓄積されてきた．また，特に分子生物学的な研究の進展によって遺伝子や分子レベルの理解が深まってきたため，このような知見を利用した育種や栽培が行われることも期待されている．

　一方，現場における作物栽培を改善するには，変動する環境条件下で，作物個体に関する研究成果を個体群の問題につなげていかなければならない．また，栽培体系の中でそれぞれの作物の栽培を位置づけなければならない．そのためには，単に作物についての植物学的な知見のみでなく，土壌学，植物栄養学，植物病理学，応用昆虫学，雑草学，農業気象学，農業機械学，農業工学，農業経済学などの農学諸分野の研究成果も取り入れて総合する力が必要となる．

　栽培学に新しい視点を導入することも，求められている．すなわち，多くのエネルギーを利用して生産量を増やしていくという時代は終わり，エネルギー原料作物の栽培において顕著であるが，低投入でありながら，持続的あるいは環境調和型の作物栽培を確立していくことが期待されている．

　作物栽培では，このような総合性・学際性が求められる一方で，取り扱う個々の作物種や品種の特性を十分に理解したうえで，各地域の気候・地質・社会状況に対応した作付を行い，その後の管理をしていかなければならない．多様性と個別性を取り扱う栽培学は，人工環境下で栽培したモデル植物を取り扱っていただけでは成り立たない．ここに，栽培学の難しさと面白さがある．

　本大系編集委員会のメンバーである森田，阿部，大門は2006年，朝倉書店

より共編にて教科書『栽培学』を上梓した．幸い版を重ねているようであり，これは栽培学が問題発見・問題解決型の学問分野として今まさに必要とされていることを示しているといえよう．この教科書を編集した際，時間の経過とともに改訂しなければならないと同時に，栽培学の総合性と多様性という両面性から，この一書だけでは完結せず，いずれ各論編を編集したいと考えた．その後，朝倉書店から，森田監修のシリーズとして本企画を依頼された．その少し後に，森田が日本作物学会長を務めることになったのを機会に，日本作物学会の監修として，学会の総力をあげて編集にあたることにさせていただいた．

このシリーズは最初，作物グループ別に全7巻として企画したが，作物栽培にかかわる最近のトピックを含む総論を加え，最終的に8巻シリーズとした．本企画を進めるにあたり，まず各巻の編集責任者を選定して編集委員会を立ち上げ，各巻の構成の検討と分担執筆者の選定をお願いした．各巻の編集責任者の方々がそれぞれの作物の栽培研究における第一人者であることは，改めて紹介するまでもないであろう．編集にあたっては，無理のない範囲で各巻における構成をそろえるとともに，作物学的な解説は必要最小限度にとどめ，日本あるいは世界における栽培状況と利用状況に重点をおいていただいた．

多くの研究者の方々に多忙の中で執筆していただき，編集責任者の方に統一性を配慮しながら編集していただくことにはそれなりの時間を要したが，比較的順調に執筆・編集作業が進んできたので，準備が整った巻から刊行を開始することとした．これも，分担執筆者と編集責任者の方々のご尽力，ご協力の賜物であり，心から感謝申し上げる．

このシリーズは，主として日本における作物の栽培と利用の現状を示すものであるが，この時代の栽培状況を記録したものとして歴史的な意義も出てくるに違いない．本大系に代わる次の企画を実現する次の世代が，本大系を利用しながら現場で学び，栽培研究を進め，その研究成果を現場に戻す役割を担うことを強く期待している．このシリーズがそれに役立てば，編集委員会一同，望外の喜びである．

2011年8月

日本作物学会「作物栽培大系」編集委員会
代表　森田　茂紀

日本作物学会「作物栽培大系」編集委員会

編集委員長
森田茂紀（東京大学）

編集委員（50 音順）
阿部　淳（東京大学）・岩間和人（北海道大学）・奥村健治（北海道農業研究センター）・小柳敦史（作物研究所）・国分牧衛（東北大学）・大門弘幸（大阪府立大学）・巽　二郎（京都工芸繊維大学）・丸山幸夫（筑波大学）・森田茂紀・山内　章（名古屋大学）・渡邊好昭（中央農業総合研究センター）

シリーズ構成と担当編集委員
1 巻　作物栽培総論　（担当：森田茂紀・阿部　淳）
2 巻　水稲・陸稲の栽培と利用　（担当：丸山幸夫）
3 巻　麦類の栽培と利用　（担当：小柳敦史・渡邊好昭）
4 巻　雑穀の栽培と利用　（担当：山内　章）
5 巻　豆類の栽培と利用　（担当：国分牧衛）
6 巻　イモ類の栽培と利用　（担当：岩間和人）
7 巻　工芸作物の栽培と利用　（担当：巽　二郎）
8 巻　飼料作物・緑肥作物の栽培と利用
　　　　（担当：大門弘幸・奥村健治）

5巻『豆類の栽培と利用』まえがき

　世界の作物栽培の諸類型をみると，マメ科作物とイネ科作物とを輪作する体系が基本をなしている．たとえばわが国では，水田地帯ではイネやコムギとダイズとを組み合わせた栽培体系が普及しており，北海道の畑作地帯ではダイズ，アズキあるいはインゲンマメとコムギなどとの輪作が基本的な類型となっている．海外においても，北米においてはダイズとトウモロコシ，南米においてはダイズとコムギの組合せは一般的な体系である．アフリカではササゲとソルガム・ミレット類の混作が典型である．このように，マメ科作物が世界各地において輪作体系の基幹作物として重視されているのは，その食品としての重要性に加え，マメ科作物特有の窒素固定能によるところが大きい．根粒菌との共生による窒素固定能が地力維持に寄与しているからである．この点において，マメ科作物は他の主要な作物群と比べて際立った特徴をもっている．本書の1~3章では，わが国において重要なマメ科作物3種（ダイズ，アズキおよびラッカセイ）について，栽培状況，遺伝と形態そして各地の環境条件に考慮した栽培法について詳述した．これらの最新の知見は，各地域における栽培技術の改善方向を探るうえで大いに役立つと確信している．さらに，海外において重要な8種のマメ科作物についても章を設けてその概要について記述した（第4章）．

　豆類は世界各国の食事に不可欠な食材を提供している．ダイズやアズキはわが国では必須の食材として古くから親しまれてきた．コメと多様なダイズ食品は日本型食生活の基盤をなしている．われわれの祖先は，ダイズ食品は米飯との相性が良く，体にも良いことを体験的に認識していたのであろう．近年は，ダイズ食品のもつ多様な効能が次々と明らかにされており，その需要は今後ますます増加することであろう．キマメやヒヨコマメはわが国ではなじみが薄いが，インドなどでは欠かせない食材である．本書では，ダイズをはじめとした

マメ類についての加工と利用についても詳述しており，伝統的食品や新規素材の開発に携わる者にとっても参考となろう．

　マメ科作物は，それぞれの起源地において長い栽培の歴史をもっている．ダイズの起源地中国での栽培化は数千年前に遡るとされ，わが国でも栽培の歴史は長い．しかし，食品としての，あるいは作物栽培体系における重要性にもかかわらず，国産ダイズの自給率はわずか数％にすぎない．一方，輸入先の南北アメリカ諸国では，近年ダイズ生産が飛躍的に伸び，生産地はアマゾン熱帯雨林にまで拡大している．こうした世界各地におけるダイズ生産の急増が，熱帯雨林の破壊など地球規模での環境問題も引き起こしている．さらに，ダイズにおいては品種育成に遺伝子組換え技術が広く普及しており，先端科学と人間の健康，あるいは生態系との関係について，さまざまな議論を呼んでいる．今後，このような栽培技術の動向を考慮しながら，わが国の豆類栽培の方向を探る必要があろう．本書は，豆類の育種，栽培および加工利用にかかわる研究分野を代表する方々に分担執筆をお願いした．本書が，豆類を基幹作物として地域振興を目指す方々にとって，格好の参考書となることを期待している．

2011 年 8 月

国分　牧衛

目　　次

1章 ダイズ ……………………………………………………………… 1
1.1　日本と世界における栽培と利用の現状 ………………[羽鹿牧太]…1
1.1.1　日本のダイズ栽培の現状………………………………………1
1.1.2　世界のダイズ生産と利用の現状 ……………………………6
1.2　遺伝と形態 ………………………………………………[羽鹿牧太]…13
1.2.1　ダイズの遺伝と形態 ……………………………………………13
1.3　栽培方法 …………………………………………………………………29
1.3.1　生理・生態 ……………………………………………[島田信二]…29
1.3.2　地域ごとの栽培の特徴 …………………………………………59
a.　北海道 ………………………………………………[辻　博之]…59
b.　東北・北陸 …………………………………………[持田秀之]…65
c.　関東・東海 …………………………………………[浜口秀生]…71
d.　近畿・中国・四国 …………………………………[岡部昭典]…76
e.　九　州 ………………………………………………[髙橋　幹]…81
1.4　加工と利用 ……………………………………………………………87
1.4.1　概　要 …………………………………………………[塚本知玄]…87
1.4.2　豆　腐 …………………………………………………[石黒貴寛]…88
1.4.3　納　豆 …………………………………………………[坂本晋一]…92
1.4.4　み　そ …………………………………………………[工藤重光]…95
1.4.5　醬　油 …………………………………………………[山崎達雄]…98
1.4.6　煮　豆 …………………………………………………[戸田登志也]…101
1.4.7　豆　乳 …………………………………………………[本多芳孝]…105
1.4.8　枝　豆 …………………………………………………[松浦健一]…108
1.4.9　脱脂ダイズ ……………………………………………[河野光登]…112

2章 アズキ……………………………………………………119
2.1 日本と世界における栽培と利用の現状……………[島田尚典]…119
2.2 遺伝と形態………………………………………[島田尚典]…122
2.2.1 一般的な形態……………………………………………122
2.2.2 種皮色……………………………………………………124
2.2.3 熟莢色……………………………………………………125
2.2.4 蔓と蔓化…………………………………………………125
2.2.5 最下着花節位と成熟期（感光性）…………………………126
2.2.6 粒　大……………………………………………………127
2.2.7 小葉の形…………………………………………………128
2.2.8 病害抵抗性………………………………………………129
2.2.8 遺伝子地図………………………………………………129
2.3 栽培方法……………………………………………………130
2.3.1 生理・生態………………………………………[国分牧衛]…130
2.3.2 地域ごとの栽培の特徴……………………………………135
　　a. 北海道…………………………………………[島田尚典]…135
　　b. 岩手……………………………………………[及川一也]…140
　　c. 京都……………………………………………[蘆田哲也]…143
2.4 加工と利用…………………………………………[加藤　淳]…145
2.4.1 加工用途別の利用実態……………………………………145
2.4.2 種皮色の変動要因とあん色………………………………146
2.4.3 あん粒子の大きさと舌ざわり……………………………148
2.4.4 煮熟特性…………………………………………………150
2.4.5 アズキポリフェノールの生理調節機能…………………151

3章 ラッカセイ……[長谷川誠・桑田主税・清島浩之・鈴木　茂]…155
3.1 日本と世界における栽培と利用の現状………………………155
3.2 遺伝と形態……………………………………………………159
3.2.1 起源と分類………………………………………………159
3.2.2 形　態……………………………………………………160
3.2.3 品　種……………………………………………………161

3.3 栽培方法 …………………………………………………163
3.3.1 輪作体系 ……………………………………………164
3.3.2 栽培法 ………………………………………………165
3.3.3 播種の準備 ……………………………………………167
3.3.4 播　種 ………………………………………………167
3.3.5 栽培管理 ……………………………………………168
3.3.6 病害虫防除 ……………………………………………170
3.3.7 灌　水 ………………………………………………171
3.3.8 収穫適期判定 …………………………………………171
3.3.9 収穫と乾燥 ……………………………………………173
3.4.10 乾燥中のショ糖およびデンプン含量の変化 ………174
3.3.11 ゆで豆用栽培 …………………………………………175
3.3.12 採種栽培 ……………………………………………175
3.3.13 機械化 ………………………………………………177
3.4 加工と利用 ……………………………………………178
3.4.1 流通・加工の概要 ……………………………………178
3.4.2 煎り加工品 ……………………………………………180
3.4.3 その他加工品 …………………………………………181
3.4.4 ゆで・レトルトラッカセイ …………………………182

4章 その他の豆類 ………………………………[国分牧衛]…186
4.1 インゲンマメ …………………………………………186
4.1.1 栽培と利用の現状 ……………………………………186
4.1.2 遺伝と形態 ……………………………………………188
4.1.3 栽培方法 ………………………………………………190
4.1.4 加工と利用 ……………………………………………192
4.2 リョクトウ ……………………………………………193
4.2.1 栽培と利用の現状 ……………………………………193
4.2.2 品種と形態 ……………………………………………194
4.2.3 栽培方法 ………………………………………………196
4.2.4 加工と利用 ……………………………………………197

- 4.3 ササゲ……………………………………………………………197
  - 4.3.1 栽培と利用の現状………………………………………197
  - 4.3.2 品種と形態……………………………………………199
  - 4.3.3 栽培方法………………………………………………200
  - 4.3.4 加工と利用……………………………………………201
- 4.4 エンドウ…………………………………………………………202
  - 4.4.1 栽培と利用の現状………………………………………202
  - 4.4.2 品種と形態……………………………………………203
  - 4.4.3 栽培方法………………………………………………205
  - 4.4.4 加工と利用……………………………………………206
- 4.5 ソラマメ…………………………………………………………207
  - 4.5.1 栽培と利用の現状………………………………………207
  - 4.5.2 品種と形態……………………………………………208
  - 4.5.3 栽培方法………………………………………………209
  - 4.5.4 加工と利用……………………………………………211
- 4.6 ヒヨコマメ………………………………………………………212
  - 4.6.1 栽培と利用の現状………………………………………212
  - 4.6.2 品種と形態……………………………………………212
  - 4.6.3 栽培方法………………………………………………213
  - 4.6.4 加工と利用……………………………………………213
- 4.7 キマメ……………………………………………………………214
  - 4.7.1 栽培と利用の現状………………………………………214
  - 4.7.2 品種と形態……………………………………………214
  - 4.7.3 栽培方法………………………………………………215
  - 4.7.4 加工と利用……………………………………………216
- 4.8 ヘントウ（レンズマメ）………………………………………216
  - 4.8.1 栽培と利用の現状………………………………………216
  - 4.8.2 品種と形態……………………………………………216
  - 4.8.3 栽培方法………………………………………………217
  - 4.8.4 加工と利用……………………………………………218

索　引………………………………………………………………………219

第1章

ダ イ ズ

1.1 日本と世界における栽培と利用の現状

1.1.1 日本のダイズ栽培の現状
a. 日本のダイズ栽培の歴史
　日本のダイズ栽培の歴史は古く，縄文時代中期（約5000年前）の酒呑場遺跡（山梨県北杜市）からダイズと推定できる痕跡が見つかっており[1]，この頃にはすでに食用としての利用が始まっていたと考えられる．また『古事記』などにもダイズの記述がみられ，ダイズは古くから重要な食料源となっていたことがうかがえる．

　正確な記録の残る明治以降の日本の作付面積は40万ha強，総生産量は30万t後半～40万t台で推移し，年によっては50万tを超える生産量があった．また第二次世界大戦中は作付面積が一時減少したが，戦後再び増大して1950年代にはほぼ戦前並の生産に戻っている[2]．

　その後，1961年のダイズの輸入自由化をきっかけに国産ダイズの作付減少が始まり，アメリカからの安価なダイズの輸入の増大に伴い1970年代には作付が10万haを下回るようになった．ちょうどこの頃，コメの生産過剰の問題が表面化し，水田転換畑における転作ダイズの生産が奨励されるようになった．しかし農家の水稲志向は強く，冷害等による転作緩和ですぐにダイズの栽培面積は低下した．1999年以降は水田におけるダイズの本作化が推進されたが，作付は15万ha前後にしか回復せず現在に至っている（図1.1）．

　現在も国産ダイズの主要な生産の場は水田であり，8割以上のダイズが水田転換畑で作付されており，畑作ダイズは関東や北海道の一部などでみられる程度である[2]．またこれ以外に枝豆としての作付が全国で約13000 haある．

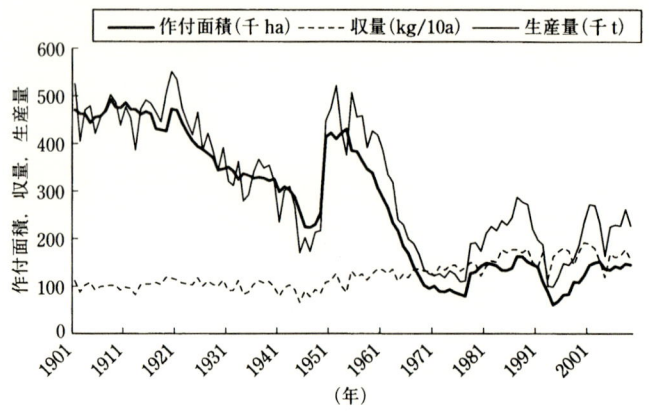

図 1.1 日本のダイズ生産の推移(農林水産省「大豆に関する資料」より作成)

b. 日本のダイズ生産の現状

ダイズは東北,北海道,九州の各地域の作付面積が大きいが,主産地域以外でも沖縄県を除くほぼ全国で作付けされている(表 1.1).これは,ダイズが水稲の代替作物として栽培されており,水田面積に応じて作付されているためと考えられる.

国産ダイズは輸入ダイズとの比較で品質が高いとの実需者評価を得ているが,単収が低く,生産量が年によって大きく変動することが問題となっている.

表 1.1 国内のダイズ生産(2009 年:農林水産省「大豆に関する資料」より作表)

地域	作付面積 (ha)	収量 (kg/10 a)	生産量 (t)	平年収量 (kg/10 a)
北海道	24500	197	48300	232
東 北	41600	135	56200	139
関 東	14800	163	24100	169
北 陸	15400	156	24000	145
東 海	10300	90	9300	149
近 畿	9000	134	12100	144
中国・四国	6805	134	9100	129
九 州	23000	191	43900	168
(全国計)	145400	156	227000	164

日本の平均単収は世界平均の240～260 kg/10 a より大幅に低く，全国平均で160～180 kg前後である．この原因として，① 水田転換畑では普通畑に比べて湿害や茎疫病などが多い，② 雑草害の多発による放棄畑が少なくない，③ 台風，長雨，冷害など環境ストレスによる被害が多い，④ 関東以西では播種期が梅雨時期にあたり，年によっては降雨が続いて適期に播種できない，等があげられる．

　国内で単収が高い地域は北海道，九州で，東海，中四国地域は相対的に低い（表1.1）．北海道はほぼ毎年200 kg/10 a を超えるようになってきており，世界平均に近づいているが，九州地域は年による変動が大きく，200 kg/10 a を超える年も少なくない反面，100 kg/10 a を下回る年もあり，平均すると180 kg/10 a 前後となっている．これは，北海道のダイズ作では耐冷性品種の育成等により冷害による被害がある程度抑えられるようになった反面，九州地域では豪雨による播種遅れや台風被害が依然克服されていないためと考えられる．単収の変動は生産量の増減に大きく影響し，実需者が国産ダイズを安定して使えない一因となっている[3]．

　国産ダイズの生産費は全国平均で60 kg あたり19803円（2008年産）[2]で，これはダイズの入札取引価格を大きく上回っており，政府の補助金なしには再生産ができない状況にある．一方国産ダイズの入札価格の7035～8244円（2008年）[2]は輸入価格の4000円前後に比べて高く，実需者にとっては付加価値化をつけないと使いにくい状況になっている．

　近年，中国・インド等の経済発展が進み，これらの国々の輸入量が増えていることから，中長期的にはダイズの需給は逼迫傾向にある．さらに主要輸出国では遺伝子組換えダイズ（GMOダイズ）の作付が増えて，国際的に取引されるダイズの多くが遺伝子組換えダイズとなり，国産ダイズと競合する食品用の非遺伝子組換えダイズのプレミアム価格は上昇してきている．このように海外情勢は国産ダイズにとって有利な方向に変わりつつあるが，実需者ニーズに応じるためには生産量（供給量）の安定化とともに，よりいっそうの低価格化が必要となっている．

c. 日本で栽培されるダイズ品種

　国内のダイズ品種は農林登録品種が作付面積の85%以上を占め，県育成品種を含めると90%以上を占めている．また在来品種に区分される'丹波黒'や

'ミヤギシロメ'などの品種でも，純系選抜など何らかの育種操作が過去に加えられている品種が多い．

おもな栽培品種を表1.2に示した．近年育成された品種では，北海道の'ユキホマレ'，東北の'リュウホウ''おおすず'，近畿・中国の'サチユタカ'の伸びが著しいが，作付面積上位3品種は'フクユタカ''エンレイ''タチナガハ'でここ10年ほど変化がない．

地域別の特徴として，東西に広がる北陸，関東，近畿・中国・四国，九州の各地域では主要な1～2品種で作付面積のほとんどを占める反面，南北に長い東北や北海道は品種数が多い．また北海道の品種はタンパク質含量が低いが，外観品質にすぐれることから豆腐以外にも煮豆やみそなどに用いられ，西日本の品種はタンパク質含量が高いことからおもに豆腐に用いられている．

海外で作付が増加している遺伝子組換えダイズは現在のところ国内の消費者に受け入れられていないため，国内では試験栽培を除いてほとんど栽培されて

表1.2 国内で栽培されているダイズの主要品種（2009年：農林水産省「大豆に関する資料」より作表）

品種名	作付面積(ha)	作付割合(%)	おもな栽培地域
フクユタカ	33817	23.0	東海，四国，九州
エンレイ	18823	12.8	北陸，東北
タチナガハ	11581	7.9	関東，東北
リュウホウ	10698	7.3	東北
ユキホマレ	8962	6.1	北海道
ミヤギシロメ	4812	3.3	東北
おおすず	4530	3.1	東北
サチユタカ	4200	2.9	近畿，中国
タンレイ	3995	2.7	東北
丹波黒*	3164	2.2	近畿，中国，四国
トヨムスメ	3148	2.1	北海道
スズマル	3110	2.1	北海道
オオツル	2980	2.0	近畿
むらゆたか	2507	1.7	九州
納豆小粒	2384	1.6	関東
ナンブシロメ	1811	1.2	東北
ナカセンナリ	1638	1.1	東山
あやこがね	1585	1.1	東北，北陸
トヨコマチ	1570	1.1	北海道
タマホマレ	1413	1.0	中国

*：「新丹波黒」を含む．

おらず，品種育成も行われていない．

d. 日本のダイズ利用の現状

国内のダイズの需要は約400万t/年で，2003年をピークに減少傾向となっている．需要量のうち約280万tが搾油用，約100万tが食品用，残りが飼料用等となっている．食品用ダイズの消費はここ10年ほど100万t前後で推移しており大きな変化はない．国内生産量が23万t前後なので，種子用を除くと自給率は全体で5%前後，食品用に限ると20%程度となる．国産ダイズは輸入ダイズに比べて価格が高いため，食品用以外の用途にはほとんど用いられていない．

食品用ダイズの用途は多岐にわたるが，消費量の半分を豆腐・油揚げが占めており，次いでみそ，納豆などの伝統的食品が多い（図1.2）．また国産ダイズに限れば豆腐の割合がさらに高くなるとともに，比較的高価な煮豆用の比率も高くなっている．

近年イソフラボン，機能性ペプチドなどダイズの機能性成分の解明が進み，健康食品としてのダイズのイメージが定着してきている．それに伴い，豆乳・豆乳類等，新たなダイズ食品の消費も伸びているが，全体量としては伝統的食品に比べてまだ少ない．また，リポキシゲナーゼ欠失ダイズなど成分を改変した新形質品種や緑ダイズなどの特殊用途品種も育成されているが，一部地域の特産物的な生産にとどまっている．

遺伝子組換えダイズは，ごく一部の例外を除いて食品用としてはほとんど利用されておらず，おもに搾油用として用いられている．

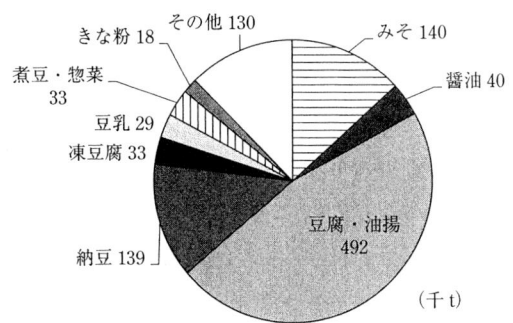

図1.2 食品用ダイズの用途別使用量（2007年）（農林水産省「ダイズに関する資料」のデータより作成）

1.1.2 世界のダイズ生産と利用の現状

a. 世界のダイズ生産の歴史

ダイズは東アジアが原産地とされ，中国では紀元前5000年頃にはすでに栽培が始まっていたらしい．ダイズ栽培はその後朝鮮半島，日本，東南アジア等に広まり，20世紀初め頃にアメリカで本格的なダイズ生産が始まるまでは中国を中心とする東アジアでほぼ全量が生産されていた．第二次世界大戦前までは中国が最大のダイズ生産国で，旧満州（中国東北部）で生産されたダイズはヨーロッパへも輸出されていた．東アジアでのダイズの用途は食品用が主で，豆腐・豆乳類，テンペ・納豆・みそ等の発酵食品，煮豆，炒り豆などであったと考えられる．

17世紀末にダイズを初めてヨーロッパへ紹介したのは植物学者のケンペルで，18世紀には試作されたが，現地での利用方法がなかったこともあって本格的な栽培には至らなかった[4]．北米には18世紀末に伝わったが，20世紀初頭までは干し草，牧草，緑肥としての栽培がほとんどであった[5]．

20世紀に入り，ダイズ油の溶媒抽出法や水素添加法などの新技術が開発され，また油が石けんなどの原料として，搾りかすが家畜の飼料として使われるようになると，アメリカでダイズの本格的な生産が始まった．特に第一次世界大戦前後にワタミゾウムシの被害により綿実油が不足してその代替品としてダイズ油が注目されると，アメリカのダイズ作付面積は急速に増加し，一時は全世界の生産の4分の3近くを1ヶ国で生産する状況となった[6]（図1.3）．

南米にダイズが初めて導入されたのは19世紀末であるが，初期のダイズ生産は日本からの移民が細々と行っていた程度であった．本格的な生産はアメリカよりやや遅れ，1970年代頃から始まったが，日本の国際援助によるセラードの開発，牧草地からダイズ畑への転換等が進むにつれ，生産量は急増し，現在ではブラジル・アルゼンチン・パラグアイの生産量を合計するとアメリカを超えるまでになっている[7]（図1.3，表1.3）．

現在では，ダイズはコムギ，イネ，トウモロコシに次いで作付面積が大きい主要作物となり，2008年には約9700万haで栽培され，2.3億tが生産された[8]．特に作付け面積が大きいのが，アメリカ，ブラジル，アルゼンチンで，これら3国で世界の作付け面積の約70%，総輸出量のほぼ100%を占めている（表1.3）．

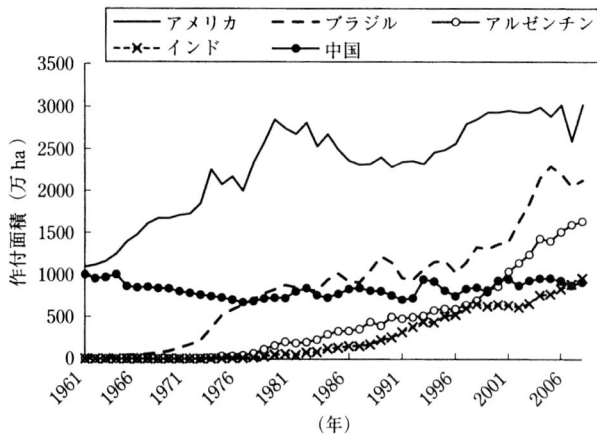

図 1.3 主要国のダイズ作付面積の推移（FAOSTAT のデータより作成）

表 1.3 主要なダイズ生産国（2008 年；FAOSTAT のデータより作表）

国　名	作付面積 （万 ha）	収量 （kg/10 a）	生産量 （万 t）
アメリカ	3021	267	8054
ブラジル	2127	282	5992
アルゼンチン	1638	282	4623
インド	960	94	905
中国	913	170	1555
パラグアイ	265	257	681
カナダ	120	279	334
ボリビア	96	167	160
ロシア	71	105	75
インドネシア	59	131	78
ウクライナ	54	151	81
ウルグアイ	46	167	77
北朝鮮	30	115	35
ベトナム	19	140	27
ミャンマー	16	122	19
セルビア	14	244	35
日本	14	164	23
タイ	13	155	20
イラン	12	182	21
イタリア	11	321	35
（世界計）	1413	238	23095

b. 北米のダイズ栽培の現状

アメリカのダイズ生産はアイオワ州，イリノイ州，ミネソタ州など五大湖周辺およびミシシッピー川周辺の諸州が中心となっており，これら諸州でアメリカ全体の生産量のうち8割以上を占めている．また単収も高く，10aあたり300kgを超えることも少なくない．これらの諸州はいわゆるコーンベルト地帯に位置し，ダイズとトウモロコシの交互作を行っているため，トウモロコシの価格との関係で作付が増減する傾向にある[6]．

アメリカは世界最大のダイズ輸出国で，取引の中心であるシカゴのダイズ相場が事実上の国際的な取引価格の目安となっている．通常日本の食品産業者等が購入する非遺伝子組換えの食品用ダイズ（バラエティダイズ）は，相場価格にプレミアムを上乗せした契約栽培で生産されている．

アメリカのダイズ生産量は，ダイズシストセンチュウ，SDS (sudden death syndrome)，茎疫病，菌核病などの病虫害以上に干ばつや播種期の降雨といった環境ストレスに大きく影響される．またトウモロコシとの価格差による作付面積の増減の影響も大きい．アメリカ産ダイズは取引量全体に占める割合が大きいことから，生産量の増減が世界のダイズ需給に直接影響を与える．

アメリカダイズの多くは飼料・油糧用であり，その多くが遺伝子組換えダイズとなっている．非遺伝子組換えダイズの占める割合は全体の10％以下となっているが，非遺伝子組換えダイズはおもに輸出用の食品用ダイズとして依然重要な地位を占めており，品種育成が継続して行われている．

アメリカではアイオワ大学，ミネソタ大学などの州立大学でおもに食品用品種を，民間の種苗会社でおもに油糧用品種を育成している．アメリカの品種の主流は油糧用であることから，固定度よりも生産性が重視されており，F_8世代程度の早い段階でリリースされる品種も多い．近年，品種育成に遺伝子組換え等の新しい育種技術の導入が進み，新技術に単独で対応できない中小の種苗会社が技術力のある大手種苗会社に吸収・統合される例が増加している．

カナダはアメリカの北部に位置し，その冷涼な気象条件からダイズ生産は五大湖沿岸のオンタリオ州，ケベック州，マニトバ州などの南部に限られる[9]．作付面積はアメリカの20分の1にすぎないが，より高緯度の地域へも徐々に生産が拡大しており，寒冷な気候に適応した品種の育成によりさらに生産が拡大する可能性がある．また，遺伝子組換えダイズの割合は60％程度であり，

アメリカや南米の主産国と比べ低いので，食品用の非遺伝子組換えダイズの供給国としても注目される．

c. 南米のダイズ栽培の現状

南米では1970年代からダイズ生産が伸び，2003年頃を境にブラジル・アルゼンチン・パラグアイなどの生産量の合計がアメリカを抜いて世界最大のダイズ生産地帯となった．また多収品種の育成，肥料の投入量増大，大型農業機械の導入による大規模栽培化，除草剤耐性品種の導入などで，単収も北米と遜色ない程度にまで向上している[6,7]．

南米は北半球の生産国と作付時期が半年ずれるため，アメリカのダイズ作柄やシカゴ相場の価格変動を参考にしながら作付を行うことができる．また，輸入国側にとってもダイズの安定供給の点で大きなメリットがある．

導入当初南米はダイズにとって処女地であったため，病虫害も少なく，連作する畑も多かった．しかし近年ダイズさび病やシストセンチュウが侵入し，これら病虫害の被害が拡大している．特にさび病は急速に被害域が拡大し，耐病性品種の育成が重要な課題となっている．また地域によっては干ばつ被害も頻発するようになってきており，生産の不安定化要因となっている[7]．

ブラジルのダイズ生産は初期にはパラナ州やリオ・グランデ・ド・スル州など南部諸州が中心であったが，1970年代に開始された中西部のセラード開発や低緯度地帯に向いた品種の育成により，マットグロッソ州等低緯度地帯での生産量が増えている[6]．しかしアマゾンの熱帯雨林の伐採を含む行き過ぎた農地開発が批判されるなど生産の急拡大に伴う問題が発生している．

ブラジルのダイズ品種の開発はEMBRAPA（ブラジル農牧研究公社）を中心に，民間育種会社，農業協同組合研究センターなどで行われている．特にEMBRAPAは病虫害研究者や品質研究者なども抱えた一大研究拠点となっており，ブラジルのダイズ研究の中心的存在となっている．ブラジルでは遺伝子組換えダイズが解禁される前から非合法的に除草剤耐性ダイズが導入されており，2003年の正式解禁後にはさらに急激に遺伝子組換えダイズの作付が増加し[10]，2008年には1620万haに達している．これは全作付面積の71%にあたる[11]．

アルゼンチンのダイズ生産はサンタフェ州，コルドバ州，ブエノスアイレス州の3州が中心で，これら3州で全生産量の80%以上を占める[12]．アルゼン

チン北部は温暖でダイズ生産に適しており，放牧地や非農業用地をダイズ生産に振り向けることにより生産を急拡大している．1989年から2008年の20年間にアメリカではダイズの作付面積はほぼ横ばいで，ブラジルも1.7倍の増加にとどまるのに対し，アルゼンチンでは作付面積がほぼ4倍に増加した．また単収も200 kg/10 a 前後から270 kg/10 a 前後へと大きく増加しており，作付面積の増加とあいまって生産量は7倍以上に増えている．

アルゼンチンのダイズ品種開発は国立農業技術研究所（INTA）が中心になって行っているが，民間の種苗会社も多く存在している[13]．アルゼンチンでは遺伝子組換え品種が早くから普及し，ほぼ100％が遺伝子組換えダイズとなっている．アルゼンチン産ダイズは輸出もされるが，国内で搾油されてオイルとして輸出される部分も多い．

d. アジアのダイズ栽培の現状

中国はかつては世界最大のダイズ生産国であったが，北米・南米のダイズ生産量増加に伴い生産国としての地位は相対的に低下している．近年の作付面積は900万ha前後でほぼ横ばい状態，生産量は1600万t前後となっている[8]．中国のダイズ生産については統計情報が十分でなく詳細を把握することは難しいが，おもに黒竜江省，吉林省などの東北平原，山東省，河南省，河北省などの華北平原が生産の中心となっている[14]．特に東北部では生産量が多く，日本向けの食品用ダイズの輸出も行われている．

近年中国では経済発展に伴い，ダイズ油や飼料用ダイズかすの需要が増大し，また輸入関税が引き下げられたこともあってダイズの輸入が大幅に増加している．1997年には日本を抜いて世界最大の輸入国となった．2009年の中国内ダイズ生産量は1470万tで，輸入量は4950万tとなっており[15]，単純計算で自給率は30％以下となっている．このうち食品用ダイズは約800万tで，中国は食品用ダイズの世界最大の消費国となっている[16]．

インドはアッサム地方など一部を除くとダイズを食品として利用することはほとんどなかったが，食用油や家畜の飼料としての需要が増加するに従って中北部を中心に栽培が広がり，2008年には作付面積では中国を抜いて世界第4位となった[8]．一方，単収が主要生産国の中では最も低く100 kg/10 a 前後にとどまることから，生産量は依然中国を下回っている（表1.3参照）．インドのダイズ生産はマディヤ・プラデーシュ州やマハーラーシュトラ州など中北部

が中心となっている[17]．

インドネシアは中国に次いで食品用ダイズの消費量が多い国で，ダイズは60万ha程度で作付けられている．しかし，前近代的な生産システムに加え，虫害の発生・干ばつなどで生産性は低く単収は130 kg/10 a前後，全生産量も78万tにとどまる[8]．

e. その他のダイズ栽培地域の現状

FAOの統計[8]によると，ヨーロッパではウクライナ，セルビア，イタリアでの作付が比較的多い．ウクライナは近年急速にダイズの作付を伸ばしており[18]，1999年の42000 haから2008年には54万haに急拡大している．またイタリアやセルビアは作付面積は小さいが単収が高い．ロシアのダイズ生産はアムール州を中心とする極東ロシア地域で行われており，ダイズの品種開発も行われているが[19]，冷涼な気象条件もあり，単収は低く生産量は約75万tである．ロシアでは食品用の需要は少なく，ほぼすべて油糧用となっている．

f. 世界のダイズの利用の現状

世界のダイズの全生産量の85%以上が搾油・飼料用として使われ，食用油としてのダイズ油，飼料としてのダイズかすの需要はきわめて高い．

ダイズ油は主としてサラダ油，天ぷら油などの食用油に使われているが，これ以外にもマヨネーズ，ドレッシング，マーガリンなど多くの用途に用いられている[20]．また精製過程で生じるリン脂質（レシチン）は乳化剤として菓子類や医薬品に用いられるほか，健康食品としても販売されている．工業用ではインク，可塑剤，樹脂の原料として利用されるが，特にダイズインクは毒性が低く，リサイクルしやすい特徴をもつため，印刷業界で広く使われている．また最近ではバイオディーゼルの原料としても用いられている．

なお，最近になってダイズ油製造工程で生成するトランス脂肪酸の過剰摂取が健康に悪影響を与えることが指摘され[21]，トランス脂肪酸生成の原因となるリノレン酸含有量の少ない品種育成も進んでいる．

ダイズ油を絞ったあとのダイズかすは飼料としてはトウモロコシより割高であるが，タンパク質含量が豊富なことから，高タンパク質飼料として用いられている．今後，発展途上国の経済発展に伴い肉類の生産は増大すると見込まれるが，ダイズに代わる安価な高タンパク質飼料となる作物は見あたらないことから，高タンパク質飼料としてのダイズの需要は今後も増大すると考えられ

る．またダイズかすはダイズタンパク質としてもさまざまな食品に用いられている．ダイズタンパク質は保水性が良く，かまぼこなどの練り製品，ソーセージ，菓子パン等に用いられるほか，繊維状タンパク質や高圧処理した組織化タンパク質に加工して肉代用品としても用いられている[23,24,25]．

ダイズを直接利用したダイズ食品には豆乳，豆腐，豆腐干（絲），油揚げ，干豆腐，腐乳等の豆腐類，納豆，テンペ，みそ，醤油，乾醤（カンジャン），キネマ，オンチョムなどの発酵食品類，ダイズもやし，枝豆，きな粉など，きわめて多くの伝統的食品がある．また，最近では全粒豆乳，おからケーキ，豆乳アイスクリーム，エネルギーバーなどさまざまな新たな食品が開発されている．しかし食品用として直接利用される量は1400万tほどで，全生産量の10％以下となっており，その多くは中国，インドネシア，日本，韓国などアジアの限られた国々で消費されている[16]．

最近は欧米でも健康食品としてのダイズの認識が高まり，豆乳，ダイズタンパク質，醤油などのダイズ製品の消費が伸びている．今後はアジア諸国以外においてもさまざまなダイズ食品が食生活に取り入れられるであろう．

〔羽鹿牧太〕

引用文献

1) 中山誠二ほか(2008)：山梨県立博物館研究紀，2：1-10.
2) 農林水産省生産局(2010)：大豆に関する資料.
3) 財団法人 日本特産農産物協会(2010)：平成21年度 大豆の品質情報に関する調査報告書.
4) 白幡洋三郎(1994)：プラントハンター，講談社.
5) 中村 博(1978)：米国大豆の研究，投資日報社.
6) Kummer, J. and Ablett, G. R. (2010)：大豆のすべて（喜多村啓介ほか編），p. 24-33，サイエンスフォーラム.
7) 土屋武彦(2010)：農業，1529：53-58.
8) FAOSTAT. [http://faostat.fao.org/site/567/default.aspx # ancor]
9) CIGI編(2009)：Canadian international grains institute. [http://www.soybean-council.ca/CSC% 20 French/PDF/dispatch 2010_jap.pdf]
10) 土屋武彦(2008)：グリーンテクノ情報，4(2)：53-58.
11) GMO compass (2010). [http://www.gmo-compass.org/eng/agri_biotechnology/gmo_planting/342.genetically_modified_soybean_global_area_under_cultivation.html]
12) 小池洋一(2006)：ラテンアメリカの一次産品輸出産業―資料集―，アジア経済研究所. [http://www.ide.go.jp/Japanese/Publish/Download/Report/2005_04_11.html]

13) 土屋武彦(2010)：大豆のすべて（喜多村啓介ほか編），p. 33-41，サイエンスフォーラム．
14) Tuan, F. C., *et al.* (2004)：Economic Research Service/USDA. [http://www.ers.usda.gov/publications/OCS/Oct 04/OCS 04 J 01/ocs 04 j 01.pdf]
15) Foreign Agricultural Service/USDA Office of Global Analysis (2010). [http://www.fas.usda.gov/psdonline/circulars/oilseeds.pdf]
16) アメリカ大豆協会. [http://www.asaimjapan.org/jp_information_2_2_2.html]
17) Agrawal, P., Matlani, G. and Agrawal, R. C. (2009)：*The Soybean Processor Association of India*, Scheme No. 53：1-6.
18) 清水徹朗(2010)：農林金融，**63**(3)：2-19.
19) Russian academy of agricultural sciences (2008)：*The far eastern scientific-methodical center*, 40 pp.
20) 田島郁一(2010)：大豆のすべて（喜多村啓介ほか編），p. 496-499，サイエンスフォーラム．
21) Report of a Joint WHO/FAO Expert Consultation (2003)：*WHO Technical Report Series*, 916".
22) Fehr, W. R. (2007)：*Crop Sci.*, **47**：S 72-S 87.
23) 渡辺篤志ほか(1971)：270 pp., 光琳．
24) 渡辺篤志・柴崎一雄翻訳監修(1974)：321 pp., 建帛社．
25) 本郷晋一(2010)：大豆のすべて（喜多村啓介ほか編），p. 484-489，サイエンスフォーラム．

1.2 遺 伝 と 形 態

1.2.1 ダイズの遺伝と形態

　ダイズはマメ科 Fabaceae の Phaseoleae 族の中の *Glycine* 属 *Soja* 亜属に含まれる．*Soja* 亜属はツルマメ *Glycine soja* とダイズ *Glycine max* の2種のみからなる．ツルマメはノマメとも呼ばれ，ダイズと同じ一年生で日本や中国などの東アジアに広く自生しており，ダイズとの交雑も容易で，ダイズの祖先種と考えられている．

　ダイズの染色体は他の *Glycine* 属の種の多くと同様に20対の染色体（$2n=40$）からなっている[1]．Phaseoleae 族の他の近縁属のインゲンマメ属（*Phaseolus* 属），ササゲ属（*Vigna* 属）に含まれる種は $2n=22$ が多く，ダイズはこれらの種に比べて染色体数が多い[2]．またダイズには類似した遺伝子の重複が多数存在することから，*Glycine* 属では，過去に $2n=22$ の祖先種から1本の染色体が欠落した後，染色体倍加が起こったと推定されている[3]．

　2010年にダイズゲノム解読の論文が発表され，ダイズゲノムは約1.1ギガ

塩基の配列からなり，46430個の遺伝子が座乗していると推定されている[4]．またダイズでは75％の遺伝子に重複があり，このことから5900万年前と1300万年前に2回の染色体倍加が起こったと推定されている．

これまで遺伝解析は交配後代の分離形質の比から遺伝様式や遺伝子数を推定することが一般的であったが，最近ではPCR技術等の遺伝子解析技術の進歩や統計学的知識を基礎としたQTL解析の発達などにより詳細な遺伝解析が可能となっている．ダイズでも当初はRFLPによる分子連鎖地図が作成されたが[5,6]，SSRマーカーの大量開発によりマーカー地図の高密度化が進み[7]，さまざまな形質について座乗位置が示されるようになった．さらにダイズゲノムが解明され，その情報がホームページで公開されるようになって[8]，簡単に新たなマーカーの開発ができるようになり，目的遺伝子のファインマッピングや候補遺伝子の推定も可能となっている．

現在では詳細な分子連鎖地図，遺伝子情報，SSRマーカー情報等のダイズの遺伝子解析に関するツールをSoyBase and the Soybean Breeder's Toolbox[9]で誰でも簡単に入手することができる．

一方，イネゲノム，ヒトゲノムなど他の生物の遺伝子解析が進んだこともあり，質的形質についてはQTL解析により遺伝子座を推定するのではなく，他の生物の遺伝子の配列とのホモログから，直接候補遺伝子を推定することも行われている．

ダイズでは，これまでに多くの形質について遺伝解析やQTL解析が行われ，一部については遺伝子の機能まで推定されているが，本項ではおもに品種育成にかかわる形質を中心に遺伝的背景を概説する．

a. 生育特性と遺伝

(1) 開花期・成熟期

ダイズは短日植物であり，日長が短くなると開花する．開花期はダイズの地域適応性を決定する重要な形質で，一般的に高緯度地域のダイズほど長日条件下でも開花が早くなる傾向にある．また開花期はダイズの生育量を決定する重要な要素の1つで，百粒重など直接開花期とは無関係にみえる形質でも，QTL解析を行うと開花期遺伝子付近にQTLが検出されることが少なくない．

日長反応に関する分類としては永田（1961）は「夏ダイズ型」「中間型」「秋ダイズ型」「熱帯型」に区分し[10]，福井・荒井（1951）は開花まで日数をⅠ～

Vの5段階，結実日数をa～cの3段階に分類し[11]，これらの組合せで9段階に区分している．アメリカでは000～Xの13段階で区分している[12]．

現在栽培されている品種は，北海道の品種が最も早生で，九州の品種が最も晩生となっているが，薬剤防除技術が未発達であった頃は，九州地域を中心に虫害多発時期を避けて，4月播種～8月収穫の栽培体系で早生の「夏ダイズ」が栽培されていた．また，枝豆用のダイズは出荷時期を需要期と合わせるため，早生品種が用いられることも多い．

開花期に関連する遺伝子としてはこれまでに8個の遺伝子が推定されているが[13～19]，遺伝子座をそろえても開花期に多少のばらつきが生じることから，マイナーな遺伝子は今後さらに多く見いだされると考えられる．最も大きな効果をもつ開花期関連遺伝子は第6染色体（連鎖群C2）に座乗する $E1$（$FT1$）座で，長日条件下で $E1/E1$ は約2週間の遅延効果をもつ[13]．ほかにも第10染色体（連鎖群O），第19染色体（連鎖群L），第20染色体上（連鎖群B1）にそれぞれ $E2$（$FT2$）座，$E3$（$FT3$）座，$E4$（$FT4$）座が座乗していることがわかっている[20,21]．この他の開花期関連遺伝子としては $E5$，$E6$，$E7$，$E8$ 座が知られている[16～19]．

一方，基本栄養成長性に左右される開花期遺伝子座として J 座が知られている[22]．通常ダイズは短日になると開花するが，短日条件下でも一定の基本栄養成長が確保されないと開花が促進されない特性は long juvenile（LJ）と呼ばれ，南米諸国やインドネシアなど低緯度地域のダイズでよくみられる特性である．特にブラジルにおいてはLJを導入したことにより，低緯度地域でのダイズ栽培が広がった．J 座は劣性ホモでLJを発現する．

開花期と成熟期の相関が高いことから予想されるように，成熟期に関する遺伝子座は開花期遺伝子と関連が深く，成熟期の大きなQTLは開花期遺伝子とほぼ同じ位置に見いだされることも多い[23,24]．しかし，すべての成熟期遺伝子が開花期遺伝子と関連があるわけではないことから，成熟には別のメカニズムも働いていると考えられる．

（2）主茎長・伸育型

ダイズの茎は主茎と分枝に分けられ，子葉節から成長点までの長さを主茎長という．分枝は2以上の節を有する1次分枝を指す．主茎長，分枝数，分枝長，分枝の着生角度などでダイズの草姿は決まり，品種間で幅広い変異を示

す．また，ダイズの主茎長・分枝数は生育量や耐倒伏性などに大きく影響する．このため品種育成の現場では，収量に影響を与えない程度に短茎化するなど，草姿を改良して耐倒伏性の向上を図ることが選抜のポイントともなっている．

主茎長を制御する要因には，早晩性，伸育型，節間長などが関与している．早晩性を除くと主茎長に最も大きな影響を与えるのは伸育性である．ダイズの伸育型には開花後も茎が伸長を続け，先に咲いた花が莢実を形成しつつ，茎頂では新しい花が開花する「無限伸育型」，開花後しばらくすると茎頂の伸長が停止し，ほぼ一斉に莢が肥大していく「有限伸育型」，その中間を示す「半無限伸育型」が存在する．開花期以降の頂葉と下位葉の大きさを比べると，有限伸育型では大きな差がない一方，半無限伸育型と無限伸育型では頂葉が明らかに小さくなっており，伸育型の違いによる差がはっきり区別できる．野生種のツルマメは無限伸育型である．

遺伝的には無限伸育型は $Dt1/dt1$ 座（無限伸育/伸長抑制）により制御され，$Dt1$ に $Dt2$ 座（伸長抑制）が加わると半無限伸育型となる[25]．伸長抑制は $dt1$ および $Dt2$ が制御するが，$dt1$ の効果は $Dt2$ より大きく，$Dt1dt2$ で無限伸育型，$Dt1Dt2$ で半無限伸育型，$dt1$ ホモで有限型となる．また $Dt1$ の複対立遺伝子 $Dt1$-t は，単独で半無限伸育型を示す[26]．伸育性は開花期遺伝子の影響も強く受け，短日条件下では半無限伸育型でも有限型に近い生育を示す場合もあり，開花期遺伝子をそろえたうえでないと正確な評価はできない．なお $Dt1$ は第19染色体（連鎖群L）に座乗していることがわかっているが[7]，$Dt2$ 座は詳しく解析されていない．

有限伸育型は短茎化して耐倒伏性が向上することと莢肥大期間が十分とれて大粒化しやすいため，日本で経済的に栽培される多くのダイズ品種は有限伸育型となっている．無限伸育型や半無限伸育型は海外品種，特にアメリカ中北部や中国北部の品種に比較的多くみられる．無限・半無限伸育型は開花期間が有限伸育型よりも長くなる傾向があり着莢数の確保が容易なことから，ダイズ栽培の現場で問題となる青立ち（莢先熟）の発生が少ない傾向にある[27]．

主茎長に大きな影響を与えるもう1つの要因である節間長も，遺伝子間の相互作用や栽植密度などの環境条件の影響を受ける．節間長に関与する遺伝子座としては $S/s/s$-t 座[28]，$Sb1$ 座，$Sb2$ 座[29] などが知られ，S 座をもつ「Higan

は節間が極端に抑制され矮性(わい)となる．ごく最近，ジベレリン合成経路に変異が生じた矮性突然変異体が報告された[30]が，この変異体は節間長が極端に短くなっている以外は異常はみられず，ジベレリン処理で生育が回復することが明らかにされている．

また遺伝資源中には全体が矮化した品種もみられるが，生育量が劣り，異常な生育を示すことから育種には利用されていない．矮化は突然変異でも見いだされており，いくつかの Df 座の遺伝子が知られている[31]．

(3) 草　姿

収量については，多くの QTL 解析の結果が報告されている[32~34]が，実際に育種に用いることのできる遺伝子座は特定されていない．収量関連形質としては百粒重，莢あたり粒数，節あたり莢数，節数など多くの形質があるが，これら形質は相互に関連しており，収量性に関しては互いに逆相関の関係にあるため，解析が難しくなっている．耐倒伏性も同様で，主茎長，分枝数，葉形，地上部重，根系等さまざまな形質が関連し，効果の小さな遺伝子の集積が重要と考えられる．

小葉の形は UPOV の基準では槍形(やりがた)，三角形(さんかくけい)，鋭先卵形(えいせんらんけい)，卵形(らんけい)に区分されるが[35]，国内では卵形の品種が多いことから，単に「長葉(ながは)」「円葉(まるば)」の2種に区分されて認識されることも多い．栽培面積が多い「長葉（三角形）」の品種としては'タチナガハ'，'スズマル'くらいで，他の主要品種は「円葉（卵形）」に区分される．長葉は円葉に対して劣性で，Ln/ln（円葉/長葉）により制御されている[36]．長葉と円葉の収量等に与える影響は十分検討されていないが，長葉は光の下位葉への透過が良い反面，初期生育が劣り雑草が繁茂しやすい傾向にある．近年狭畦(きょうけい)・密植栽培適性品種として受光態勢がよい「長葉」系統を育成する動きがある．

小葉の数は通常3枚であるが，'タチナガハ'などでは環境条件により5枚葉となることもある．主要品種では小葉数が遺伝的に増加している品種はないが，遺伝資源には少数ながら'五葉大豆(ごようだいず)'などのように5枚葉あるいは7枚葉となっている品種がみられる．小葉の数は $Lf1/lf1$ 座（五葉/三葉），$Lf2/lf2$ 座（三葉/七葉）で制御されており，組合せによってはさらに小葉が多いものも生じるが，収量性には影響しない[37]．

分枝数には栽植密度，播種期など栽培条件も大きく影響し，同一品種でも密

植や晩播により分枝数が低減する．近年，狭畦・密植栽培が注目されるようになり，耐倒伏性向上の点から無～少分枝品種の育成が試みられている．最近育成された'トヨハルカ'は分枝数が少なく，密植栽培下でも倒伏が少なく，高い収量を上げることができる．既存品種では'納豆小粒（なっとうしょうりゅう）'や'スズユタカ'などは多く，'タチナガハ'は少ない傾向にある．

分枝数に関連する遺伝子としては $Br1$ 座と $Br2$ 座が知られている[38]．また遺伝資源中には分枝が主茎に密着した「帯化（たいか）ダイズ」もみられ，F/f 座（正常/帯化）で制御されている[39]．

根粒の着生の有無は生育量に大きく影響する．根粒超着生系統は初期生育が劣ることから，一般的に生育量が小さく，収量も低くなるが，十分な生育量が確保できる条件下では'関東100号'のように普通品種と大差のない収量となる場合もある[40]．また非着生系統は根粒が着生しないために窒素供給力が劣り，特に生育後半での生育量が小さく，タンパク質含有量も低くなる傾向にある．根粒着生の遺伝背景には根粒菌側とダイズ側の相互作用があるために単純ではない．根粒超着生は根粒を制御する遺伝子の欠損が原因と考えられ，nts 遺伝子が関与し，劣性で超着生を発現する[41]．根粒非着生については，$Rfg1$, $Rj1$ ～ $Rj7$ 等が知られている[31]．

毛じの有無も生育量に関係し，有毛に比べ無毛では生育が劣る．無毛品種はマメシンクイガ等の莢実害虫の産卵数が少ない[42]ことから耐虫性品種の遺伝資源として注目されたこともあったが，有毛品種に比べ生育量が劣るため実用品種には用いられていない．無毛は有毛に対し優性で，$P1$ 座が関与している[31]．

（4）着　色

ダイズの野生種のツルマメはほとんどが紫花で，白花の系統はごく少ないことからダイズの本来の花色は紫と考えられるが，白花の品種も少なくない．花色は $W1/w1$ 座（紫花/白花）で制御されているが[43]，胚軸色にも影響し，胚軸は $W1$ で紫色，$w1$ で緑色となる．花色や胚軸色は観察しやすい形質なので，交雑確認，固定度の確認等に利用される．また国内では紫花の品種が多いことから，普通品種の混入が問題となるリポキシゲナーゼ欠失ダイズなど成分改良品種では，異品種や自然交雑個体を現場で除去しやすくするために $w1$ を導入して白花化する試みも行われている．

通常栽培されるダイズは種皮色が黄色で，次いで煮豆用として種皮色が黒のダイズの栽培面積が大きい．最近では緑豆腐・きな粉などの特殊用途として地域特産物的に種皮色が緑のダイズの栽培も一部で行われている．種皮色にはそのほかに茶，赤などが存在するが，枝豆用を除くと茶豆や赤豆はほとんど栽培されていない．また，在来品種の中には複色（鞍掛(くらかけ)）をもつ品種が存在する．

種皮色の黄色に関与する遺伝子座には I 座（抑制）が関与しており，I 遺伝子はフラボノイド生合成経路の上流で働くカルコンシンターゼ（CHS）の合成をジーンサイレンシングにより抑制することで，種皮へのアントシアニン蓄積を阻害している[44,45]．I 座が i 遺伝子（着色）になることで着色が促進されるが，ほかにも i-i（臍(へそ)着色），i-k（鞍掛）の複対立遺伝子が存在する[31]．さらに O/o 座（褐/赤），G/g 座（緑/黄），花色 $W1$ 座などいくつかの遺伝子座が関与しており，黄ダイズと黒ダイズを交配すると黄～茶～黒とさまざまな種皮色の個体が分離する．

ダイズの子葉色は黄色か緑であるが，緑色の子葉色はクロロフィルの分解が遅いことにより生じ（stay green），核遺伝する $d1$ 座と $d2$ 座[46]と細胞質遺伝する cyt-$G1$ 座[31]がある．核遺伝する'青丸くん'と普通ダイズの交配後代では，F_1 はすべて子葉色黄，F_2 では緑：黄＝1：15で子葉色緑が分離するのに対し，細胞質遺伝する'キヨミドリ'の交配後代は花粉親の子葉色が黄色ですべて子葉色が緑となる．

（5）裂莢性

海外の品種には成熟後も裂莢しにくい難裂莢性を備えたものが多いが，国内の主要品種は裂莢しやすく，刈り遅れ時の自然裂莢やコンバイン収穫時の頭部損失が問題となっている．特に温暖地以南では成熟期前後に比較的温度が高く乾燥することが多いことから，10％以上の収穫ロスが生じる場合がある[47]．このため，難裂莢性を付与することにより収穫ロスを低減し，実質的に収量を向上できる難裂莢性品種の育成が求められている．

裂莢性に関与する遺伝子として効果が高いのは'ハヤヒカリ'から見いだされた $qPDH1$ 座[48]で，劣性の1遺伝子の導入により難裂莢性が付与される．この遺伝子はタイの'SJ 2'から導入されたことがわかっており，海外の難裂莢性品種もほぼ同じ位置に難裂莢性遺伝子が見いだされる．なお，$qPDH1$ をもたない品種間にも多少裂莢性に違いがあることから，これ以外にもマイナーな効果

をもつ遺伝子が存在すると推定されるが，十分解明されていない．

b. 耐病虫性，ストレス耐性と遺伝

（1） シストセンチュウ抵抗性

ダイズシストセンチュウ（*Heterodera glycines*）は根に寄生し，寄生されたダイズは成長が著しく抑制される．シストセンチュウは卵を体外に出さずにシストを形成して長期間土壌中で生存できることから防除が困難で，被害水準以下にセンチュウ密度を抑えるためには適切な輪作を行う必要がある．ダイズシストセンチュウはその寄生性の違いから12のレース（系統）に分けられており，国内ではおもにレース3が分布しているが，近年北海道を中心にレース1，レース5が見つかっている．

従来シストセンチュウ抵抗性品種の育成には，白目中粒の'下田不知'由来のレース3抵抗性がおもに利用され，'スズユタカ'，'ユキホマレ'などの品種が育成されてきた[49]．しかし，近年になって'下田不知'系の抵抗性品種を侵す新たなシストセンチュウの系統が出現してきたこととレース1系統が広がってきたことから，より高度なレース1抵抗性の導入が必要となっている．

アメリカでは多くの遺伝資源のスクリーニングの結果，'Peking'，'PI 90763'等のシストセンチュウ高度抵抗性品種が見いだされ，遺伝的背景の解明が進んでいる．'Peking'のもつシストセンチュウ抵抗性には*Rhg1*座，*Rhg2*座，*Rhg3*座，*Rhg4*座の4遺伝子座が関与しており，*rhg1/rhg2/rhg3/Rhg4*の組合せで抵抗性を示す[50,51]．このため，'Peking'と普通品種との交配後代からの抵抗性個体の出現頻度は非常に低い．また*Rhg4*は種皮または臍着色遺伝子と強連鎖していることが推定されているため[51]，従来の選抜法では高品質品種への抵抗性導入が困難である．

現在までに*rhg1*，*rhg2*，*Rhg4*についてはほぼ遺伝子座が特定されており，DNAマーカーが開発されている．しかし，*rhg3*の遺伝子座についてはまだ充分特定ができておらず，現在のところシストセンチュウ抵抗性の導入には生物検定とマーカー検定を組み合わせることが必要となっている．

なお'下田不知'系の抵抗性は*rhg1*の複対立遺伝子と*rhg2*，*rhg3*の3つの遺伝子で抵抗性を示す．このため'下田不知'系のレース3抵抗性をもつ品種は，すでにマーカーが開発されている'Peking'由来の*rhg1*と*Rhg4*を導入することでレース1抵抗性の導入が可能である．これを利用してレース3抵抗性

をもつ'ユキホマレ'にマーカーを用いて'Peking'由来の *rhg1* と *Rhg4* を導入した'ユキホマレR'が育成されている．

（2） モザイク病抵抗性

ダイズモザイク病はダイズモザイクウイルス（Soybean mosic virus：SMV）の感染により生じる病害で，種子伝染あるいはアブラムシの吸汁により伝搬する．感染すると生育が抑えられて減収となるほか，種子には褐斑が生じて外観品質が著しく低下する．

国内ではSMVは東北以南で発生し，病原性によりA～Eの5系統[52]にA2系統[53]を加えた6つの病原系統に分類される．このうちSMV-E系統は病徴が激しくダイズは枯死に至るが，発生頻度が低いため大きな問題となっていない．またモザイク病発生地域で栽培される育成品種の多くはSMV-AB系統に対し抵抗性をもち，品種育成の現場ではSMV-CD系統に対する抵抗性の付与が進められている．

SMV抵抗性の遺伝資源としては，SMV-CD系統に抵抗性を示す'Harosoy'がおもに使われている[54]．また遺伝資源のスクリーニングからは'Peking'，'Patten'等のA～E系統すべてに抵抗性をもつ品種も見いだされ[52]，品種育成に用いられている．これまでに'Harosoy'のSMV-CD系統抵抗性は *Rsv3* 座，'Peking'のSMV-A～E系統抵抗性は *Rsv4* 座に制御されていることが明らかにされており，マーカーの開発も行われている．

なお西日本で近年問題となっているSMV-A2系統については，'Harosoy'由来の *Rsv3* 座をもつと抵抗性を示すことがわかっている．

（3） ハスモンヨトウ抵抗性

ハスモンヨトウ（*Spodoptera litura*）は西南暖地で問題となる食葉性害虫で，多発生時には大幅な減収をもたらす．ハスモンヨトウ抵抗性品種としては'ヒメシラズ'，'操田大豆（そうでんだいず）'などが知られており，これら品種はハスモンヨトウに対する非選好性，抗生性を示す．

これらの抵抗性の詳しい機作は明らかになっていないが，遺伝解析の結果から，いずれも第7染色体（連鎖群M）に座乗する *CCW-1* 座および *CCW-2* 座が抵抗性に関与することが明らかにされており[55,56]，戻し交雑により'フクユタカ'に'ヒメシラズ'のハスモンヨトウ抵抗性遺伝子を導入した'フクミノリ'が育成されている．しかし'フクミノリ'のハスモンヨトウ抵抗性程度は'ヒ

メシラズ'より明らかに低く，ほかにも抵抗性に関与する遺伝子が存在すると考えられる．

(4) 矮化病抵抗性

矮化病(Soybean dwarf virus：SDV)はジャガイモヒゲナガアブラムシが媒介するウイルス病であり，北海道を中心に東北北部でも発生がみられる．SDVに罹病すると極端な矮化症状や葉の黄化がみられ，大幅な減収となるほか，罹病個体は枯れ上がらないのでコンバイン収穫の際に汚粒の発生原因となる．

近年，インドネシアの品種'Wilis'がSDVに高度抵抗性を示すことが見いだされ[57]，遺伝解析も行われている．'Wilis'のSDV抵抗性は第5染色体に座乗する単一の不完全優性遺伝子 $Rsdv1$ により発現する[58]．また，SDVウイルスを媒介するアブラムシに対する抵抗性も研究されており，'Adams'などいくつかのアブラムシ抵抗性品種が見いだされている[59]．

(5) その他の病虫害抵抗性

茎疫病の真性抵抗性についてはこれまでに $Rps1$-$Rps7$ 座が知られているが[60,61]，これ以外の遺伝子座も示唆されており，また複対立遺伝子も存在することから，抵抗性遺伝子はさらに多く存在すると思われる．しかし茎疫病には多くのレースが存在し，真性抵抗性は容易に打破されることから，圃場抵抗性の研究も始まっている．

西日本で広く発生する葉焼け病は，わが国では積極的な抵抗性育種が行われていないが，海外では葉焼け病抵抗性遺伝子として Rxp 遺伝子座が知られ，ファインマッピングも行われている[62,63]．

さび病はわが国ではごく一部で突発的に発生するだけであるが，海外，特に南米諸国では近年になって大きな問題となっている．さび抵抗性としては $Rpp1$-$rpp5$ 座が知られ，マーカー開発も行われている[64,65]．

このほかSDS抵抗性（Rfs 座），うどんこ病抵抗性（Rpm 座），斑点細菌病抵抗性（$Rpg1$-$Rpg4$ 座）等の抵抗性の遺伝子が知られている[31]．

(6) ストレス耐性と遺伝

ダイズの環境ストレスには湿害，低温，干ばつなどがあり，わが国のダイズ生産の大きな不安定要因となっているが，遺伝的背景についてはまだ十分解明されていないものも多い．

水田転換畑での作付が多いわが国のダイズ作では湿害は大きな問題である

が，生育ステージにより耐性が異なることに加え，多湿下の病害多発，根粒菌の活性変化などの影響もあり，遺伝的背景については十分解明されていない．これまでに種子冠水抵抗性[66]，生育初期の耐湿性[67]，開花期の耐湿性[68,69]などのQTLが報告されているが，品種育成に利用できる耐湿性関連マーカーは開発されていない．

低温ストレスにより引き起こされる冷害には，低温による生育不良，花粉稔性の低下による着莢不良，低温による種皮への着色などがある．近年低温ストレス耐性の品種育成が進み，'ユキホマレ'，'トヨハルカ'，'ハヤヒカリ'など多くの耐冷性品種が育成されている[70]．

低温耐性に関連したQTL解析はいくつか報告されているが[71,72]，成熟期など耐冷性に直接関係のないように思われる遺伝子座の近傍にQTLが見られることもある．褐毛品種は白毛品種に比べて低温下で臍周辺着色や収量低下が少ないことから[73,74]，耐冷性には毛じ色にかかわる T 座がかかわっていると考えられるほか，$E1$ 座等の開花期遺伝子近傍にも低温着色耐性のQTLが知られている[75]．また，種皮色にかかわる I 座はトヨハルカ型の複対立遺伝子 Ic で，低温による臍周辺着色に抵抗性がある[76]．

わが国では乾燥ストレス耐性はほとんど注目されていないが，ダイズは乾燥ストレスに弱いことから，海外では多くの研究がなされ干ばつ耐性品種のスクリーニングも行われている[77~79]．乾燥ストレスは，ダイズの全生育期間を通じて生育を抑制するだけでなく，生育初期の発芽不良や枯死，開花期頃の落花・落莢，莢肥大期の子実の充実不足をもたらす．乾燥耐性に関連するQTLとして伸育性および熟期近傍のQTL[80]のほかに，水利用効率に関するQTL[81]が報告されている．

c. ダイズの品質・成分と遺伝

（1） 外観品質

外観品質に関連する遺伝的な知見は多くない．種皮の着色については既述したが，黄豆品種のくすみの原因の1つは毛じ色に関与する T/t 座（褐毛/白毛）であり，褐毛の黄豆品種はくすみが生じやすいことはよく知られている．

百粒重に関しては多くのマイナー遺伝子が関与しており[23,33,34,82]，いずれも効果が大きくないことから，品種育成に利用できるマーカーの開発は行われていない．裂皮についても常に裂皮する品種の遺伝については報告があるが[83]，

環境条件によって発生する裂皮の難易については十分検討がなされていない．

（2） タンパク質含量・脂質含量

タンパク質含量は国産ダイズの主要用途である加工適性に関与することから，高タンパク化は主要な育種目標となってきた．一般的にタンパク質含量と脂質含量は逆相関の関係にあり，タンパク質含量が増加すると脂肪含量が減少する．タンパク質含量・脂質含量に関連するQTLは数多く報告されており[32〜34,82,84]，多くの遺伝子が関与していると考えられるが，主働遺伝子数個とマイナー遺伝子多数の組合せが多い．

（3） リポキシゲナーゼ

リポキシゲナーゼは過酸化酵素の1つで，ダイズの食品加工の際にリノール酸などの不飽和脂肪酸を酸化して青臭み・豆臭さの原因となる．ダイズの種子中にはL-1，L-2，L-3の3つのアイソザイムが知られ[85]，分子量，最適pHなどに違いがみられる．近年リポキシゲナーゼを遺伝的に欠失した品種が育成され，ダイズの新規用途開発に役立つと期待されている．

ダイズの3つの種子リポキシゲナーゼはそれぞれ $Lx1$ 座，$Lx2$ 座，$Lx3$ 座に制御され，いずれも劣性でリポキシゲナーゼを欠失する．このうち $Lx1$ 座と $Lx2$ 座は強連鎖しており，$Lx3$ 座とは独立に遺伝する[86]．

（4） 種子貯蔵タンパク質

ダイズの種子タンパク質の60〜70%は7Sタンパク質（β-コングリシニン）と11Sタンパク質（グリシニン）からなっている．7Sタンパク質と11Sタンパク質は含硫アミノ酸含量，ゲル強度，栄養性などに違いがあり，また7Sが少ない場合には11Sが多くなるという相補的関係にある．7S/11S比はタンパク質ゲルである豆腐への加工適性に大きな影響を与えるため，7S/11S比を改良した品種の育成が行われている．

7Sタンパク質は α，α'，β の3つのサブユニットからなり，プロテインボディ中ではこれらサブユニットが3つ集合した三量体で存在する[87]．7Sタンパク質は健康機能性をもつことが最近報告されたが，これまでは含硫アミノ酸含量が低いうえに，アレルゲンタンパク質でもあることから，低減化の育種が進められており，α，α' サブユニットを欠失した品種'ゆめみのり'，'なごみまる'が育成されている．

遺伝的には，α サブユニットは配列の相同性が高く，ごく近接して位置する

*Cg2*座および*Cg3*座の2つの遺伝子，*α′*サブユニットは*Cg1*座に制御され，いずれも劣性遺伝子で欠失が発現する[88,89]．また*α*サブユニットと*α′*サブユニットは別の染色体上に座乗し独立に遺伝する．

近年*β*-コングリシニンをすべて欠失しているツルマメが見いだされ[90]，この形質は単一の優性遺伝子*Scg1*座で3つのサブユニットを欠失させることがわかっている[91]．ダイズでこれまで見つかっているタンパク質欠失変異の多くは遺伝子の欠損，塩基置換などが原因と考えられ，劣性ホモで欠失するが，*Scg1*は優性で別の染色体上に座乗する遺伝子を同時に抑制することから，これまでの欠失変異とは異なるメカニズムが存在すると考えられる．

グリシニンは酸性サブユニットと塩基性サブユニットがS-S結合で結びついたペアが6個集まった六量体の形で貯蔵されている[92]．酸性サブユニットは6種類，塩基性サブユニットは5種類が知られているが，これらは大きくⅠ，Ⅱa，Ⅱbの3つのグループから成り立っている．これらタンパク質を欠失した変異体が相次いで見いだされ[93~95]，これらの欠失変異体はそれぞれ単一の劣性遺伝子により制御されていることがわかっている．2009年には欠失変異を組み合わせてグリシニンをすべて欠失した品種'ななほまれ'が育成されており，7Sの健康機能性を活かした製品開発が行われている．

また，*β*-コングリシニンの変異体とグリシニンを両方欠失した系統も育成されている[96]．この系統は遊離アミノ酸含量が高まるとともに，プロテインボディが縮小しており，タンパク質の代わりに遊離アミノ酸を貯蔵していることがわかっている．

（5）ミネラル成分

ダイズ子実にはカリウム，リン，マグネシウム，カルシウムなどが豊富に含まれているが，これらミネラル成分の遺伝背景の研究は遅れている．最近になって，豆腐加工適性の関与成分としてリンやカルシウムが注目され，また健康リスクの観点から子実中のカドミウムの低減が求められるなど，子実中のミネラル含量に対する関心が高まっている．

種子中のカルシウムは豆腐加工工程で加える凝固剤を補完する働きをし，カルシウム含量が低いダイズは同じタンパク含量でもゲル強度が低くなる傾向がある．子実中のカルシウム含量の品種間差異は大きく，同一栽培条件でも'サチユタカ'は'タチナガハ'等の普通品種に比べて3分の2～2分の1程度のカル

シウム含量にとどまる．またカルシウム含量は栽培環境にも影響を受け[97]，晩播で含量が低下する傾向にある[98]．遺伝的には *Ca1*，*Ca2*，*Ca3*，*Ca4* の4つの遺伝子座が報告されている[99]が，いずれも寄与率は低く，ほかにも多くの遺伝子の関与が予想される．

カドミウムは従来より低濃度の摂取でも健康被害が生じうることが最近指摘され，食品中のカドミウム含量の低減が求められている．作物によってはカドミウム蓄積に品種間差異が認められ，低吸収品種の育成も重要なカドミウム対策として考えられている．

ダイズでもカドミウム蓄積に品種間差異が認められ[100]，'Harosoy' および系譜に 'Harosoy' をもつ 'スズユタカ' 等の品種に高蓄積品種が多く認められている[101]．カドミウム蓄積に関与する遺伝子としては，'AC Hime' 由来の *Cda1* 座[102]と 'Harosoy' 由来の *Cd1* 座[103]が報告されているが，第9染色体（連鎖群K）のほぼ同じ位置に座乗することから，これらの遺伝子は同一遺伝子の可能性がある．また接ぎ木試験の結果から，普通品種はカドミウムを根に蓄積するのに対し，高蓄積品種は地上部へ移行させることがわかっており，これが子実への高蓄積の要因と考えられている[104]．

d. 今後の課題

1990年代後半から，SSRマーカー等を用いたダイズの連鎖地図の作成とさまざまな形質についてのQTL解析が数多く報告されるようになり，それまでは困難だった遺伝子数の推定が格段に容易になった．さらにPhytozome[8]で公開されたダイズゲノムの塩基配列データは，マーカー開発や遺伝子の特定に大きな威力を発揮している．こうした新たな遺伝子解析ツールの充実により，マイナー遺伝子の集積や1つの形質だけを改変するピンポイント改良が可能となり，品種育成の手法も大きく変わりつつある．また表現型の遺伝背景が明らかになることで，生理学的研究が進展し，より合理的な栽培体系の開発につながっていくと考えられる．

一方で収量性や耐倒伏性などについては数多くのQTLが見つかっていることから，個別の遺伝子をマーカーで集積する手法では大きく改良できないことは明らかで，新たな選抜手法の開発が求められている．今後はDNAマーカーなどの新たな選抜手法を従来の育種法の中でどう取り入れていくかが大きな課題となろう．

〔羽鹿牧太〕

引用文献

1) Hymowitz, T. (1970)：*Econ. Bot.*, **24**：408-421.
2) Hymowitz, T. and Newell, C. A. (1981)：*Econ. Bot.*, **35**：272-288.
3) Lackey, J. A. (1980)：*Amer. J. Bot.*, **67**(4)：595-602.
4) Schmutz, J., *et al.* (2010)：*Nature*, **463**：178-120.
5) Shoemaker, R. C. (1994)：*Advances in Cellular and Molecular Biology of Plants*, **1**：299-309.
6) Shoemaker, R. C. and Specht, J. E. (1995)：*Crop Sci.*, **35**：436-446.
7) Cregan, P. B., *et al.* (1999)：*Crop Sci.*, **39**：1464-1490.
8) Phytozome (Glyma 1). [http://www.phytozome.net/soybean.php]
9) SoyBase and the Soybean Breeder's Toolbox. [http://soybase.org/]
10) 永田忠男(1949)：日作紀, **18**：131-134.
11) 福井重郎・荒井正雄(1951)：育雑, **1**：27-39.
12) Carter, T. E., *et al.* (2004)：*Soybean：Improvement, Production, and Uses Third Edition* (*Agronomy 16*), p. 303-416, American Society of Agronomy.
13) Bernard, R. L. (1971)：*Crop Sci.*, **11**：242-244.
14) Buzzell, R. I. (1971)：*Can. J. Genet. Cytol.*, **13**：703-707.
15) Buzzell, R. I. and Voldeng, H. D. (1980)：*Soybean Genet. Newsl.*, **7**：26-29.
16) McBlain, B. A. and Bernard, R. L. (1987)：*J. Hered.*, **78**：160-162.
17) Bonato, E. R. and Vello, N. A. (1999)：*Geneti. Molec. Biol.*, **22**：229-232.
18) Cober, E. R. and Voldeng, H. D. (2001)：*Crop Sci.*, **41**(3)：698-701.
19) Cober, E. R., *et al.* (2010)：*Crop Sci.*, **50**：524-527.
20) 原田久也・山中直樹(2003)：わが国における食用マメ類の研究（総合農業研究叢書第44号), p. 66-73.
21) Yamanaka, N., *et al.* (2000)：*Breed. Sci.*, **50**：109-115.
22) Ray, J. D., *et al.* (1995)：*Crop Sci.*, **35**：1001-1006.
23) Zhang, W.-K., *et. al.* (2004)：*Theor. Appl. Genet.*, **108**：1131-1139.
24) Watanabe, S., *et al.* (2004)：*Breeding science*, **54**(4)：399-407.
25) Bernard, R. L. (1972)：*Crop Sci.*, **12**：235-239.
26) Thompson, J. A., *et al.* (1997)：*Crop Sci.*, **37**：757-762.
27) 羽鹿牧太ほか(2005)：育種学研究, **7**(別1・2)：212.
28) Bernard, R. L. (1975)：*Soybean Genetic. Newsl.*, **2**：28-30.
29) Kilen, T. C. and Hartwig, E. E. (1975)：*Crop Sci.*, **15**：878.
30) 穴井豊昭・北原阿子(2010)：育種学研究, **12**(別2)：77.
31) Palmer, R. G., *et al.* (2004)：*Soybeans：Improvement, production and uses, 3rd ed.* (*Agronomy 16*) (Boerma, H. R. and Specht, J. E. eds.), p. 137-233.
32) Mansur, L. M., *et al.* (1993)：*Theor. Appl. Genet.*, **86**：907-913.
33) Orf, J. H., *et al.* (1999)：*Crop Sci.*, **39**(6)：1642-1651.
34) Reinprecht, Y., *et. al* (2006)：*Genome*, **49**(12)：1510-1527.
35) 社団法人 農林水産先端技術産業振興センター(2004)：平成15年度審査基準国際統一委託事業調査報告書.
36) Bernard, R. L., *et al.* (1973)：*Agronomy*, **16**：117-154.

37) Fehr, W. R. (1972)：*Crop Sci.*, **12**(2)：221-224.
38) Nelson, R. (1996)：*Crop Sci.*, **36**：1150-1152.
39) Albertsen, M. C., *et al.* (1983)：*Bot. Gaz.*, **144**：263-275.
40) 高橋 幹ほか(2003)：作物研究所研究報告，**4**：17-28.
41) Landau-Ellis D., *et al.* (1991)：*Mol. Gen. Genet.*, **228**(1-2)：221-226.
42) 西島 浩・黒沢 強(1953)：北海道農試彙報，**65**：42-51.
43) 福山甚之助(1919)：北海道農事試験場報告，10号：1-100.
44) Todd, J. J. and Vodkin, L. O. (1996)：*Plant Cell*, **8**：687-699.
45) Tuteja, J. H. *et al.* (2004)：*Plant Cell*, **16**：819-835.
46) Woodworth, C. M. (1921)：*Genetics*, **6**：487-553.
47) 城田雅毅ほか(2003)：愛知農総試研報，**35**：31-37.
48) Funatsuki, H., *et al.* (2006)：Plant Breeding, **125**(2)：195-197.
49) 鈴木千賀・湯元節三(2003)：わが国における食用マメ類の研究（総合農業研究叢書第44号），p. 109-118.
50) Caldwell, B. E., *et al.* (1960)：*Agron. J.*, **52**：635-636.
51) Matson, A. L. and Williams, L. F. (1965)：*Crop Sci.*, **5**：477.
52) 高橋幸吉ほか(1987)：東北農試研究資料，**7**：1-35.
53) 中野正明ほか(1980)：九病虫研会報，**26**：31-33.
54) 高松光生(2003)：わが国における食用マメ類の研究（総合農業研究叢書第44号），p. 80-86.
55) Komastu, K., *et al.* (2005)：*Crop Sci.*, **45**：2044-2048.
56) Komatsu, K., *et al.* (2008)：*Crop Sci.*, **48**：527-532.
57) 田澤暁子ほか(2002)：育種学研究，**4**(別2)：286.
58) Uchibori, A. *et al.* (2009)：Mol. Breeding, **23**：323-328.
59) 神野裕信ほか(1997)：育種・作物学会北海道談話会会報，**38**：112-113.
60) Demirbas, A., *et al.* (2001)：*Crop Sci.*, **41**：1220-1227.
61) Bhattacharyya, M. K., *et al.* (2005)：*Theor. Appl Genet.*, **111**(1)：75-86.
62) Narvel, M., *et al.* (2001)：*J. Hered.*, **92**(3)：267-270.
63) Kim, D. H., *et al.* (2010)：*Theor. Appl. Genet.*, **120**：1443-1450.
64) Hyten, D. L., *et al.* (2007)：*Crop Sci.*, **47**(2)：837-838.
65) Garcia, A., *et al.* (2008)：*Theor Appl Genet.*, **117**：545-553.
66) Sayama, T., *et al.* (2009)：*Plant Sci.*, **176**(4)：514-521.
67) Githiri, S. M., *et al.* (2006)：*Plant Breed.*, **125**(6)：613-618.
68) VanToai, T. T., *et al.* (2001)：*Crop Sci.*, **41**：1247-1252.
69) Reyna, N., *et al.* (2003)：*Crop Sci.*, **43**：2077-2082.
70) 黒崎英樹・湯本節三(2003)：わが国における食用マメ類の研究（総合農業研究叢書第44号），p. 135-145.
71) Funatsuki, H., *et al.* (2005)：*Theor Appl Genet.*, **111**(5)：851-861.
72) Ikeda T., *et al.* (2009)：*Theor Appl Genet.*, **118**(8)：1477-1488.
73) Takahashi, R. and Asanuma, S. (1996)：*Crop Sci.*, **36**：559-562.
74) Morrison, M. J., *et al.* (1994)：*Agron. J.*, **86**：796-799.
75) Takahashi, R. and Abe, J. (1999)：*Crop Sci.*, **39**：1657-1662.
76) Ohnishi S., *et al.* (2010)：*Theor. Appl. Genet.*, DOI：10.1007/s 00122-010-1475-6.
77) Boyer, J. S., *et al.* (1980)：*Agron. J.*, **72**：981-986.

78) Sloane, R. J., et al. (1990)：Crop. Sci., **30**(1)：118-123.
79) Oya, T., et al. (2004)：*Plant Production Science.*, **7**(2)：129-137.
80) Spechta, J. E. et al. (2001)：*Crop Sci.*, **41**：493-509.
81) Mian, M. A.R., et al. (1998)：*Crop sci.*, **38**(2)：390-393.
82) Hyten, D. L., et al. (2004)：*Theor. Appl. Genet.*, **109**：552-561.
83) Liu, H. L. (1949)：*J. Hered.*, **40**：317-322.
84) Tajuddin, T., et al. (2003)：*Breed. Sci.*, **53**(2)：133-140.
85) Axelrod, B., et al. (1981)：*Methods Enzymol.*, **71**：441-451.
86) Hajika, M., et al. (1992)：*Jpn. J. Breed.*, **42**(4)：787-792.
87) Thanh, V. H. and Shibasaki, K. (1978)：*J. Agric. Food Chem.*, **26**：695-698.
88) Kitamura, K., et al. (1984)：*Theor. Appl. Genet.*, **68**：253-257.
89) Takahashi, K., et al. (1996)：*Breed. Sci.*, **46**(3)：251-255.
90) Hajika, M., et al. (1996)：*Jpn. J. Breed.*, **46**(4)：385-386.
91) Hajika, M., et al. (1998)：*Breed. Sci.*, **48**(4)：383-386.
92) Mori, T., et al. (1981)：*J. Agric. Food. Chem.*, **29**：20-23.
93) Harada, K., et al. (1983)：*Jpn. J. Breed.*, **33**(1)：23-30.
94) Yagasaki, K., et al. (1996)：*Breeding Science*, **46**(1)：11-15.
95) 小田中浩哉・海妻矩彦(1989)：育種学雑誌, **39**(別1)：430-431.
96) Takahashi, M., et al. (2002)：*Planta*, **217**：577-586.
97) 平 春枝(1992)：日食工誌, **39**：122-133.
98) 金丸京平ほか(2010)：育種学研究, **12**(別1)：63.
99) Zhang, B., et al. (2008)：*J. Heredity*, **100**：263-269.
100) Li, Y.-M., et al. (1997)：*Euphytica*, **94**：23-30.
101) Arao, T., et al. (2003)：*Plant and Soil*, **251**：247-253.
102) Jegadeesan, S., et al. (2010)：*Theor. Appl. Genet.*, **121**(2)：283-294.
103) Benitez, E. R., et al. (2010)：*Crop Sci.*, **50**：1-7.
104) Sugiyama, M., et al. (2007)：*Plant and Soil*, **295**：1-11.

1.3 栽 培 方 法

1.3.1 生理・生態

a. ダイズの特徴と日本における生産

作物としてのダイズの特徴は，子実成分組成として，多量のタンパク質（約40%）を含むことがあげられる．このことが，豆腐などの原料としての加工利用面だけでなく，多収化のための肥培管理技術などを独特のものにしている．タンパク質の質量の約6%は窒素分子が占めるため，子実生産における窒素の要求量は作物の中でずば抜けて高く（水稲の約3倍），さらに脂質も多く（約20%）含む．これらのことから，光合成産物からの子実生産効率は水稲の66%[158]となっている．多量の窒素要求量に対して，ダイズは施肥，土壌由来の

窒素のほか，根粒菌との共生により根系に着生する根粒によって大気中の窒素をも利用できる特徴をもつ．水稲，麦類などでは，草型の改良と短稈化による耐倒伏性の向上が，窒素施肥量の増大を可能として多収化を実現し[28]，それらの増収程度はダイズよりも大きい[2,69]．一方ダイズでは，根粒の存在により施肥窒素の効果が小さいために，施肥改善により安定的に多収をあげることが困難である[77,196]．しかし，根粒が着生しないダイズにおいては，窒素施肥量の増大に伴い増収し，他の作物と同じ反応を示す[200]．すなわち，ダイズの生産性向上のための栽培管理技術を複雑化しているのは，根粒の働きととらえることができよう．

　日本では従来，畑作ダイズと水稲の畦畔に栽培されたダイズが中心であったが，これらの栽培は大きく減り，現在は水田転換畑での栽培が約8割を占めている．水田転換畑での栽培は，日本のほか，アメリカ南部のアーカンソー州，ミシシッピ州，ルイジアナ州やインドネシアなどでも実施されている．本来，灌漑水を貯えるように設計されている水田転換畑では，代かきにより比較的浅いところ（15 cm以浅）に耕盤が形成され[91]，重粘な土壌も多いことから，排水不良による湿害が発生しやすい．また，耕盤が形成された圃場や生育初期に梅雨に遭遇する地域では，ダイズの根系が浅くなりやすく，さらに粘質な土壌は一般に粗孔隙率が低いために保水性にも乏しいので，盛夏には干ばつも発生しやすい．これらのことが，水田転換畑でダイズの生産性が低位不安定となっている大きな原因である．

b. ダイズの生態と生理

（1）出芽と苗立ち

　ダイズの種子は，胚軸，幼芽，幼根，子葉，種皮より形成され，土壌に播種された種子は珠孔や種皮に点在するマイクロスポアーを通して急速に吸水する．吸水した組織は膨軟となるが，乾燥した種子が急激に吸水すると亀裂が生じ，その後の出芽が悪化し，子葉が脱落することもある．そのため，種子周囲の浸透圧を高めることによりゆっくりと吸水させたり，あらかじめ湿気により種子水分を15％くらいに高めておくと吸水時の傷害を緩和して出芽苗立ちを向上させることができる．出芽時にはタンパク質と脂肪が代謝され，それぞれアミノ酸と炭水化物となって成長に使われるが，その際，呼吸が盛んとなり酸素を大量に消費する．このとき湛水すると出芽が著しく抑制されるので，明渠

を作ったりや畝立てするなどにより種子に酸素を供給することが大切である．栄養価に富む種子は，地域や土壌条件によっては，ダイズ茎疫病菌（*Phytophthora sojae*），ダイズ紫斑病菌（*Cercospora kikuchii*），ピシウム菌（*Pythium*）などの糸状菌やタネバエなどの格好の標的となるため，殺菌剤，殺虫剤の種子粉衣などの処置が欠かせない．最終的な出芽率は16～32℃の範囲では変わらないが，低温ほど出芽が遅くなる[168]．種子の発芽には乾物ベースで50％の水分が必要であり，土壌水分が少なくとも−0.07 MPaよりも湿っていなければならない[47]．種子と土壌の接触も水分吸収には重要で土壌の粒子の大きさや密度も影響するので，乾燥時には砕土を十分に行い土壌粒子を細かくするとともに，播種前後に鎮圧を行うと出芽を改善できる．一方，湿潤時は通常，この逆の措置が有効となる．

比較的乾燥した種子が発芽時に冠水すると，出芽[57]や出芽後の生育が大きく抑制される．その抑制程度には品種間差が認められるが，種子水分をあらかじめ15％程度に高めておくと品種間差は不明瞭になり，すべての品種で出芽の改善が認められる[100]．この障害は，乾燥した種子が急激に吸水すると吸水済みの部分と乾燥部分で膨張程度に違いが発生するため，その境界部分で亀裂が発生して維管束などが切断されることによる（図1.4）[72]．このように細胞組織に傷害を受けると，種子内容物の漏出が起こり出芽時の病害を助長する．また，冠水時の障害は，発芽中と発芽後（幼根抽出後）で区別する必要があり，前者は急激な吸水，後者は酸素欠乏に起因すると考えられる[101]．

マメ科植物の中でも，アズキなどは下胚軸が伸びずに子葉が地中に残って出芽する地下子葉（hypogeal cotyledon）であるのに対し，ダイズは出芽時に下

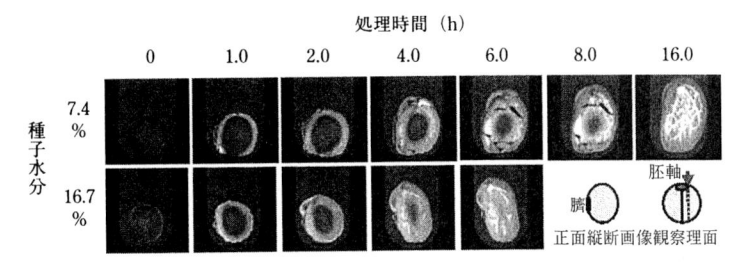

図1.4 急激に吸水したダイズのMRI画像[72]
種子水分が7.4％では組織の膨張時に亀裂が生じるが，十分に吸水すると亀裂が見えにくくなる．

胚軸が伸長して子葉を地上に持ち上げる地上子葉（epigeal cotyledon）の植物である．大粒品種は出芽不良になりやすく[21]，日本の品種は納豆用の小粒品種以外は一般に大粒のため子葉が大きく，土塊を突き破って地表に出現する際の抵抗が大きいために，播種床の砕土が悪かったり，粘土質土壌などで土膜（クラスト）が生じやすい土壌では出芽不良になりやすい．安定した出芽苗立ちは，単収向上だけでなく欠株による雑草繁茂を防ぐうえでも農家圃場における大きな課題である．クラストができやすい土壌では，1ヶ所に3粒点播することにより出芽の改善が認められる[59]．

（2）栄養成長

子葉の上に初生葉が直角方向に発生し，その上から小葉を有する複葉が互生する．小葉の形は丸葉，長葉，中間型があり，通常は1つの複葉では3枚であるが，5枚や7枚のダイズも存在する．出葉速度は温度依存性が高く[134]，葉の展開は干ばつにより抑制される[9]．主茎の長さは品種により大きな変異があるとともに，栽培環境によっても左右され，通常は密植や早播きにより長くなり，さらに高温や低日照が伴うと蔓化することがある．主茎節間の伸長と主茎の出葉には同伸性が認められる[187]．

（3）草型

ダイズの主茎の伸育は生育途中で主茎の伸長が止まる有限伸育型と成熟後半まで伸び続ける無限伸育型，その中間の半無限伸育型があり，$Dt1$, $Dt2$ 遺伝子により支配されている．また，主茎から発生する分枝の数や長さ，方向により多様な草型を示す．各節からは分枝が発生しうるが，その程度と張り方は品種により大きく異なり，また，栽植密度によっても影響される．ダイズの葉は調位運動により光を有効に利用するが[64]，葉の受光態勢はイネ科作物などに比べて悪く下層への光透過性が低いため，草型の改良が重要である[67,68]．ダイズにおいても他作物と同様に耐倒伏性を高める方向で育成が行われてきた結果，新しい品種は草丈が短くなってきている．茎が直立していると受光態勢が良好で葉面積指数を高めることが可能である．葉面積指数が4程度となると太陽光をほぼすべて吸収することになるため，それ以上葉面積を大きくしても個体群の物質生産増大に寄与しないはずであるが[139]，実際にはそれより高い葉面積指数でより多収となるケースが多い．実際，葉面積指数が9程度まで，その増大に伴い増収した例もある[142]．その一因として，葉身が一時的な窒素の貯蔵

器官として機能していることが考えられる[164,165]．草型は受光態勢を通じて物質生産や子実収量だけでなく，乗用管理機の走行性やコンバイン収穫適性などにも大きく影響を与えるため，品種や耕種方法の選定においても重要な形質である．

(4) 根 系

ダイズでは，発芽時に最初に伸長する主根とそれから分枝する多くの支根（2～4次根）が発生して，樹枝状の根系をなす．根の表皮には根毛が生じる．乾燥条件では根系は地下2m以深に達することもある．水田転換畑などで地下水位が安定していると，根系の分布はその位置に影響される．たとえば地下水位が比較的深い場合は，根が表層と地下水面直上に多く分布し，地下水位面より下にもわずかであるが根が達する[144]．培土や湿害，高湿度条件では，胚軸や茎からの不定根の発生が促進される．茎根重比（茎重/根重）は環境変化に対しては比較的安定した形質で，品種間差が認められる[98]．

(5) 根 粒

ダイズでは根系に球状の有限成長型根粒（determinate root nodule）を形成する[24]．日本で着生する根粒菌は *Bradyrhizobium japonicum* や *Bradyrhizobium elkanii* などである[206]．有限成長型根粒では，全体的に肥大成長するため球状となり，ダイズでは固定した窒素がウレイド化合物（アラントイン，アラントイン酸）として地上部に輸送される．なお，アルファルファやエンドウなどは無限成長型根粒であり，先端部が分裂組織となって成長するために細長い形状となり，アミノ酸（アスパラギンなど）が生成されて地上部に輸送される．ウレイド化合物を地上部に輸送する根粒は，アミノ酸を輸送する根粒よりも干ばつに著しく弱いことが知られている[163]．

ダイズの根からはダイズ特有のフラボノイド化合物（ゲニステイン，ダイゼイン）が分泌される．根粒菌がこのフラボノイド化合物を感知すると根の表面に集まってきて，根粒菌は根粒形成遺伝子を発現してNod因子（Nod factor）とよばれる物質を分泌する．この物質がダイズ側の根粒形成遺伝子（nodulin genes）を発現させることにより，ダイズの根で根粒原基が作られて根粒細菌の取り込みが行われる．根粒菌は根毛にできた感染糸から根の中に入り根粒を形成する．根粒内部には維管束が発達し，根粒菌に光合成産物を供給するとともに，根粒菌が生成した窒素化合物をダイズ側に引き渡す．根粒内部では根粒

菌が共生して，感染細胞と非感染細胞からなる組織を作る．この感染細胞内で窒素固定を行っている根粒菌は，細胞外での姿と異なる特有の形態をとっており，バクテロイドとよばれる．

(6) 生殖成長

ダイズは短日植物で，日長により花芽分化・開花が促進され，莢の形成と成熟も促進される[30]．ただし，日長に感受性がない品種も存在する[15]．20世紀終わりに南米の低緯度地帯においてダイズの生産が飛躍的に増大したが，その原因として短日条件下でも開花までの日数が短縮しない特性 long juvenile (LJ) を有する品種が開発されたことが貢献している[43,161]．ダイズの収量は莢数に大きく依存し，莢数はおもに結莢率よりも花蕾数によって左右される[126,128]．花器の脱落頻度は開花後10日前後を境に変化するので，10日までが落花，それ以降が落莢とされる[63,75]．落花，落莢は下位節および遅く開花した花で多く，また，窒素やカルシウム不足により増大する[74]．通常の条件下では，花器脱落のほとんどは胚の発育停止に起因しており[63]，サイトカイニンなどの植物ホルモンが関与している[20,105]．

(7) 発育段階の表記法

ダイズの発育段階の表記法として，栄養成長はV，生殖成長はRで表し，その後にそれぞれの発育時期を表記する方法が広く利用されている[23]．

(8) 光合成

ダイズはC_3植物であり，個葉の光合成速度の適温域は比較的広くて15～

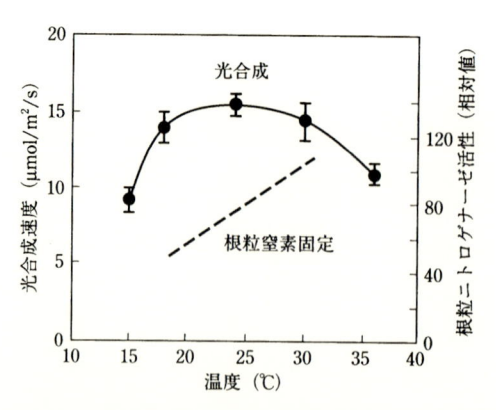

図1.5 光合成および根粒活性と温度との関係（文献[67,201]より作図）
「温度」は光合成に関しては気温，根粒活性については地温を示す．

30°Cの範囲では変動が少ない[67]（図1.5）．光飽和点は生育条件や葉位で大きく異なる[124]．一般に個葉の光合成速度は葉身の窒素含有率[81]，可溶性タンパク質量[7]，Rubisco含有率[81]と密接な関係にあるが，いずれの関係も作物で異なり，葉身の窒素含有率増加に伴う光合成速度の向上はトウモロコシが最も高く，イネが続き，ダイズが最も低い[160]．つまり窒素あたりの光合成効率がダイズはあまりよくない．その原因として，ダイズは葉身窒素含有率あたりの気孔伝導度とRubisco含有率がイネ，コムギ等と比較して低いことがあげられる[81]．日中は複葉中の3つの小葉は葉面照度が等しくなるように調位運動を行い[65]，水平時に比べて葉面受光量は約6割に減少するものの，光-光合成速度の関係からみると光合成速度をほとんど低下させずに葉身の水ストレスを回避し，群落下層にまで光を透過させている[125]．群落光合成は，ダイズ群落の光吸収量に比例し[122]，光利用効率は葉身の窒素含有率[160]と分散光の比率[162]により影響されるので，乾物生産を高く維持するには葉身の窒素含有率を高く維持[154]して，光合成有効波長域の光をより多く吸収することが重要である[165]．

摘莢により光合成速度が低下[138]すること，一部の葉の遮光により残りの葉の光合成速度が高まること[92,115]などから，光合成速度は葉（ソース）で同化された光合成産物が転流する先の受容器官（シンク）の強度によりある程度影響されることが知られている．さらに，根粒やアーバスキュラー菌根菌などの共生にはエネルギーが必要なために，これらも光合成産物の1つのシンクとして機能し，光合成速度に影響を与えている[61]．

ダイズの光合成速度は水分条件にも大きく影響を受け[8]，葉面積に応じた十分な水分供給により葉身の水ポテンシャルを維持することが光合成活性の維持に重要である[143]．日中の強い光条件下でもしばしば光合成速度が低下する現象がみられるが，その程度は葉身の水分状態や根系の吸水能と関係がみられ[68]，古い品種よりも新しい品種の方が地上部の水分状態の改善がみられる[11]．水田転換畑で一般的な灰色低地土では地下水位の高低が光合成速度に影響し，速度が最大化する好適地下水位が存在する[145]．また個葉の光合成速度にも品種間差が存在し，低い光合成能力が不完全優性の量的遺伝形質である[111]．ダイズの一般品種の個葉の光合成速度は近縁の*Glycine*属野生種と比べると低いことから，栽培化の過程で個葉の光合成速度よりも葉の展開能の方を高めて個体群の光利用効率を向上させてきたと考えられる[67]．

（9） 窒素代謝と根粒窒素固定

ダイズは開花期以降，アンモニア態窒素を効率的に利用できる作物[50]である．ダイズ体内でのアミノ酸合成経路において，硝酸態窒素はいったんアンモニアへ還元される必要があり，それにはエネルギーを要するので，窒素源としてアンモニアを直接吸収した方がダイズの生産性は高くなる．また，根粒窒素固定に必要なエネルギーは硝酸態窒素を利用するよりさらに大きいので[3,61,171]，同じ量の窒素を得るには，アンモニア態窒素，硝酸態窒素，根粒固定窒素の順で生産効率がよい．根からの窒素吸収は根への光合成産物の供給[17]，特にリンゴ酸塩[181]により影響されるが，圃場からの窒素吸収は生育後半においても高く維持される[104,211]．畑状態で吸収窒素の大部分を占める硝酸の同化では，代謝の過程で有毒な亜硝酸が生成されるため，炭酸同化によりアミノ酸の炭素骨格が提供されてはじめて硝酸同化が進行するように厳密に調整されている．硝酸還元酵素は非常に寿命の短いタンパク質で半減期は数時間であるため，硝酸還元活性は数時間以内に変化させて調節できるようになっている[41]．ダイズの硝酸還元は，日中は地上部，夜間は根での代謝が優勢である[13]．葉の硝酸還元活性は根系からの硝酸の吸収量により制御されるが，子実肥大期においても硝酸還元能力は十分に高いので[102]，ダイズの生産性阻害要因とはならないとされる[42]．

ダイズ根粒による窒素固定は，夏の干ばつにあわなければ[104]，子実肥大盛期（R5〜R6）でも高く維持される[211]．ダイズの根粒の窒素固定能力は主要な豆類のなかでも最も高い部類に属し[188]，最大で450 kg/haの窒素を固定した例[121]もあり，好適な環境下では少なくとも300 kg/ha以上の窒素を固定可能である[12,147]．

ダイズ根系で行われる呼吸のうち，根が約3割，根粒の成長と維持に約1割，根粒中のニトロゲナーゼとアンモニア代謝が約6割をしめている[123]．バクテロイド中に存在しているニトロゲナーゼは酸素によって破壊されるため，根粒はバクテロイドに対して，呼吸のための酸素供給とニトロゲナーゼ保護のための遊離酸素の隔離の相反する要求に対して特殊な機構を有しており，根粒内のバクテロイドが感染している部分の酸素濃度は大気と比べるとたいへんに低い値（大気のおよそ1万分の1）に保たれている[79]．この低い酸素濃度は根粒皮層の低いガス透過性，酸素との親和性が強いレグヘモグロビンの産生[78]，

バクテロイドの高い呼吸活性などによる．根粒にとって，酸素はバクテロイドの好気的呼吸によるエネルギー獲得に必須であるが，ニトロゲナーゼを壊してしまう側面もある．そのため，通常の根粒では根粒内の酸素濃度が最適値よりもやや低く保たれており，酸素が根粒活性のおもな制限要因になっている[55]．ダイズの根粒皮層のガス透過性は，数十分程の単位で可逆的に変化可能で，ダイズ植物体の窒素必要量に応じて根粒内に供給する酸素量をきめ細かく制御することにより窒素固定量を制御している[103]．図1.6は，ダイズの地上部を希薄なアンモニアガスに曝して窒素を植物体に取り込ませたところ，6時間で根粒の窒素固定活性（ニトロゲナーゼ比活性）が半減することを示している．さらに根圏の酸素濃度を上昇させるとニトロゲナーゼ比活性が回復することから，植物体の窒素栄養条件が良好になると根粒内への酸素拡散抵抗を増大させることにより窒素固定活性を調節していることがわかる．さらに根粒着生数[25,179]や根粒の肥大[27]についても根圏の窒素栄養条件に応じて抑制的な働きを行うメカニズムが存在し，地上部の非構造性炭水化物の量とC/N比が根粒活性を左右している[4]．そのため，根粒がよく機能する条件下では，ダイズ植

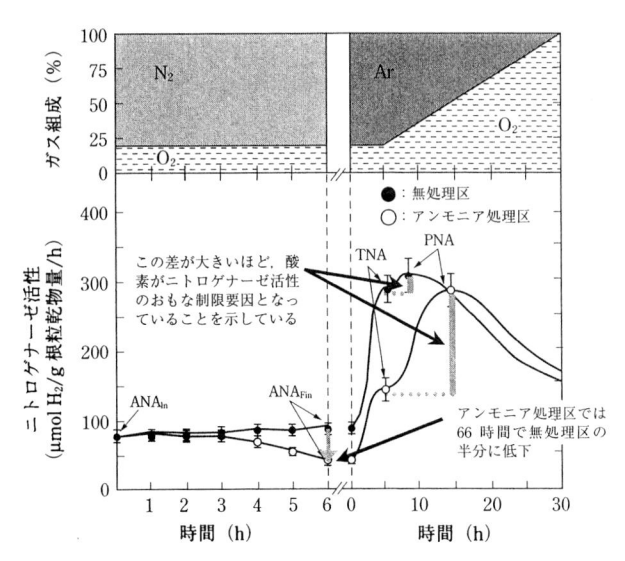

図 1.6 地上部に $100\,\mu l/l$ NH_3($500\,ml/min$ で 6 時間）を曝したときの根粒のニトロゲナーゼ比活性の変化[103]
6 反復の平均値 ± 標準誤差．ANA：見かけのニトロゲナーゼ活性，TNA：全ニトロゲナーゼ活性，PNA：潜在的ニトロゲナーゼ活性．

物体全体の窒素含有率は生育期間を通じてほぼ一定に維持されている[96,114]。このことから，施肥あるいは土壌中の窒素による根粒窒素固定の低下は，阻害ととらえるよりは，植物体の必要量に応じてよりエネルギー効率のよい吸収窒素を優先して利用するための調節機能としてとらえる方が妥当であろう．さらに，個々の根粒が宿主植物に窒素化合物を供給しえない場合，その根粒内部への酸素供給を制限して光合成産物を無駄にしないような制御が行われていることも明らかになってきており[66]，根粒の窒素固定量に関するダイズ植物体の調節機能は，窒素獲得のためのエネルギー効率を高めるためにかなり精緻に制御されているようだ．

このように，ダイズ根粒の窒素固定の潜在能力はかなり高いが，根粒の窒素固定活性は植物体の必要量に応じて精緻に自己調節を行う機能を有し，土壌や肥料由来の窒素を優先的に利用するため，固定窒素の割合は，0～95%[188]とかなり変動する．

また，根粒の窒素固定は日射や気温には影響されないが，地温にはきわめて敏感に反応し，地温に追随して日変化が認められる[18]．地温15℃以下では窒素固定は行なえず[212]，30℃くらいまでは地温上昇に伴い窒素固定活性は直線的に増大し（図1.5）[158]，34℃以上になると抑制される[94]．

ダイズの根粒窒素固定は水分欠乏に著しく弱い[163]．その原因として，干ばつ下では葉，葉柄，根粒中にウレイドが蓄積して根粒活性が抑制されること[137]，根粒への水分供給は師部を通じて行われ，この師部の流れが根粒への物質の搬入と搬出を左右していること[193,194]などが考えられる．よって一般的な圃場条件下では，この根粒のきわめて低い干ばつ耐性が窒素獲得を通じた多収化にとって最大の制限要因になっていると考えられる[165]．なお，根粒はフタスジヒメハムシに食害されることがあるので注意が必要である[177]．

(10) ダイズの収量構成要素

ダイズの収量を構成する要素は，以下のように対応づけられる．

収量 (g/m^2) ＝1粒重×1莢内粒数×株あたり稔実莢数×m^{2}あたり株数

このうち，1粒重は，ダイズでは通常，100粒の重さで表し，「百粒重」として表示する．百粒重は遺伝的にほぼ決まっており，登熟期のストレスがない限りその変動幅は小さいが[129,206]，台風害などにより大きく低下することもある[185]．また，1莢内粒数も，虫害などがない限り比較的安定した遺伝的形質で

ある[97]．m²あたり株数は播種量と苗立ち率によって決定されるが，株あたり稔実莢数はこのm²あたり株数に大きく影響され（通常密植ほど少ない），収量は主として両者の積である単位面積あたりの莢数によって決定される[56,129,142]．稔実莢数は，気象条件[106,185]，播種期[142]，栽植密度[56,129]，施肥条件[87]，乾湿害[74,152]などの影響を強く受ける．

c. ストレス

（1）干ばつ

アメリカなど，ダイズを生産する諸外国では干ばつが減収の最大の要因である[10]．わが国では水田転換畑での作付や梅雨の影響があるため湿害の影響が特に大きく，また，生育初期の梅雨は根系発達を抑制するため，盛夏に干ばつ害が大きく出やすい[49]．地下水位制御は乾湿害双方を抑制するため，ダイズの安定生産に大きく貢献できる[144]．土壌水分欠乏により葉の拡大がまず抑制され，続いて気孔が閉じ始めて光合成が低下する[9]．また，根粒窒素固定活性は光合成より先に低下する[159]．また，土壌中の硝酸の多くは植物体の水の吸収とともに根系に移動するため，窒素代謝にとっても土壌水分は重要である[42]．また，干ばつは窒素だけでなくリンやカルシウムの吸収も阻害する[73]．干ばつは生殖成長に及ぼす影響は大きく，花芽分化期は花蕾数の減少，開花期から幼莢期は花器の脱落，子実肥大期は百粒重の減少を引き起こし，特に子実肥大期の干ばつは著しく減収させる[73,127]．干ばつによる落花・落莢は成熟不整合（青立ち）の原因にもなる[32]．

（2）湿害

ダイズの出芽以降の湿害では，根の成長や根粒着生が減少し[131]，葉身の窒素含有率の低下[170]とそれに伴う光合成の低下[113]が減収の最大の原因である．根系からの窒素吸収よりも根粒窒素固定の方が湿害によって大きく低下するので，窒素施肥によりある程度は，生育や収量の回復がみられる[152,170]．また，湿害条件に対して，ダイズは不定根の発生や二次通気組織を形成して適応反応を示す[5,150,153]．ただし，梅雨に由来する湿害への適応として土壌表層に分布した根系が形成された結果，盛夏の干ばつに弱くなってしまう[49,170]というような事例も知られ，栽培地域に応じた対策が必要である．また，酸性土壌では湿害によりマンガン過剰による萎縮症状が発生することがあり，その際は石灰散布による酸度矯正が有効である[26]．

（3）低温

北海道では，4年に1度ほどの割合で冷害が発生している．ダイズの冷害は，節数が減少する生育不良型冷害，莢数，胚珠数，稔実率が低下する障害型冷害，百粒重が低下する遅延型冷害に区分される．耐冷性には明らかな品種間差が認められ[135]，毛じ色を支配する遺伝子 T が耐冷性と関連し，褐毛品種が白毛品種よりも低温下で多収となる[174]．障害型冷害は多窒素で助長され，リン酸施肥で軽減される．低温では開花や着莢が抑制されるが，特に開花の12.5日前（花粉の形態異常・飛散不良）と3～4日前頃（花粉の飛散不良）の2つの時期は低温に弱く受精率低下の原因となる[108]．

（4）高温

夜間の気温が30℃でも収量に大きな影響はみられない[214]が，日中に35℃が10時間続くと約3割減収した例があり，特に昼間の高温の影響が大きい[35]．高温は栄養成長よりも生殖成長への影響が著しく，特に花粉は35℃以上の高温に弱いので，品種選抜に花粉の高温耐性が利用可能とされる[130]．登熟期において，平均気温が27～31℃の範囲では子実生産に有利に働くものの，これ以上の気温上昇は子実収量を制限する可能性が高い[106]．これは気温が上昇すると根粒の窒素固定が低下するためで，特に土壌水分が不足気味のときにその低下が著しくなる[156]．

（5）倒伏

子実の多収化[14,56]のためだけでなく，中耕培土，乗用管理機による薬剤散布などの管理作業，効率的なコンバイン収穫などのためにも，倒伏を抑えることはたいへん重要である．ダイズの倒伏には，大きく分けて地際から傾く「ころび型倒伏」と主茎の中位から曲がる「屈曲型倒伏」があり，屈曲型倒伏は成熟期になり落葉するとかなり復元するが，ころび型倒伏は自然には復元しないため，品種・栽培両面からの改善が必要である．ころび型倒伏に対する耐性は，地上部自重モーメント（地上部生重×重心高）と押倒し抵抗モーメント（押倒し抵抗×押高さ）で評価できる[140]．耕種的には培土を行うことにより倒伏を抑制する．水稲や麦類ほどではないものの，ダイズの品種改良においても，短茎化[203]による耐倒伏性の向上[167]が大きく多収化に貢献した．

d．肥培管理技術

ダイズが必要とする養分は17種（表1.4）あり[44]，多収化には，窒素，リ

表 1.4 ダイズの 10 a あたり子実収量 404 kg,全乾物重 897 kg 中に含まれる要素量(文献[44]より転載)

要素	含有量(kg)	要素	含有量(kg)
炭素	392	鉄	0.2
水素	51	マンガン	0.067
酸素	370	亜鉛	0.022
窒素	36	銅	0.011
リン	3.4	ホウ素	0.011
カリウム	12.3	モリブデン	0.0011
カルシウム	9.0	コバルト	0.0006
マグネシウム	3.9	その他	15.5
イオウ	2.8		
塩素	1.1	(全乾物重)	897

ン,カリウムのほかに比較的吸収量が多いカルシウム,および根粒窒素固定に関連したモリブデンなどへの配慮が必要である.また,土壌の pH は微量要素の吸収や根粒窒素固定に大きく影響するので,適切な酸度矯正が不可欠となる.さらに後述のようにダイズは地力を消耗させる作物であること,土壌の物理性が生育に影響することから,堆きゅう肥などの有機物施用も生産性向上に不可欠である.

(1) 土壌の pH

わが国は降雨が多く窒素施用量が多いために,基本的に土壌は酸性になりやすく[180],さらに近年の酸性雨,酸性雪の影響により,さらに酸性化が進みやすい状況にある.水稲栽培にとって好適な土壌 pH は 5.0〜6.5 で,ダイズの 6.0〜6.5 よりやや低い.さらに転換畑でのダイズ栽培時は,畑地化するために塩基がより溶脱されやすくなり,pH がさらに低くなりやすい.pH 5.5 未満の酸性化土壌では,マンガンが可溶化して過剰害が誘発されたり[26],モリブデンが不溶化して欠乏症状を引き起こし[44],根粒窒素固定の低下を招いて[89],減収だけでなく子実のタンパク質含量の低下の原因にもなる.低 pH 下ではアンモニア態窒素,カリウム,カルシウム,マグネシウムなどの施肥成分も溶脱されやすくなる.また,主要な立枯性病害であるダイズ茎疫病の蔓延も助長する[31].水田の汎用化に伴い水田土壌の pH は低下傾向にある[31]ことから,低 pH 化は近年のダイズ生産性の不安定さの原因の 1 つと考えられる.

（2） 根粒菌の接種

根粒菌を接種する場合は，事前に根粒菌が接種された種子（リゾビウム加工種子，十勝農業協同組合連合会）を播種するか，根粒菌資材を種子にまぶして播種を行う．わが国では根粒菌接種は栽培面積の17%（2003年，農林水産省「大豆に関する資料」を参照，以下同様）で行われており，その大部分は北海道（74%）である．これは，低地温では根粒菌の根毛への感染が抑制されるため[34]，また寒冷地では播種時期が他地域よりも早く地温が低いため根粒着生が劣ることが多いからである．アメリカでも北部州では接種効果が高いが，南部の州では低いとされる[77]．低地温下では種子にイソフラボンのゲニステインを施用することで窒素固定が高まる[213]．カナダでは多収品種選抜の過程で子実中のイソフラボン含有率が増加してきていることが指摘されており[93]，低温下における種子中のイソフラボン含有率の増加[182]は，植物体の適応反応と考えることができる．

優良な根粒菌の接種を行っても土着の根粒菌が多いために，接種菌を十分に感染させることができないことも多い[58]．それには，接種した根粒菌の土壌中における移動性が限られていることが関係している[88]．無効根粒菌の感染比率と窒素固定能は必ずしも直線関係にはなく，たとえば無効菌の感染比率が3割程度でも窒素固定能はほとんど低下しない[166]．これは，個々の根粒の働きに応じてダイズ植物体が酸素の供給量を制御していることが関係していると考えられる．

（3） 窒　素

窒素施肥については根粒窒素固定への配慮が不可欠である．窒素の施用は，根粒着生[25,42]，肥大[27]，および活性[103]を抑制するからである．日本では多くの場合，初期の栄養成長を促すために元肥（スターター窒素）として20～40 kg/haの窒素が投入され，さらに22%の面積（2008年）において窒素追肥が実施されている．根粒による窒素固定量は良好な環境下では300 kg/haを超え[12,146,188]，地上部に集積した窒素1 kgあたり約13 kgの子実が生産される[132]ことから，根粒に対する各種ストレス（干ばつ，湿害，低pHなど）がなければ，根粒窒素固定のみで4 t/haレベルの収量が実現できるはずである[132,148]．

窒素肥料は元肥の場合，深層（20 cm以深）への緩効性肥料の施用が効果的である[110,133]．窒素追肥の効果は，一般に寒冷地の方が温暖地よりも高く，ま

た，収量水準が低いときに高い傾向にある（図1.7）[76]．光合成は比較的広範囲に適温があるのに対して，根粒窒素固定活性は地温に直線的に影響される（図1.5参照）ことから，地域による窒素追肥効果の違いには根粒の地温反応性が関与していると思われる．根粒非着生ダイズでは窒素施肥量の増加に伴い増収する[200]のに対して，普通ダイズでは窒素追肥効果は高くても3割程度である（図1.7）[76]．前述のように，根粒窒素固定は植物体の窒素栄養状態によって精緻に制御されており，潜在的なダイズの窒素固定能力の高さを考えると，窒素施肥効果は，根粒窒素固定に適さない環境条件や登熟後期の老化に伴う根粒活性低下分を補うための補完的作用が主であると考えられる．ただし，極多収を狙う場合は，灌漑水に薄い濃度の窒素肥料を混ぜて散布する試みなども行われている[119]．

国平均単収で約2.8 t/haの多収を実現している北米・南米諸国では，ダイ

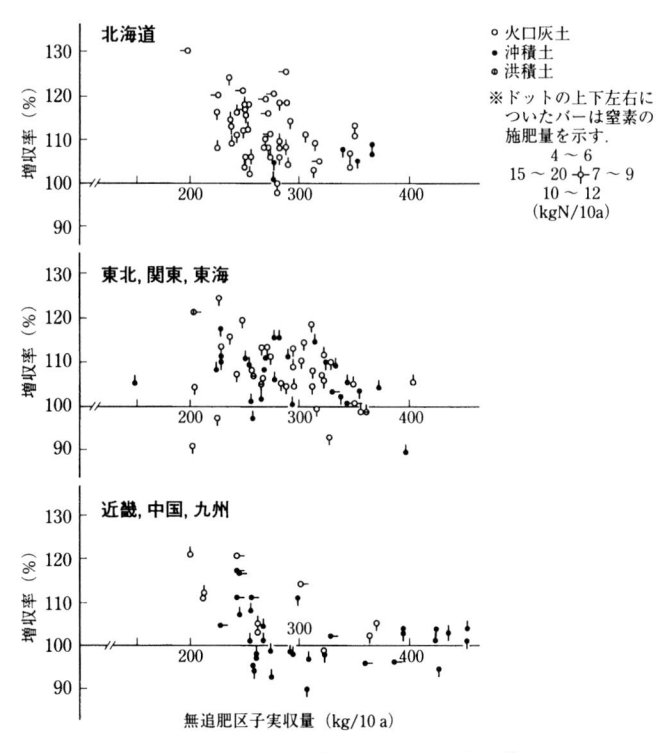

図1.7 地域別の窒素追肥による増収効果[76]

ズへの窒素施肥は増収効果が少なく経済的なメリットがないため不要とされており[77]，ダイズの窒素源は地力窒素と根粒窒素固定のみに依存している[54,146]．基本的にダイズへの窒素施肥は湿害[6,151,169]や干ばつ[118]，不適当な土壌pH[54]などにより根粒窒素固定が発揮されないときに大きな効果がある．わが国の水田転換畑では，湿害，干ばつ双方の頻発や低土壌pHなどにより根粒窒素固定が十分に機能できないことが多く，このことが窒素肥料が多投されている一因であると考えられる．

（4）リン

リン酸は土壌中に平均0.1％程度含まれており存在量は大きいが，その大部分はアルミニウムなどと結合したり有機物中に取り込まれているため，作物が利用可能な形態で存在する量は少ない．特に日本に多い酸性火山灰土壌はアルミニウムや鉄を多く含むために施肥したリン酸が不溶化しやすい．その対策としてリン酸肥料や堆肥投入[107]，土壌pHの矯正[180]などが行われてきている．リンはエネルギー代謝に重要な役割を果たしており，光合成[120]やダイズの根粒窒素固定能[16]の発現に重要である．また，リン酸吸収は低温で大きく抑制[112]されるので，寒地ほど施肥が重要である．ただし，土壌中に過剰なリン酸が蓄積した圃場では亜鉛の吸収阻害もみられる[33]ことから，適切な施肥量の把握が重要である．

（5）カルシウム

ダイズはカルシウムの吸収量が多い．カルシウムは細胞壁にも存在し，組織形成に重要な役割を果たしている．不足すると組織の脆弱化を引き起こす．体内での移動性が乏しくほとんど転流しないので，開花期以降にカルシウム吸収が抑制されると落花・落莢が促進[74]され減収する．また，カルシウム不足は根粒着生を阻害する．ただし，カルシウムの過剰施用はリン酸やマンガンの欠乏を誘発するので，適正な施用量に心がける必要がある[180]．

（6）カリウム

ダイズはカリウムの吸収量も多い．カリウムは生理作用の調節や細胞の浸透圧調節等に貢献しており，地上部集積量のうち，約6割が子実に移行して持ち出される[180]．顕著に不足すると葉が黄変し植物が小さくなり，稔実不良で減収するが[208]，外観上には現れないで減収の原因となる場合もある．ダイズで多収を得るには現在の基準施肥量では不足で，当該年に吸収される量を有機物

を含めた施肥で施用する必要がある[180]．ただし，カリウム過剰はカルシウムとマグネシウムの吸収を阻害するので，適正な施肥量を心がける．

（7）モリブデン

モリブデンは根粒窒素固定を担うニトロゲナーゼや硝酸還元を行う硝酸還元酵素においてコファクターとして機能し，窒素代謝にとって重要である．不足すると根粒着生と成長が劣り，窒素固定能が著しく低下するので窒素欠乏症状を起こす．酸性土壌では欠乏する恐れがあり，そのようなときは酸度矯正やモリブデンの種子粉衣を行う[44]．

（8）有機物の施用

ダイズの作付により土壌中の有機物は減少し[191]，土壌の物理性の悪化[172]を招く．そのため，有機物の積極的な投与による地力の涵養がきわめて大切であるが，有機物資材を投入している圃場面積は全国で3割（2008年）しかない．有機物の継続投与は土壌中の全窒素含有率，孔隙率，保水性などを向上させて増収に貢献する[192]．堆肥は窒素肥料（尿素）の施用よりも根粒着生や窒素固定活性への阻害が少なく，窒素獲得を増大させて増収に寄与する[209]．なお，堆肥施用による増収効果は単年度では現れないことも多いが，継続して投与すると年次を経るに従い増収する傾向を示し[205]，きゅう肥の連年施用により連作障害が軽減される[86]．ダイズの高位安定生産においては，他作物と同様に土作りが基本であることを忘れてはならない．

（9）施肥管理の高度化

外観上明らかな徴候がなくとも，養分の欠乏または過剰が生産性に悪影響を与えている場合がある．また，リン酸やカリウムでは，必要以上に取り込んでも生産性に貢献しない「ぜいたく吸収」を行うことがある．そのため，投入資材の効率化を図り生産性向上をめざすには，植物体の栄養診断や土壌分析に基づき，収量レベルに応じた適切な施肥設計を行うことが重要である[180]．

e. 栽培管理技術

（1）播種時期

ダイズの播種盛期は，北海道では5月下旬，東北・北陸では5月下旬から6月上旬，関東・東海では6月中旬から7月初旬，近畿・中国では6月下旬から7月上旬，九州では7月中旬である．播種適期は北海道の5月下旬から九州の7月中旬のように緯度によって大きく異なり，低緯度になるほど遅く播く傾向

にある．ダイズの生育期間は地域性よりも品種の早晩性の影響が大きく，約120～150日間である．播種適期は，霜害を回避し，作付け品種で安定多収を可能とする時期が選ばれるが，前後作の作期や病虫害回避のために前後させることもある．しかし，多くの地域では，早晩性が異なる奨励品種の選択肢が少なく，安定生産を可能とする播種と収穫の時期が限られているため，梅雨の長雨による播き遅れやコンバイン収穫適期を逃すことによる品質低下が問題となることが多い．

ダイズの経済的な生産を行うには，積算気温が2000℃以上，無霜期間が125日以上，必要とされる．北海道では生育期間の低温により冷害を受けることがあるため，耐冷性の品種の選定や適切な作付期間を選ぶ必要がある．ダイズの作付期間は，作付品種の子実収量が高くなる時期が基本的に選ばれるが，そのほかに作付体系における前後作との在圃期間と農作業の競合，遅霜や早霜による発芽，生育，登熟などへの障害，過繁茂による倒伏や蔓化などの回避も重要な決定要因となる．また，特定の病害虫の被害を回避するため，それらの加害時期を回避する栽培時期が選択されることもある．たとえば，北海道におけるダイズわい化病は，媒介昆虫であるジャガイモヒゲナガアブラムシによる感染時期がおもに5月下旬～6月であるため，この時期以降に播種すると被害を軽減できる[197]．

(2) 播種作業

播種作業では，事前に圃場をプラウやロータリーなどで耕耘した後ロータリー播種機によって播種することが多いが，耕耘後，播種作業までに期間を空けると降雨にあう可能性が高く，地耐力回復の遅れによって播種作業が遅延するおそれがある．一方，逆にその期間中に適度な降雨がないと，播種床の過乾燥による出芽不良が起こることがある．そのため，雑草発生が著しくなく砕土率が比較的よい圃場では，耕耘と播種作業は一工程で実施するのがよい．播種方法としては，ロータリ播種機を用いて畦幅が60～80 cm，株間が10～20 cmで1～2粒播きを平畦で実施するのが最も一般的である．ただし，この播種法では，出芽前にまとまった降雨があると圃場の低いところが滞水し出芽が不ぞろいになりやすい．その解決方法としては，畝を作りその最頂部に播種する栽培法（耕耘同時畝立て播種技術，小畦立て播種栽培技術）が有効である．

（3） 栽植密度

作物の物質生産はストレスがない条件では受光量に比例し，光利用の観点からは均等間隔の栽植様式が多収傾向を示す[90,99]．全面全層播を行うと均等配置に近い状態となるが，栽培中必要な各種作業が行いにくいとされ[195]，一般的には一定の間隔をもった畦を作り栽植密度が決定される．慣行栽培における畦幅は，中耕や培土の作業が可能な 60～90 cm に設定される．栽植本数は一般的には 8～25 本/m^2 程度で，遅播きほど密植される（生育量が少なくなるのを補うため）．無中耕無培土栽培ではダイズによる速やかな被陰による雑草生育の抑制や多収効果を期待するため，畦幅が 30～40 cm 程度の狭畦栽培が実施される[84,186]．狭畦栽培では中耕除草が困難であるため，播種後の土壌処理除草剤の活用が前提であり，その後の雑草発生時には手取り除草や生育期除草剤の併用が必須となる．密植すると乾物生産量は増加するが，ある一定水準で頭打ちとなる[202]．一般に栽植密度の影響は 1 莢内粒数や粒大には小さく，単位面積あたりの総節数や着莢数の増大により増収に貢献する[56,203]．また，密植化により最下着莢高が高まるために倒伏が著しくない場合はコンバイン収穫時の刈り残しを低減できる．

（4） 中耕培土

わが国のダイズ栽培において中耕培土作業は広く普及しており，中耕と培土の実施面積は，2008 年では全国でそれぞれ 76%，67% となっている．本州以南の地域ではほとんどが中耕と培土の両方を実施しているのに対して，北海道では，台風被害がほとんどないために中耕だけを実施し培土を実施しない面積が約半分を占める．世界的には除草のための中耕は実施するところは多いが，培土はほとんどみられない．日本のダイズ作で培土が広く普及しているのは，台風による倒伏発生の防止と湿害低減が最大の理由であろう．中耕と培土はそれぞれ実施する目的と効果が少し異なる[147]．中耕のおもな目的は，畝間の雑草を鋤込む除草効果にある．ただし，中耕を行うと播種後の土質処理除草剤の皮膜（通常約 1 ヶ月持続する）を壊すことになるので，実施時期に注意が必要である．培土は中耕を行いながら株元に土を寄せる作業で，中耕の除草効果に茎基部への土寄せによる効果が加わる．培土の効果として，土寄せ部分からの不定根の発生，倒伏防止，排水，畝間灌水の良好化などがあげられる．培土による不定根発生は，播種後 20～30 日の培土によって最も多くなり[62]，それ以

前に土寄せを行うと茎の成長が抑制されることがある．また，土寄せ部分からの不定根発生には土壌水分が不可欠であり，乾燥条件下では培土を行っても不定根が発生せず良好な効果は期待できない[178]．よって培土作業は播種後20～35日頃に行うとともに，作業後しばらくの間は培土部分の土壌水分を極端に乾かせすぎないことが，不定根発生や根粒着生を促し，培土効果を高めるための条件となる．培土による倒伏防止効果は，土質や品種により異なる．中耕培土は基本的管理技術として位置づけられてきたが，その増収効果は常に期待できるものではなく，実施時期や土壌，気象条件などによっては減収をもたらす場合もある[141]．また，中耕培土はダイズ作の作業時間の約4分の1を占めるうえ，高温多湿下での作業となるためオペレーターの負担が大きいこと，また培土で高くなった畦がコンバイン収穫時に作業性低下の原因となること，さらに中耕による土壌攪拌が有機物分解を促進して地力消耗を促進することなど，マイナス面も存在する．近年は，一部の地域で耐倒伏性品種を用いた不耕起狭畦栽培や無中耕無培土栽培で生産性の向上が図られつつあり，各栽培地において中耕培土の是非の再検証が必要であろう．

（5） 除草体系

ダイズは広葉作物であるため被覆力が高く，播種後1ヶ月程度で圃場を草冠が覆うようになる．雑草の生育には光が必要なためダイズが圃場全面を覆うと高い抑草効果が期待できるが，それまでは雑草が繁茂しやすく，その期間は必要除草期間と呼ばれる．ダイズの出芽苗立ちが不良で，連続した欠株が生じるとそこから雑草が繁茂するので，均一な出芽苗立ちをはかることが雑草防除で最も重要である．畦間，株間に光が当たる必要除草期間の雑草対策として，通常，播種後に土壌処理除草剤を散布する．土壌処理除草剤は，土壌表面に除草剤の処理層を均一に作り，そこから新たに発生する雑草を枯死させる．土壌処理除草剤はすでに発生した雑草には効果が小さい．また，薬剤散布後，長期間乾燥したり，あるいは散布後に大雨があると除草剤が流亡して効果が低下する．

土壌処理除草剤には乳剤，水和剤，フロアブルなど水で希釈して散布するものと，直接散布する細粒剤がある．除草剤により殺草スペクトルが異なるので，利用する圃場に発生する雑草を見きわめたうえで利用するものを選定する．

土壌処理除草剤と中耕培土による後発生雑草の防除，あるいは狭畦栽培による必要除草期間の短縮などにより，生育期間中の雑草防除を効率的に行うことができる．中耕培土は畦間に生えている雑草には効果は高いが，株間に生えている雑草やアサガオ類のような蔓性の雑草には効果が低い．中耕培土による雑草防除効果を高めるには，比較的土壌が乾燥しているときに実施し，ダイズの株元に十分に土壌を被せることが大切である．

生育期茎葉処理除草剤には，圃場全面にダイズの上から散布できるイネ科対象剤，広葉対象剤[173]と，ダイズにはかからないように散布する非選択性除草剤がある．イネ科および広葉対象剤は対象雑草が異なり，効果が期待できる期間が限られているので注意が必要である．

近年，温暖地を中心に，防除が困難な帰化雑草であるアサガオ類（*Ipomoea* spp.）が蔓延してきており，問題となっている[48]．

実際の栽培体系では，除草作業の選択が重要である．たとえばアメリカではラウンドアップレディダイズの普及が減耕起や不耕起栽培の導入を大きく後押ししている[71]．一方，わが国で登録されている除草剤の種類はアメリカの半分以下であり，特に生育期の除草剤の種類は少なく，無中耕無培土栽培や不耕起栽培の導入における大きな支障となっている．

（6）いろいろな栽培技術

・不耕起栽培： 近年では，耕耘を行わずに播種する不耕起栽培が世界的に普及しつつある[53,71]．不耕起栽培における播種には特殊な播種機械が必要であるが，播種前の耕耘作業を省略するため省力的であるとともに，圃場が起伏に富む畑地で耕耘による土壌浸食や土壌有機物分解の抑制，土壌水分保持などが問題となる場合に有効である．これらの観点から，特に起伏に富んだ大規模畑作地帯でダイズ生産が行われている南米・北米で広く普及している．日本の場合，圃場が均平な水田転換畑でのダイズ生産が中心のため，不耕起栽培技術は諸外国とは異なる観点から導入の必要性が謳われている．おもに播種適期が梅雨期に遭遇する地域において，不耕起圃場は地耐力が高く比較的高速で播種できる特徴を活かし，大規模圃場において播種適期を逃さないことを目的として導入が進められている[36,95]．不耕起栽培では通常は中耕培土を実施しないので，播種前の茎葉処理除草剤と播種直後の土壌処理除草剤の併用，および30 cm程度の狭畦とを組み合わせることにより，雑草の発生・生育を抑制す

る[37,39]．不耕起栽培では，特に播種後5日間における冠水害の回避・軽減が必須であるため[38]，圃場の排水性が良好であることが導入の前提条件となる[39]．また，不耕起栽培では，しばしば出芽時にダイズ茎疫病などの立枯性病害の発生が著しいことがあり，これら病害に有効な種子塗沫剤の登録が望まれていたが，2010年にようやく新規薬剤が登録された．

不耕起栽培は収穫時も圃場が均平で地耐力が高いことからコンバイン収穫時の作業性にもすぐれ，大規模省力的栽培の中核的な技術体系として，開発と普及が期待される．

・畝立て栽培：　水田転換畑などでの湿害対策のため，畝を作りその最上部に播種する栽培法が開発されている．国内では富山県などで，海外でもアメリカのミシシッピ州などにおいて，畦立てによるダイズ栽培が広く実施されている．さらに，近年，重粘な土壌においても効果的に畝立て播種が可能なアップカットロータリを利用して，畝立てと同時に播種，施肥を行う耕耘同時畝立て播種技術が開発[51,52]され，湿害軽減による増収効果が高いことから急速に普及しつつある．さらに栽培地の土壌条件，降雨条件などを配慮して，耕起時に小さな畦を立てて播種する小畦立て播種栽培技術[60]や，浅く耕しながら小明渠を作り播種する小明渠作溝同時浅耕播種技術[85]などが開発されている．いずれも播種の耕起時に排水対策を兼ねた措置を施す栽培システムである．また，播種直下に耕耘しない不耕起部分を残して，排水促進と干ばつ時の保水性を維

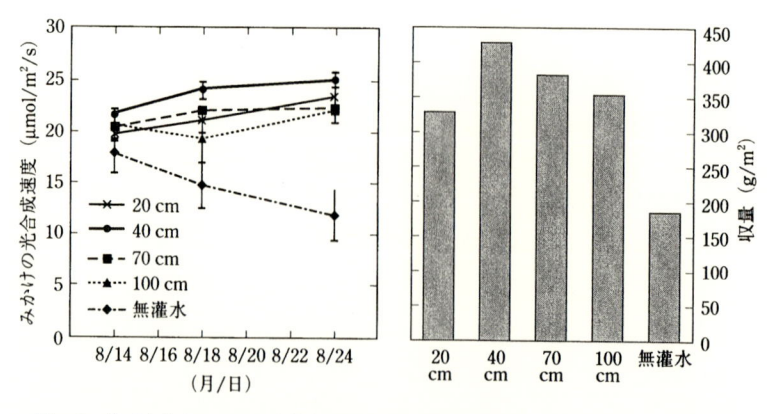

図1.8　地下水位がみかけの光合成速度と収量に及ぼす影響（文献[144,145]を一部改変）
見かけの光合成速度は6反復の平均値 ± 標準誤差．

持した有芯部分耕栽培技術[210]も考案されている．

・地下水位制御システム： 日本においてダイズは水田転換畑での作付けが主であり，本州以南では梅雨にも遭遇するため湿害が頻発しやすい．一方，ダイズは水稲よりも要水量が大きい作物でもあり，開花期以降は盛夏となり蒸散量が急激に増大するため干ばつも発生しやすい．粘質な土壌条件ではダイズの生産性を最大にする好適地下水位が存在し，地下水位の制御は乾湿害の回避を通じてダイズの生産性向上に寄与する（図1.8）[144,145]．近年，一般水田において地下水位を地表 $-30\sim+20$ cm の範囲で制御できる地下水位制御システム（FOEAS）が開発され[29]，ダイズ生産の高位安定化に寄与しうることが明らかになってきており[148]，麦類，野菜や水稲栽培への応用を含めた研究開発が進められている．

f. 輪作体系

ダイズを組み入れた輪作体系は地域ごとにさまざまなものがある．ダイズを連作すると，ダイズシストセンチュウやダイズ茎疫病，ダイズ黒根腐病などの立枯性病害が発生して連作障害が生じやすい[136,199]．そのため，ダイズの安定生産には畑地の場合3年以上の輪作が必要である[82]．ダイズシストセンチュウ被害に対しては4年以上のダイズの休作やセンチュウ抵抗性品種の作付が一定の効果を示すが[136,199]，抵抗性品種を連作するとダイズシストセンチュウが変異して抵抗性が打破されるので，たとえ抵抗性品種であっても連作は避ける必要がある．

水田転換畑では，転換初年目は土壌の排水性が乏しいため収量が上がらないことも多く，2~3年目に最多収となり，その後，低収となっていく事例が多い[40,183]．水田を畑状態で継続すると，土壌有機物の減少，土壌の酸性化，リン酸の肥効低下，土壌の塩類の減少などが起こる．こうした低収化への対策としては，堆きゅう肥施用[107]やわらなどの有機物施用と深耕組合せ[83]の効果が高い．水田輪作ダイズにおける減収要因として，地力窒素の減少，根系の活性低下，ダイズシストセンチュウの多発化，ダイズ黒根腐病等の立枯性病害の増加，出芽率の低下などがあげられる[184]．また，水田転換畑では，生産の安定化には畑作期間とほぼ同年限の水田期間を設定することが望ましく[40]，ダイズ作前の冬に休閑するよりも作物栽培を行った方がダイズの生産性は高い[176]．

ダイズには根粒菌のほかにアーバスキュラー菌根菌も感染し，これらとの共

生関係により無機養分や水分の吸収が促進される．そのため，アーバスキュラー菌根菌との共生関係を有する作物との輪作は，土壌中の菌根菌胞子密度を高めダイズの生産性向上に貢献する[189]．

ダイズは根粒によって窒素固定を行うものの明らかに地力を消耗させる作物であり[83]，ダイズ作付により土壌中の全炭素や全窒素が減少[191]し，土壌の孔隙率が減って固相率が高まり，土壌が硬く締まるようになる[172]．ダイズを組み入れた田畑輪換では，たとえ連作しなくてもダイズを作付するごとに徐々に土壌の可給態窒素は低下（図1.9）する．これら土壌の化学性，物理性の悪化により，長期的にはダイズは減収傾向となる[172]．

ダイズ作付により土壌中の有機態窒素が減少するのは，ダイズは収穫残渣が少ない[46]うえにC/N比が低いため土壌中で速やかに分解されやすく[117]，さらに作物が吸収した窒素の多くが子実により持ち出されるためである．なお，ダイズは土壌中の地力窒素を減らすにもかかわらず，後作の水稲が増収することが多い．その原因として，畑地化に伴う土壌の好気化による土壌有機物分解促進による各種養分の無機化，また畑作時における耕起深と仮比重の増加に伴う作土量の増加，根域の拡大，生育後期の根活力の維持，などが指摘されている[172]．また，畑作ではダイズの後作でトウモロコシや麦類が増収することがあるが，これはダイズによる土壌中の有機態窒素の無機化の促進[190]や，窒素固定時に根粒から放出される水素による土壌微生物相の変化が貢献していると考えられる[19,116]．たとえば根粒窒素固定の際に放出される水素を利用する水素酸化細菌（*Variovorax paradoxus*など）は，後作物の成長促進効果をもたら

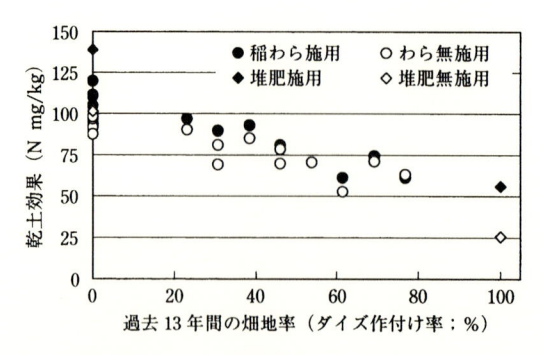

図1.9 田畑輪換の繰返しや長期畑転換に伴う乾土効果窒素の変化[172]

g. わが国におけるダイズ多収化の方向性

近年の研究成果から,ダイズの生産性にとって最も重要な炭素(光合成)と窒素(吸収+固定)の獲得・集積については,相互がきわめて密接に関係していることが明らかになってきた[165]. すわなち,ダイズの収量は子実肥大期の個体群成長速度と相関が高いが[67,155],個体群光合成は葉身窒素含有率に大きく依存しているとともに,根からの窒素吸収や窒素固定は光合成産物や地上部の窒素栄養条件(窒素の需要)に影響されるからである. その密接な相互依存関係から,どちらか一方が常に収量の制限要因として考えるのは誤った結論を導きかねない.

ダイズ収量の限界を Sinclair[165] は 7.3 t/ha, Specht ら[167] は 8 t/ha と推定しており, Evans[22] は 7.4 t/ha の事例を紹介している. また, ミズーリ州ダイズ協会による多収コンテスト (Yield & Quality Contest) では, 2010 年に 10.8 t/ha (160.6 bu/acre) の多収穫が達成されている. わが国においても 6 t/ha 水準レベルの多収穫事例は数多く報告されている[109,129,142]. これらの事例では炭素と窒素の相互関係が非常によいバランスにあったと考えられ, 今後も多収穫事例における炭素と窒素の動態, および各生理的要因の解析を通じた多収化要因の解明が必要であろう.

国内では梅雨がない北海道が最多収となり, 梅雨の影響がある地域や湿害が発生しやすい水田転換畑ではそれに劣るが, 土壌水分管理の徹底により単収が倍増することも多い[51,148]. また, 作物の生産性の地域間差は, 水稲では登熟期間の日射や気温で説明しうるが, ダイズの地域間差は莢形成期の日射量よりも降雨の過多, 過少によって影響されることが示唆されている[70]. 他方, 追肥による窒素栄養条件改善では増収効果は 3 割程度[76] にとどまっていることから, 農家圃場における増収には土壌水分管理による干湿害防止がまず第一に重要であることがわかる. 根粒窒素固定は土壌水分欠乏にきわめて弱く[165], 土壌水分の制御はこれを大きく向上させうるので[149,175], 窒素栄養の観点からも重要である (ただし各地域における地温の差に起因する根粒窒素固定能力の相違にも留意する必要がある).

日本では水田転換畑ダイズの比率が高く, 基本的に灌漑が可能である立地条件を活かした多収栽培技術の構築が重要である. ただし, これまで述べてきた

ように，水田転換畑でのダイズの作付は長期的には明らかに土壌の物理性，化学性の悪化を招き，徐々に作物の生産性を低下させる[172]．畑作では輪作とともに地力維持策が欠かせないが[86]，水田転換畑でも同様なことがいえる．その際，ダイズでは土壌の物理性が収量に与える影響が大きいので[1,198]，地力窒素だけでなく，耕盤管理[91]を含めた土壌物理性の改善対策が求められる．

こうした研究開発を重ねることにより，わが国においても北米・南米に匹敵するダイズ生産性を獲得できるであろう． 〔島田信二〕

引用文献

1) 阿江教治(1985)：農園，**60**：679-683．
2) Alston, J. M., *et al.* (2009)：*Science*, **325**：1209-1210.
3) Atkins, C. (1984)：*Plant Soil*, **82**：273-284.
4) Bacanamwo, M., *et al.* (1996)：*Physiol. Plant*, **98**：529-538.
5) Bacanamwo, M., *et al.* (1999)：*Crop Sci.*, **39**：143-149.
6) Bacanamwo, M., *et al.* (1999)：*J. Exp. Bot.*, **50**：689-696.
7) Boon-Long, P., *et al.* (1983)：*Crop Sci.*, **23**：617-620.
8) Boyer, J. S. (1970)：*Plant Physiol.*, **46**：236-239.
9) Boyer, J. S. (1970)：*Plant Physiol.*, **46**：233-235.
10) Boyer, J. S. (1982)：*Science*, **218**：443-448.
11) Boyer, J. S., *et al.* (1980)：*Agron. J.*, **72**：981-986.
12) Campo, R. J., *et al.* (2009)：*Field Crop Res.*, **110**：219-224.
13) Cen, Y.-P., *et al.* (2003)：*Plant Physiol.*, **131**：1147-1156.
14) Cooper, R. L. (1971)：*Agron. J.*, **63**：490-493.
15) Criswell, J. G., *et al.* (1972)：*Crop Sci.*, **12**：657-660.
16) de Mooy, C. J., *et al.* (1966)：*Agron. J.*, **58**：275-280.
17) Delhon, P., *et al.* (1996)：*J. Exp. Bot.*, **47**：893-900.
18) Denison, R. F., *et al.* (1985)：*Agron. J.*, **77**：679-684.
19) Dong, Z., *et al.* (2003)：*Plant Cell Environ.*, **26**：1875-1879.
20) Dyer, D. J., *et al.* (1987)：*Plant Physiol.*, **84**：240-243.
21) Edwards, C. J., Jr., *et al.* (1971)：*Agron. J.*, **63**：429-450.
22) Evans, L. T. (1993)：*Crop evolution, adaptation and yield*, p. 286-290, Cambridge Univ. Press.
23) Fehr, W. R., *et al.* (1971)：*Crop Sci.*, **11**：929-931.
24) Ferguson, B. J. *et al.* (2010)：*J. Integr. Plant Biol.*, **52**：61-76.
25) Francisco, P. B.J., *et al.* (1993)：*J. Exp. Bot.*, **44**：547-553.
26) 藤井弘志ほか(1982)：山形農試研報，**16**：31-48．
27) Fujikake, H., *et al.* (2003)：*J. Exp. Bot.*, **54**：1379-1388.
28) 藤巻 宏ほか(1992)：植物育種学［下巻 応用編］，p. 145-155，培風館．
29) 藤森新作(2007)：農園，**82**：570-576．
30) 福井重郎(1963)：農事試報，**3**：19-78．

31) 古河　衞(2007)：農園, **82**：1203-1207.
32) 古谷義人ほか(1963)：九州農試彙報, **8**：409-422.
33) 二見敬三ほか(1985)：兵庫農総セ研報, **33**：21-26.
34) Gibson, A. (1971)：*Plant Soil*, **35**：139-152.
35) Gibson, L. R., *et al.* (1996)：*Crop Sci.*, **36**：98-104.
36) 濱田千裕(1986)：愛知農総試研報, **18**：67-74.
37) 濱田千裕ほか(1990)：愛知農総試研報, **22**：85-92.
38) 濱田千裕ほか(2007)：日作紀, **76**：212-218.
39) 濱口秀生ほか(2004)：中央農研研究資料, 1-21.
40) 花井雄次(1987)：農林水産技術研究ジャーナル, **10**：28-32.
41) Hans-Walter, H. 著・金井龍二訳(2000)：植物生化学, p. 223-249, シュプリンガー・フェアラーク東京.
42) Harper, J. E. (1987)：*Soybeans：Improvement, Production, and Uses, 2nd ed.* (Wilcox, J. R. ed.), p. 497-533, ASA, CSSA and SSSA.
43) Hartwig, E. E., *et al.* (1979)：*Field Crop Res.*, **2**：145-151.
44) 橋本鋼二(1977)：農園, **52**：1049-1050.
45) 橋本鋼二(1980)：大豆の生態と栽培技術（斎藤正隆・大久保隆弘編著), p. 77-78, 農文協.
46) Havlin, J. L., *et al.* (1990)：*Soil Sci. Soc. Am. J.*, **54**：448-452.
47) Heatherly, L. G., *et al.* (1979)：*Agron. J.*, **71**：980-982.
48) 平岩　確ほか(2009)：雑草研究, **54**：26-30.
49) Hirasawa, T., *et al.* (1998)：*Plant Produc. Sci.*, **1**：8-17.
50) 星　忍ほか(1978)：北海道農試研報, **122**：13-54.
51) 細川　寿(2004)：農園, **79**：1293-1299.
52) 細川　寿(2006)：農林水産技術研究ジャーナル, **29**：20-24.
53) Huggins, D. R., *et al.* (2008)：日経サイエンス, 2008年11月号：78-85.
54) Hungria, M., *et al.* (2000)：*Field Crop Res.*, **65**：151-164.
55) Hunt, S., *et al.* (1993)：*Ann. Rev. Plant Physiol. Plant Mol. Biol.*, **44**：483-511.
56) 池田　武ほか(1990)：日作紀, **59**：219-224.
57) Ishida, N., *et al.* (1988)：*Agri. Biol. Chem.*, **52**：2771-2775.
58) 石井忠雄(1990)：道立農試報告, **73**：1-54.
59) 岩渕哲也ほか(2006)：日作紀, **75**：132-135.
60) 岩手県編(2008)[http://wwwprefiwatejp/nhp 2088/labo/pdf/08042_kounetate_manualpdx]
61) Kaschuk, G., *et al.* (2009)：*Soil Biol. Biochem.*, **41**：1233-1244.
62) 加藤一郎ほか(1959)：東近農試研報, 栽培2部1：1-15.
63) 加藤一郎(1964)：東近農試研報, **11**：1-52.
64) 川嶋良一(1969)：日作紀, **38**：718-729.
65) 川嶋良一(1969)：日作紀, **38**：730-742.
66) Kiers, E., *et al.* (2003)：*Nature*, **425**：78-81.
67) 国分牧衛(1988)：東北農試研報, **77**：77-142.
68) Kokubun, M., *et al.* (1994)：*Jpn. J. Crop Sci.*, **63**：643-649.
69) 国分牧衛(2001)：日作紀, **70**：341-351.
70) 国分牧衛(2010)：ダイズのすべて（喜多村啓介編）, p. 75-80, サイエンスフォーラ

ム.
71) 国分牧衛(2010)：ダイズのすべて（喜多村啓介編），p. 81-92, サイエンスフォーラム.
72) 国立卓生ほか(2009)：農業機械学会誌, **71**：115-120.
73) 昆野昭晨ほか(1964)：農技研報, 111-149.
74) 昆野昭晨(1976)：農技研報, **D27**：139-295.
75) 黒田俊郎ほか(1992)：日作紀, **61**：74-79.
76) 桑原真人(1986)：農園, **61**：590-598.
77) Heatherly, L. G., et al. (2004)：*Soybeans : Improvement, Production, and Uses, 3rd ed.* (Boerma, H. R. and Specht, J. E. eds), p. 451-536, ASA, CSSA and SSSA.
78) Layzell, D. B., et al. (1990)：*Physiol. Plant.*, **80**：322-327.
79) Layzell, D. B., et al. (1990)：*Plant Physiol.*, **92**：1101-1107.
80) Maimaiti, J., et al. (2007)：*Environ. Microbiol.*, **9**：435-444.
81) 牧野　周ほか(1988)：土肥誌, **59**：377-381.
82) 松田幹男ほか(1980)：日作紀, **49**：548-558.
83) 松村　修(1992)：農業技術, **47**：488-492.
84) 松永亮一ほか(2003)：日作九支報, **69**：53-55.
85) 松尾和之ほか(2005)：平成17年度関東東海北陸農業研究成果情報. [http://www.affrc.go.jp/seika/date_kanto/h 17/kan 05017.htmi]
86) 松崎守夫ほか(1998)：北海道農試研報, **166**：1-65.
87) 松崎守夫ほか(2006)：日作紀, **75**：13-22.
88) McDermott, T. R., et al. (1989)：*Appl. Environ. Microbiol.*, **55**：2493-2498.
89) Mengel, D. B., et al. (1987)：*Soybeans : Improvement, Production, and Uses, 2nd ed.* (Wilcox, J. R. ed.), p. 461-496, ASA, CSSA and SSSA.
90) Miura, H., et al. (1987)：*Jpn. J. Crop Sci.*, **56**：652-656.
91) 持田秀之ほか(1990)：日作東北支部報, **33**：61-63.
92) Mondal, M. H., et al. (1978)：*Plant Physiol.*, **61**：394-397.
93) Morrison, M. J., et al. (2008)：*Crop Sci.*, **48**：2201-2208.
94) Munevar, F., et al. (1981)：*Soil Sci. Soc. Am. J.*, **45**：1113-1120.
95) 長野間宏(2004)：土肥誌, **75**：561-564.
96) Nakamura, T., et al. (2010)：*Plant Produc. Sci.*, **13**：123-131.
97) 中村茂樹ほか(1982)：日作九州支部報, 94-96.
98) 中村茂樹ほか(1988)：日作紀, **57**：621-626.
99) 中野尚夫ほか(2001)：日作紀, **70**：40-46.
100) 中山則和ほか(2004)：日作紀, **73**：323-329.
101) 中山則和ほか(2005)：日作紀, **74**：325-329.
102) Nelson-Schreiber, B. M., et al. (1986)：*Plant Physiol.*, **80**：454-458.
103) Neo, H., et al. (1997)：*Plant Physiol.*, **113**：259-267.
104) 野原努ほか(2006)：日作紀, **75**：350-359.
105) Nonokawa, K., et al. (2007)：*Plant Produc. Sci.*, **10**：199-206.
106) 大江和泉ほか(2007)：日作紀, **76**：433-444.
107) 大久保隆弘(1973)：東北農試研報, **46**：1-61.
108) Ohnishi, S., et al. (2010)：*Environ. Exp. Bot.*, **69**：56-62.
109) 大沼　彪ほか(1981)：山形農試研報, **15**：27-38.

110) 大山卓爾(2006)：日作紀, **75**：386-390.
111) 小島睦男(1972)：農技研報, **23**：97-154.
112) 岡島秀夫ほか(1979)：土肥誌, **50**：334-338.
113) Oosterhuis, D. M., et al. (1990)：*Environ. Exp. Bot.*, **30**：85-92.
114) Osaki, M., et al. (1992)：*Soil. Sci. Plant Nutr.*, **38**：553-564.
115) Peet, M. M., et al. (1980)：*Plant Cell Environ.*, **3**：201-206.
116) Peoples, M., et al. (2009)：*Symbiosis*, **48**：1-17.
117) Power, J. F., et al. (1986)：*Soil Sci. Soc. Am. J.*, **50**：137-142.
118) Purcell, L. C., et al. (1996)：*Jour. Plant. Nutr.*, **19**：969-993.
119) Purcell, L. C. (2009)：*Enhancing soybean productivity for 21st century-Strategy and tactics NARO symposium, 29 March 2009*.
120) Qiu, J., et al. (1992)：*Plant Physiol.*, **98**：316-323.
121) Rennie, R., et al. (1988)：*Plant Soil*, **112**：183-193.
122) Rochette, P., et al. (1995)：*Agron. J.*, **87**：22-28.
123) Ryle, G. J.A., et al. (1984)：*J. Exp. Bot.*, **35**：1156-1165.
124) 佐川　了(1998)：日作紀, **67**：366-372.
125) 斎藤邦行ほか(1994)：日作紀, **63**：616-624.
126) 齊藤邦行ほか(1998)：日作紀, **67**：70-78.
127) 斎藤邦行ほか(1999)：日作紀, **68**：537-544.
128) 齊藤邦行ほか(2003)：日作紀, **72**：290-294.
129) 齊藤邦行ほか(2007)：日作紀, **76**：204-211.
130) Salem, M. A., et al. (2007)：*Crop Sci.*, **47**：219-231.
131) Sallam, A., et al. (1987)：*Soil Sci.*, **144**：61-66.
132) Salvagiotti, F., et al. (2008)：*Field Crop Res.*, **108**：1-13.
133) Salvagiotti, F., et al. (2009)：*Agron. J.*, **101**：958-970.
134) 鮫島良次(2000)：農研センター報告, 1-119.
135) 三分一敬(1979)：道立農試報告, **29**：1-57.
136) 佐々木健治ほか(1985)：岩手農試研報, **25**：163-180.
137) Serraj, R., et al. (1999)：*J. Exp. Bot.*, **50**：143-155.
138) Setter, T. L., et al. (1980)：*Plant Physiol.*, **65**：884-887.
139) Shibles, R. M. et al. (1965)：*Crop Sci.*, **5**：575-577.
140) 島田尚典ほか(2002)：育種学研究, **4**：185-191.
141) 島田信二(1985)：農園, **60**：569-573.
142) 島田信二ほか(1990)：日作紀, **59**：257-264.
143) Shimada, S., et al. (1992)：*Jpn. J. Crop Sci.*, **61**：264-270.
144) Shimada, S., et al. (1995)：*Jpn. J. Crop Sci.*, **64**：294-303.
145) Shimada, S., et al. (1997)：*Jpn. J. Crop Sci.*, **66**：108-117.
146) 島田信二(2006)：農業技術大系 作物編第6巻 追録第28号：技30の37 10-25.
147) 島田信二(2006)：農業技術大系 作物編第6巻 追録第28号：技37-40.
148) 島田信二ほか(2008)：平成20年度関東東海北陸農業研究成果情報. [http://www.naro.affrc.go.jp/top/seika/2008/01 narc/narc 08-01/html]
149) 島田信二ほか(2008)：日作紀, **77**(別2)：50-51.
150) Shimamura, S., et al. (2002)：*Plant Produc. Sci.*, **5**：294.
151) Shimamura, S., et al. (2006)：*Sci. Bull. Fac. Agr., Kyushu Univ.*, **61**：63-67.

152) 島村　聡ほか(2006)：九大農研学雑, **61**：63-67.
153) Shimamura, S., *et al.* (2010)：*Ann. Bot.*, **106**：277-284.
154) 白岩立彦ほか (1994)：日作紀, **63**：1-8.
155) Shiraiwa, T., *et al.* (2004)：*Plant Produc. Sci.*, **7**：138-142.
156) Shiraiwa, T., *et al.* (2006)：*Plant Produc. Sci.*, **9**：165-167.
157) Sinclair, T. R., *et al.* (1975)：*Science*, **189**：565-567.
158) Sinclair, T. R., *et al.* (1985)：*Agron. J.*, **77**：685-688.
159) Sinclair, T. R. (1986)：*Field Crop Res.*, **15**：125-141.
160) Sinclair, T. R., *et al.* (1989)：*Crop Sci.*, **29**：90-98.
161) Sinclair, T. R., *et al.* (1992)：*Crop Sci.*, **32**：1242-1248.
162) Sinclair, T. R., *et al.* (1993)：*Crop Sci.*, **33**：808-812.
153) Sinclair, T. R., *et al.* (1995)：*Nature*, **378**：344-344.
164) Sinclair, T. R., *et al.* (1999)：*Science*, **283**：1456-1457.
165) Sinclair, T. R. (2004)：*Soybeans：Improvement, Production, and Uses, 3rd ed.* (Boerma, H. R. and Specht, J. E. eds), p. 537-568, ASA, CSSA and SSSA.
166) Sigleton, P. W. *et al.* (1983)：*Crop Sci.*, **23**：69-72.
167) Specht, J. E., *et al.* (1999)：*Crop Sci.*, **39**：1560-1570.
168) Stucky, D. J. (1976)：*Agron. J.*, **68**：291-294.
169) Sugimoto, H., *et al.* (1989)：*Jpn. J. Crop Sci.*, **58**：605-610.
170) 杉本秀樹(1994)：愛媛大農紀, **39**：75-134.
171) 角　明夫ほか(2005)：日作紀, **74**：344-349.
172) 住田弘一ほか(2005)：東北農研セ研報, 39-52.
173) 平智　文(2009)：日作紀, **78**：270-271.
174) Takahashi, R., *et al.* (1996)：*Crop Sci.*, **36**：559-562.
175) 高橋　幹(1995)：北海道農試研究資料, **53**：25-33.
176) 高屋武彦ほか(1986)：東北農業研究, **39**：41-42.
177) 武井真理ほか(2003)：農園, **78**：491-497.
178) 竹之内篤ほか(1992)：愛媛農試研報, **31**：73-79.
179) 田村有希博(1997)：土肥誌, **68**：301-306.
180) 田村有希博(2003)：食用マメ類の科学―現状と展望, p. 389-409, 養賢堂.
181) Touraine, B., *et al.* (1992)：*Plant Physiol.*, **99**：1118-1123.
182) Tsukamoto, C., *et al.* (1995)：*J. Agri. Food Chem.*, **43**：1184-1192.
183) 佃　和民(1987)：農業技術, **42**：75-76.
184) 佃　和民(1990)：農園, **65** 385-388.
185) 内川　修ほか(2003)：日作紀, **72**：203-209.
186) 内川　修ほか(2009)：日作紀, **78**：163-169.
187) 梅崎輝尚ほか(1989)：日作紀, **58**：364-367.
188) Unkovich, M. J., *et al.* (2000)：*Field Crop Res.*, **65**：211-228.
189) 臼木一英ほか(2003)：日作紀, **72**：158-162.
190) Vanotti, M. B., *et al.* (1995)：*Agron. J.*, **87**：676-680.
191) Varvel, G. E. (1994)：*Agron. J.*, **86**：319-325.
192) 脇本賢三ほか(1987)：土肥誌, **58**：334-342.
193) Walsh, K. B. (1995)：*Soil Biol. Biochem.*, **27**：637-655.
194) Walsh, K. B., *et al.* (1987)：*Plant Physiol.*, **85**：137-144.

195) 渡辺源六ほか(1982)：宮城農セ研報, **49**：1-26.
196) 渡辺　巌ほか(1983)：日作紀, **52**：291-298.
197) 渡辺治郎ほか(2006)：日作紀, **75**：136-140.
198) 渡辺和之ほか(1965)：日作紀, **33**：409-413.
199) 渡辺耕造ほか(1989)：埼玉農試研報, **43**：44-56.
200) Weber, C. R. (1966)：*Agron. J.*, **58**：43-46.
201) Weisz, P., *et al.* (1988)：*Plant Soil*, **109**：227-234.
202) Wells, R. (1993)：*Agron. J.*, **85**：44-48.
203) Wilcox, J. R. (1974)：*Agron. J.*, **66**：409-412.
204) Wilcox, J. R. (2001)：*Crop Sci.*, **41**：1711-1716.
205) 山縣真人(2003)：食用マメ類の科学─現状と展望, p. 422-427, 養賢堂.
206) 山内富士雄(1978)：北海道農試研報, **120**：43-50.
207) 横山　正(2002)：農業技術, **57**：554-559.
208) 吉田　稔ほか(1969)：土肥誌, **40**：43-44.
209) 吉田重方(1979)：日作紀, **48**：17-24.
210) 吉永悟志ほか(2008)：日作紀, **77**：299-305.
211) Zapata, F., *et al.* (1987)：*Agron. J.*, **79**：172-176.
212) Zhang, F., *et al.* (1995)：*Environ. Exp. Bot.*, **35**：279-285.
213) Zhang, F., *et al.* (1997)：*Plant Soil*, **192**：141-151.
214) Zheng, S. H., *et al.* (2002)：*Plant Produc. Sci.*, **5**：215-218.

1.3.2　地域ごとの栽培の特徴

a.　北海道

（1）　栽培の概況と地域の品種選択

　北海道においてマメ類は作物の中で重要な位置を占めており，このうちダイズは気象条件の厳しい道東の畑作地帯から比較的温暖な道央・道南の水田地帯まで広い範囲において栽培されている．北海道では早晩性，粒大，種皮色，成分が異なる多くの品種が育成されており，北海道農政部はそれらの安定生産のために「道産豆類地帯別栽培指針」を作成し，おもに地域の積算気温と無霜期間によって道内をⅠ～Ⅵの6地帯に区分して，品種選択を含む栽培指針を示している．夏季の気温が低く無霜期間が短いⅠ［網走（中央部を除く），上川北部の一部等．気象条件：積算気温（6～9月）は2000℃前後で夏季の気温が低く，無霜期間は125～130日］およびⅡ［十勝北部および南部，網走中央部，上川中北部等．気象条件：積算気温は2000℃前後（上川，留萌地方は2000～2100℃）で夏季の気温がやや低く，無霜期間は130～140日］の地帯では，熟期が早い'トヨコマチ'，'ユキホマレ'および耐冷性が強い'キタムスメ'等の品種が適する．積算気温が2100～2200℃で無霜期間が150日前後のⅢ～Ⅳ［十

勝中央部，上川中南部，空知，石狩等］の地帯では，早生品種に加えて熟期が中生～中生の晩，粒大も小～極大粒までの多様な品種が栽培できる．また夏季の気温や積算気温が高く無霜期間が160日以上のⅤ～Ⅵの地域では熟期が遅く粒大が大きい産地特産的品種の栽培に適している．

ダイズの主産地はかつて道東地域の畑作地帯であった．しかし，北海道のダイズ作付面積は1994年に約6700 haまで減少し，その後，水田転換畑におけるダイズ生産が定着したため，近年の作付面積は水田地帯である空知，上川地域等の道央部で急増し，かつての主産地であった十勝地域を上回っている．また，2001年以降の作付面積は田作が畑作を上回っている．

（2）播種作業と栽植様式

北海道のダイズ主産地における播種適期は5月の第4半旬（16～20日）と第5半旬（21～25日）である．この時期は，畑作地帯では，テンサイの移植，バレイショの植え付け作業の後にあたり，作業競合は比較的少ない．一方，水田地帯ではダイズの播種適期が水稲の移植時期と重なるため，実際には5月

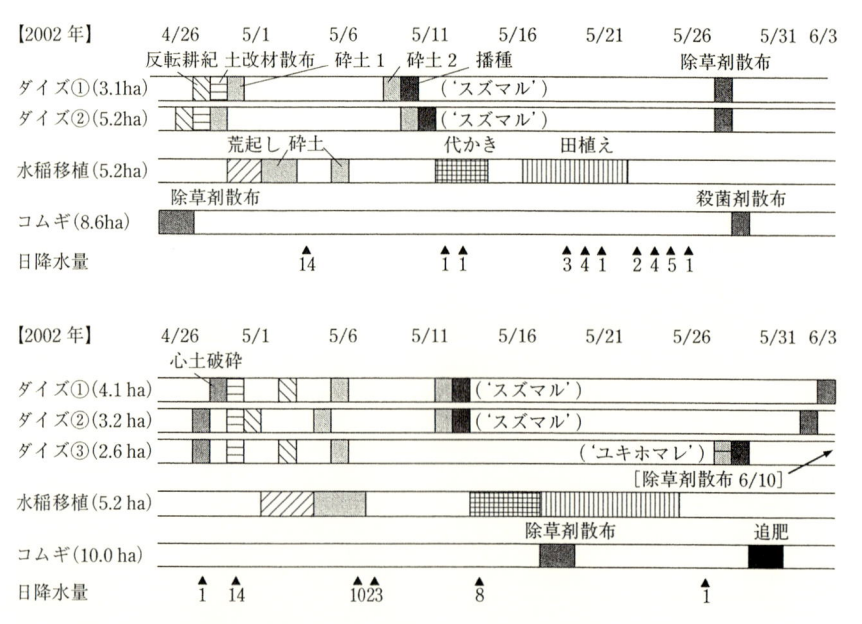

図1.10 水田地帯の春季のダイズ，水稲，コムギ作業体系（2002，2003年に行った聞き取り調査をもとに作成）

10日前後から播種が始まる（図1.10）．融雪の遅延や降雨などで耕起・砕土が遅れ，ダイズの播種が遅れると，水稲移植作業と競合を起こしやすい．近年育成された'ユキホマレ'等の，従来の品種より早生の品種は，水稲の移植後に播種しても収穫期が従来品種を適期播種した場合と大きく変わらないことから[6]，田植えが終わった後に播種することで作業時期を分散することができる．

　圃場の準備は，火山性土壌が多い畑地帯では，秋耕または春耕を行い，ハロー等で砕土・整地する．水田地帯では春耕後，2回砕土を行う（図1.10）．2回目の砕土は逆転ロータリ等で砕土率を高める．水田土壌でも播種時の圃場の砕土率（土塊直径2cm以下の重量割合）は80%前後に保たれていることが多い．このほか，心土破砕を行ったり畦畔のふちに簡易明渠を掘ることなどにより圃場の透排水性の改善を図り，播種後はローラ鎮圧を行い種子と土壌の密着をはかっている．

　条間は66cmが一般的であるが，一部の生産者は条間25～50cm程度の狭畦密植栽培を導入している．北海道が指導する栽植密度は16000本/10a程度の確保を基本とし，倒伏の発生を避けるため密植の上限は25000本/10aまでとしている．実際の農家圃場における栽植密度もその範囲に収まることが多いが，水田地帯の早期播種では低温や砕土の不良に伴う種子の乾燥による出芽の遅延と，タネバエ被害などにより欠株が生じた圃場も散見される．一方で，播種後の雨害による出芽不良は他地域に比べて北海道では少ない．また，狭畦密植栽培の一部では，小粒品種を極端な密植で晩播している例もみられる．

（3）　肥培管理と輪作

　北海道が刊行している施肥ガイド[1]によれば，窒素は1.5～2kg/10a，リン酸は道央・道南部では11～15kg/10a，道東部では13～20kg/10a，カリウムは8～10kg/10aが標準施肥量であり，土壌診断に基づきリン酸とカリの施用量を調整している．一般に，耕起後に石灰資材，リン酸資材を施用し，整地を行って混和し，播種と同時に化成肥料を基肥として側条施用する．

　輪作体系は畑作地帯と水田地帯では明確に異なる．畑作地帯の輪作体系は，コムギ，テンサイ，バレイショとマメ類とで組まれ，この中でダイズが栽培される．水田地帯では水稲，コムギ，ダイズの輪作がみられるが，周期的な田畑輪換が行われている圃場は少ない．水田転換畑の畦畔を取り払い，長期間にわ

たってコムギ，ダイズを栽培する事例も多いが，北海道におけるダイズの作期（5月～10月）は，秋まきコムギの作期（9月中旬・下旬～7月下旬）と一部が重複しているため，コムギ，ダイズともに連作圃場も少なくない．北海道ではコムギ収穫後にダイズを播種しても収穫に至らないため，夏から秋に緑肥などを生産して翌年ダイズを栽培する．ダイズ作後のコムギ作は，ダイズ黄葉期に秋まきコムギ種子を散播する「間作コムギ栽培技術」[4]により可能となったが，雑草防除などに問題を残している．

根粒の着生は多収を得るのに不可欠である．しかし，水田転換畑のダイズ初作地や作付け履歴が少ない水田転換畑では，根粒菌の着生不良がみられる．対策として，購入種子への根粒菌の接種が行われているが，それらの処理を行っても根粒の着生がみられない圃場や（図1.11），根粒着生がばらつく圃場が散見される（図1.12）．根粒着生不良圃場では，追肥として硫安や尿素を施用する場合があるが，その目安は1個体あたりの根粒着生が10個以下の場合で，追肥の時期と量は開花期に窒素10 kg/10 a程度とされている[2]．また，リン酸や微量要素を液肥として施用する例もみられる．

(4) 生育期の管理方法

ダイズの除草は，除草剤の土壌処理，茎葉処理，中耕培土，開花期前の手取り除草，収穫前の拾い除草の体系で行われる．しかし，水田転換畑では土壌処理を省略して，出芽直後から中耕に入る圃場もみられる．水田地帯の除草体系をみると，土壌処理剤は約30％の圃場で，茎葉処理剤は半分強の圃場で使用されているにすぎない．これに対して，中耕除草は，5月下旬から7月中旬に

図1.11　ダイズ初作地における根粒着生不良圃場(2009年8月上旬，美唄市で撮影)
　　　　圃場全体で葉が黄化し，育成が不良になった．

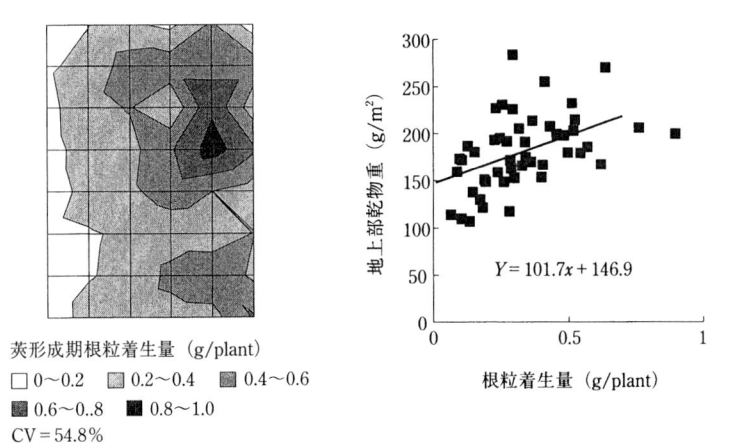

莢形成期根粒着生量（g/plant）
□ 0〜0.2 ▨ 0.2〜0.4 ▨ 0.4〜0.6
▨ 0.6〜0..8 ■ 0.8〜1.0
CV＝54.8％

$Y = 101.7x + 146.9$

図1.12 ダイズ初作地における一筆圃場内の根粒着生のばらつき（左）と根粒着生量と地上部乾物重との関係（右）
圃場の大きさは幅25 m, 長さ130 m, 調査は莢形成期.

かけて3回から4回，手取り除草は6月中旬から8月にかけて約2回行われ，さらに，収穫前の拾い除草は90％の圃場で行われていた[3]．中耕作業は乗用管理機の利用が一般的だが，歩行型の除草機が使われる例もあった．培土も行われるが，他の地域に比べて培土の高さは低く，10 cm以下の場合が多い．

病害虫防除回数は平均3回程度であり，通常，病害虫の同時防除が行われている．防除対象とする主要病害虫はタネバエ，アブラムシ（矮化病），マメシンクイガ，ツメクサガ，茎疫病，菌核病，べと病，等である．ダイズシストセンチュウに対しては，抵抗性品種が育成されているもののセンチュウのレース系統によって抵抗性が異なり，連作は避ける必要がある．茎疫病は排水不良地や転換畑で被害がみられる．

（5） 低温に対する対策

北海道では3年から4年に一度は冷害に見舞われる．低温や日照不足による被害を避けるには，低温・低温着色に対して抵抗性をもつ品種を選択し，排水対策，苗立ちの確保，適期播種等により生育不良や生育遅延を防ぐことが肝要である．しかし，それらの対策をとったとしてもダイズの収量はコムギ，テンサイ，バレイショなどに比べて夏期の気温に左右されやすく，低温により減収しやすい（図1.13）．近年の十勝地域の作物収量と7, 8月の気温との関係を

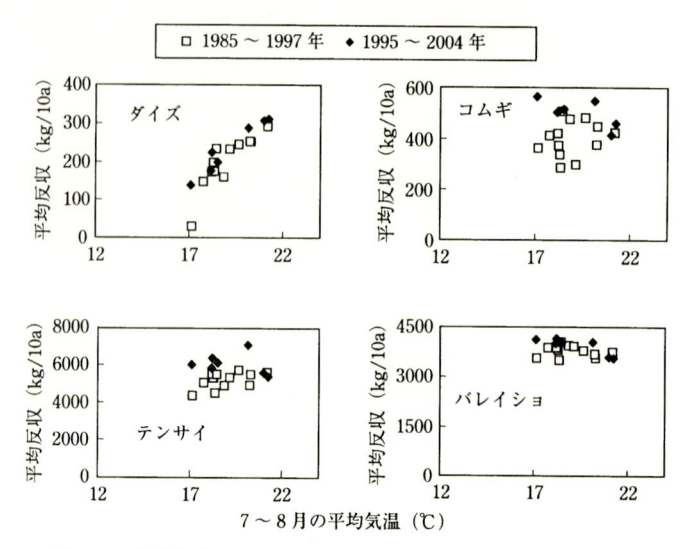

図 1.13 十勝地域の 7〜8 月の平均気温（帯広市で観測）と平均反収との関係（文献[5]を一部改変）

みると，コムギとバレイショの収量は夏期の気温がやや低い条件で高くなる傾向がみられている．農業経営的な観点でみれば，このような特性をもつ作物とダイズの輪作体系を組むと，低温によるリスクを分散することができる．

（6）収穫と調整

北海道のダイズは 9 月下旬から 10 月第 1 半旬に成熟し，コンバイン収穫は 10 月上旬から始まる．北海道のダイズ品種は他地域に比べて全重に占める莢実の割合が大きく，秋期の気温の日格差が大きいこともあいまって，子実水分や茎水分の低下は比較的速やかである．北海道で最近育成された'トヨハルカ'，'ユキシズカ'，'ユキホマレ'等の品種は難裂莢性の性質をもつが，刈り遅れは外観品質の低下を招く．適切な防除により莢数を確保すること，早生品種を栽培して十分な立毛乾燥期間を確保しコンバイン収穫時の茎水分を落とすことが，良質なダイズを収穫するためのポイントである．

収穫後の乾燥では共同乾燥施設の利用率が高まっている．ダイズ用の共同乾燥施設を所有していない地域では，生産者段階で水分 15% 以下に調製している．

〔辻　博之〕

引用文献

1) 鴻坂扶美子ほか(2004)：日育・日作北海道談話会報，**45**：83-84．
2) 北海道農政部(2010)：北海道施肥ガイド2010．
3) 大下泰生・辻 博之(2005)：北海道農業研究センター研究資料，**64**：12-13．
4) 高松 聡(2008)：北海道米麦改良，**47**：5-8．
5) 辻 博之(2008)：作物学概論（見てわかる農学シリーズ3）（大門弘幸編著），p.30，朝倉書店．
6) 渡辺治郎ほか(2006)：日作紀，**75**：136-140．

b. 東北・北陸

(1) 生産に影響を与えている要因

東北地域は，南北に長く，奥羽山脈を境に東西でも気象条件や土壌条件が大きく異なる．ダイズの生育もそうした条件に規定されており，地帯によって生産の特徴は異なる．図1.14にダイズ生育期間中の平均気温，日照時間について特徴をもつ地帯区分を行った結果を示した[1]．この結果によると，東北地域は，高温多照で平均気温，日照時間の変動が小さい日本海側中南部地域，低温

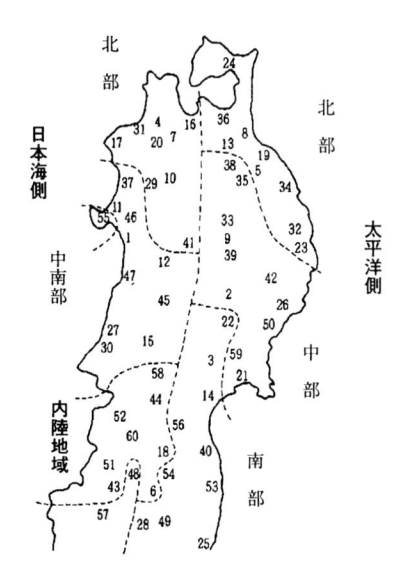

図1.14 ダイズ生育期間の気象要素による地帯区分[1]
数字で記した地点は，地帯区分の対象としたアメダス観測点を示す．

多照の日本海側北部地域，気温は平均的で，少照の太平洋側中部地域，高温少照の太平洋中南部地域，低温少照の太平洋北部地域，日照時間は平均的で高温の内陸地域の6地帯に分けることができる．おおむね，日本海側と太平洋側は日照時間の多少で，南北は気温の高低で区分できる．北陸地域，特にダイズの作付面積が大きい新潟県・富山県の日照時間，平均気温は東北地方の日本海側中南部地域とほぼ同様になるため，以降の記述では日本海側中南部地域とみなして話を進める．

これらの地帯区分に基づいて1979年以降10年ごとの平均単収とその変動を表1.5に示した[2]．この表によると，1979年以降の日本海側および内陸地域の単収は，1978年以前に比べて著しく増加しており，特に高温多照に恵まれた日本海側中南部地域では29%の増加に達している．一方，少照条件の太平洋側の各地域では，1980，1983，1988年の冷害年にみられるように気象変動が大きいため単収の増加が認められず，変動係数が大きくなる傾向を示す．

東北地域におけるダイズの多収は，生育期間の気象要素，とりわけ7〜8月の高温および多照と密接に結びついているため，この時期の気象の特徴が単収を決定づける支配要因となっている[3]．特に，低温に加えてやませの影響を受ける太平洋側では，6，7月の低温少照は生育を著しく抑制するが，8月以降気象条件が好転すると，栄養成長量が増加し，減収率の低下が期待できる．したがって，低温解除後の補償作用が減収率に影響しており，晩生種の減収率は早中生種のそれより小さい[4]．橋本ら[5]は，生殖成長に対する低温の影響についてその感受性や被害を大きくする栄養生理的条件を検討し，低温下での多窒素

表1.5 ダイズの単収とその変動の推移

地域区分		1969〜1978年		1979〜1988年		1989〜1998年		1999〜2008年	
		収量 (kg/10 a)	変動係数 (%)	収量 (kg/10 a)	変動係数 (%)	収量 (kg/10 a)	変動係数 (%)	収量 (kg/10 a)	変動係数 (%)
日本海側	北部	130	5.6	151	15.7	159	11.2	144	16.8
	中南部	135	10.6	186	12.4	182	10.7	162	28.4
太平洋側	北部	129	13.3	136	25.9	149	20.9	133	21.3
	中部	121	12.5	129	16.5	131	13.9	138	10.2
	南部	114	8.3	122	15.2	124	12.4	128	10.0
内陸地域		129	9.7	154	9.7	152	9.1	157	16.0

注) 収量は，図1.14で示したアメダス観測点における単収の平均値．

条件は,低温感受性の高い花の着莢率を低下させるが,開花時期を長期化させ,結果として莢数が増加するとしている.

東北地域の太平洋側での無霜期間は,盛岡で164日,宮古で188日と,同じく低温の被害を受ける北海道の札幌160日,帯広141日に比べて長く,登熟期間を長くする等,補償能力を発揮させる余地が大きい.したがって,東北地域の太平洋側では,低温期における生育不良や受精障害を小さくするとともに,ダイズの補償能力を生かす品種の選択や栽培技術の投入が重要になる.

このように単収の地域性は,気象要因によっておおむね説明できるが,それ以外の要因が寄与するところも大きい.各種統計資料によれば,1979年以降と1989年以降の10年間において,日本海側,特に中南部の秋田県において単収が増加している.この間,東北地域における田作ダイズの収量は,2002年と2004年を除けば,畑作に比べて一貫して高くなっている(図1.15).また,当該地域では,水田作付率が岩手県・福島県に比べて1976年から1980年までの短期間に顕著に増加し70%を超えるまでになっており,それ以降も高く推移している.水田転換畑では,畑地に比べて地力が高く,しかも用水が得やすくダイズの生産性が高いことから[6],高い水田作付率が日本海側中南部におけるダイズの多収を支えてきたといえる.

1999年以降の10年間では,日本海側の単収が減少し,その変動は増加している.これは,この間に長雨,台風などの気象災害が頻発しており,圃場の冠

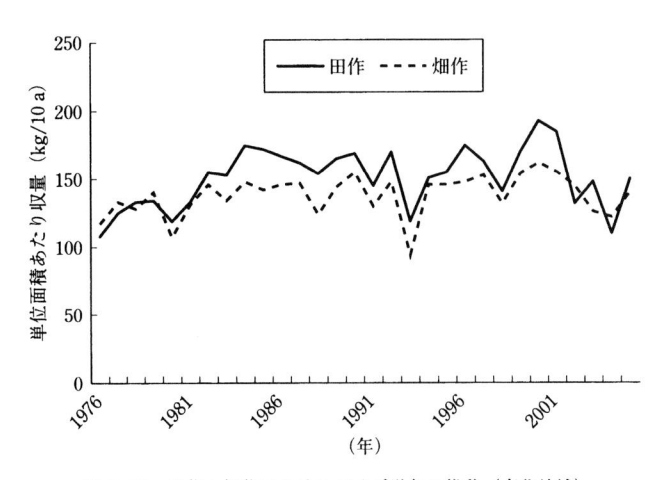

図1.15 田作と畑作におけるダイズ単収の推移(東北地域)

水や滞水の影響が水田作付率の高い日本海側中南部でより大きく現れたためである．また，近年，田畑輪換の繰り返しの中で水田におけるダイズの作付割合が高まっており，転換畑における地力が低下してきたこともその一因といえる[7]．現在，地力低下が生じない水稲とダイズの作付割合が提案されており，稲わら堆肥を 2 t/10 a 施用した場合に，水稲 3 作，ダイズ 2 作であれば地力窒素の低下が起きないことがわかっている[8]．

（2）　乾物生産特性にみる地域性

ダイズの乾物生産は収量成立と密接な関係をもっており，土壌の種類に対応した特徴を示すことが明らかにされている．黒ぼく土のダイズについて乾物獲得経過とそれによって得られる収量で類型化すると，開花期の乾物重が適度に確保されることが多収のためにきわめて重要であり[9]，500 kg/10 a 以上の収量を得るためには開花期の乾物重が 220～250 kg/10 a が適量で，これ以上の値になると，過繁茂等の阻害要因によって多収は望めないとしている[10]．こうした解析は，灰色低地土，グライ土などの沖積土で栽培したダイズについても行われており，開花期の生育適量が 280～320 kg/10 a と黒ぼく土で得たものよりも大きい[11]．これは，沖積土における地力窒素の発現が黒ぼく土のそれに比べて生育初期に多く，後期に少なくなる特徴があるためとされている．

国分[12]は，品種により最大収量を得るための最適 LAI が異なり，それには草型の影響があると指摘している．今野ら[13]は，500 kg/10 a 以上の多収ダイズの最大 LAI を調査し，最大繁茂期の LAI は 6～7 であるとしている．また，中世古ら[14]は，多収ダイズの乾物生産特性を解析し，その要因を受光態勢をはじめとする草型の面から検討している．これによると，最大 LAI が 6 程度で 500 kg/10 a 前後の多収を得ており，そうした群落は，群落下層への光の投入量が多い効率的な受光態勢を備えており，登熟期間の葉積（LAD）が大きいことを指摘している．また，実際の圃場で最大 LAI が 8 を超える繁茂度の高いダイズ群落を作った場合，分枝の折損，有効節数の減少，倒伏等の阻害要因が作用する．こうしたことから，東北地域における最大 LAI の適値は 6～7 程度であるといえる．

（3）　転換畑における湿害回避

水田でのダイズの栽培が増加するにつれて，地下水位が高く排水が不良な圃場が増加したため，湿害が頻発し，東北地域におけるダイズ収量は不安定とな

っている．従来，排水を良くするために，中耕培土や明渠，暗渠の施工が勧められてきたが，地下水位が高く排水が容易でない圃場では，過吸水に伴う出芽苗立ちの不良，過湿による初期生育の抑制がみられるようになった．東北地域の水田土壌は，おおむね，日本海側は灰色低地土とグライ土，太平洋側では，灰色低地土，グライ土とともに黒ぼく土に分かれる．黒ぼく土は，保水力が高く，しかも透水性にすぐれるため，畑圃場としての利用には適しているが，灰色低地土とグライ土は透水性が劣るため，降雨後速やかな排水が行われなければ，湿害の危険性が高い．こうしたことから，耕耘播種法による湿害の軽減対策が開発されている．

ここでは，耕耘同時畝立て播種，小畦立て播種，有芯部分耕播種について説明する．耕耘同時畝立て播種は，耕耘と同時に高畝を作り，その頂部に播種するもので，耕起同時播種による効率的な表面排水によって種子近傍の土壌水分を適正に保つことをねらいとしている．小畦立て播種は既存のハローの利用が可能であるとともに，慣行栽培並の高い作業性と畝立てによる湿害回避効果を有する．有芯部分耕播種は，ロータリ爪の一部を取り外し，耕起部と播種床にあたる不耕起部を作ることによって湿害と乾燥害を軽減するもので，耕起同時播種による作業時間の短縮を図ることができる[15]．図 1.16 には，耕耘播種法の導入効果を示したが，おおむね湿害が発生している低収の圃場で湿害軽減効果が高いことがわかる．現在，東北地域では，これら播種法の導入面積は，ダイズ作付面積の約 12% を占めており，東北・北陸地域におけるダイズの低収を打ち破るものとして期待されている．一方で，ダイズは，要水量が水稲や麦類に比べて大きく，開花期以降の水分欠乏は落花，落莢および粒大の低下をも

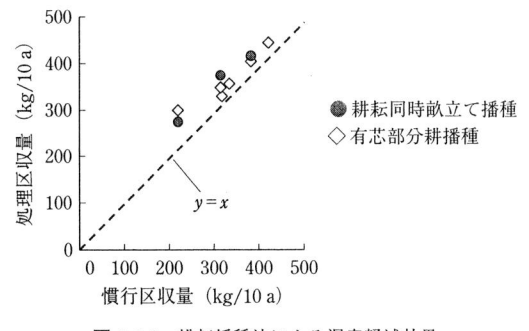

図 1.16　耕耘播種法による湿害軽減効果

たらし，減収の大きな原因となることが知られており[16,17]，特に平均気温が高く日照に恵まれた地域や年次では，畝間灌漑，地下水位制御等による水分供給を実施し土壌水分を適正に保つことが大切である．

一方で，湿害をもたらす土壌の過湿は，茎疫病など立枯性病害を助長することが知られている．茎疫病は，発芽から莢肥大期まで生育期間を通じて発生する重要病害であり，発病すると茎の褐変が地際部から上方に広がりやがて枯死に至る．これを防ぐには排水を良好にし，過湿にならないようにすることがきわめて重要である[18]．このほか，ダイズの連作を避けることや，1990年に国内で初めて農薬登録されたオキサジキシル・銅水和剤をはじめ数種の有効薬剤の散布が茎疫病の対策として提案されている[19]．また，湿害によるダイズの苗立ちや生育の不良は，土壌表面の被覆による抑草力を低下させ，雑草害も大きくする．東北・北陸地域における雑草の必要防除期間は40日前後であり，土壌処理剤の効果が消失するのを見はからって適切に中耕培土や茎葉処理剤の散布を実施することが大切である．中耕培土は，梅雨期と重なることもあって排水性が劣る圃場では作業が難しかったが，最近ディスク式の中耕除草機[20]が開発され，過湿土壌でも適期に中耕培土が行えるようになっている．

（4） しわ粒の発生，小粒化など品質低下に対する対策

東北・北陸地域では，作付頻度の増加に伴ってダイズの品質低下が問題となっており，1等比率が，全国平均の20％に比べて東北・北陸地域では6.6％ときわめて低い水準にとどまっている（2005～2007年の平均値）．こうした品質低下はしわ粒の発生や小粒化によるもので，その発生原因は，子実肥大にかかわる栄養条件の不良や子実の乾燥過程における乾湿の繰り返しが大きな原因であると指摘されている[21]．その対策としては，登熟後期における栄養条件の凋落を防ぐために，緑肥のすき込みや肥効調節型肥料の施用，さらには乾湿のリスクを除去するための刈り遅れの回避，などが提案されている．〔持田秀之〕

引用文献

1) 高橋英博ほか(1990)：東北農業研究，43：133-134．
2) 持田秀之(2009)：日作東北支部報，52：53-54．
3) 異儀田和典・国分牧衛(1987)：東北地域における最近の作柄とその要因解析（東北農試栽培第二部編），p.74-75．
4) 朝日幸光ほか(1986)：異常気象災害の実態と技術対策（農業研究センター編），p.167-

174.
5) 橋本鋼二・山本　正(1970)：日作紀，**39**：156-163.
6) 松村　修(2004)：新編農学大事典，p.1014-1020，養賢堂.
7) 住田弘一ほか(2005)：東北農研研報，**103**：39-52.
8) 西田瑞彦(2010)：田畑輪換土壌の肥沃度と管理，p.44-48，農文協.
9) 田村有希博(1998)：東北農試報告，**94**：1-24.
10) 石井和夫(1983)：農業及び園芸，**58**：1394-1398.
11) 藤井弘志・荒垣憲一(1985)：山形農試研報，**19**：83-92.
12) 国分牧衛(1988)：東北農研報，**77**：77-142.
13) 今野　周ほか(1987)：山形農試研報，**22**：151-161.
14) 中世古公男ほか(1984)：日作紀，**53**：510-518.
15) 吉永悟志ほか(2008)：日作紀，**77**(3)：299-305.
16) 福井重郎(1965)：農事試報，**9**：1-68.
17) Constable, G. A. and Hearn, A. B. (1978)：*Aust. J. Plant Physiol.*, **5**：159-167.
18) 仲川晃生(2005)：原色作物病害虫百科（第2版），p.221-226，農文協.
19) 加藤雅康(2010)：植物防疫，**64**：1-4.
20) 後藤隆志ほか(2008)：特許第4005512号（「中耕除草機」）.
21) 田渕公清(2007)：北陸作物学会報，**42**：140-143.

c. 関東・東海

(1) 栽培の現状

関東・東海地域の2009年度におけるダイズ栽培面積は25000 haで，大部分が水田転換畑（以下，転換畑）に作付けられている．地帯別の平年収量を北海道を除く全都府県の平均（以下，府県平均）と比べると，北関東は府県平均を上回るが，東山と東海は府県平均並で，南関東は低かった．個人農家と生産組織の栽培面積をみると，東海は府県平均に比べ大きいが，他の地帯は府県平均

表1.6　関東・東海地域におけるダイズ栽培状況（2009年；農林水産省「大豆に関する資料」より作表）

地帯区分	作付面積 (ha)		(a)に対する (b)の割合 (%)	平均単収 (kg/10a)	栽培規模 (ha)	
	(a) 全体	(b) 転換畑			個人	生産組織
北関東	10820	8912	82.4	169	6.0	16.6
南関東	1456	1041	71.5	131	10.8	15.3
東　山	2782	1786	64.1	151	5.8	17.8
東　海	10200	9650	94.6	150	14.8	22.9
(地域全体)	25258	21389	84.7	150	9.4	18.1
(全府県*)	123100	112400	91.3	150	6.4	17.1

*：北海道を除く全都府県の合計または平均値.

と同程度である（表 1.6）．

(2) 地帯区分

栽培可能日数（平均気温 12°C 以上の日数）と無霜期間の組合せから，東山（晩霜 4 月中旬，初霜 10 月中下旬，栽培可能日数 140〜180 日），北関東（晩霜 4 月下旬，初霜 10 下旬，栽培可能日数 180〜200 日），南関東（晩霜 3 月中旬，初霜 11 月下旬，栽培可能日数 200 日以上），東海（晩霜 4 月上旬，初霜 11 月中旬，栽培可能日数 200 日以上）に区分できる．東山においては 2 年 3 作，一部では 1 年 2 作が可能であり，他の地域では 1 年 2 作が可能である[14]．

(3) 気象および土壌条件

地帯別の栽培期間の気象の特徴を比較すると，東山は気温が低く降水量が少ないが日照時間が長い．北関東は東山より気温がやや高く降水量も多いが日照時間が短い．南関東と東海は他に比べ気温が高く降水量が多い[14]．降水量の分布をみると，すべての地方で 6 月中旬〜7 月中旬は降水量が多く，播種作業に支障をきたしたり湿害が起こりやすい．また，梅雨明け後の 7 下旬〜8 月中下旬は降雨量が少なく干ばつ害が起こりやすい（図 1.17）．当地域の水田土壌は関東，東海ともに灰色低地土とグライ土が多く，それらに次いで関東では黒ぼく土，東海では黄色土が多い[14]．

(4) 栽培法の特徴

・作付体系： 転換畑では水稲-麦類・ダイズの 2 年 3 作体系が多く，関東で 5 割，東海で 8 割を占める．ダイズ単作は関東で 3 割，東海で 1 割である[11]．

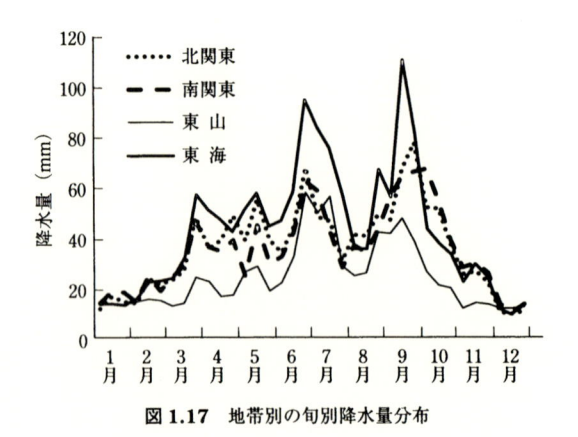

図 1.17 地帯別の旬別降水量分布

・品　種：　北関東では'タチナガハ'，'納豆小粒'の順に多く，南関東と東海では'フクユタカ'がほとんどである．東山では'ナカセンナリ'が主である[11]．
・排水対策：　転換畑栽培ではダイズの生育と機械作業の面から排水対策が重要である．排水対策には排水路や本暗渠等の施設整備，転換畑を集積し水田と分離する団地化，明渠掘削や心土破砕等による営農排水がある．当地域は本暗渠整備済圃場での作付けは少ない．また，団地化や明渠掘削の実施率は東海では9割を超えるが，関東では半分に達していない．心土破砕の実施率も低い（表1.7）．
・播　種：　播種作業の盛期は東山が6月中旬，北関東が6月下旬～7月上旬，東海が7月上旬～中旬で[11]，梅雨期に重なるため，播き遅れや苗立ち不良，湿害が生じやすい．東海の一部では過繁茂による倒伏を避けるために'フ

表1.7　関東・東海地域を中心としたダイズ栽培管理の比較（2009年の実施率％；農林水産省「大豆に関する資料」より作表）

	地帯区分	関東	東山	東海	全府県*
排水対策	団地化	44	46	92	66
	本暗渠施工済圃場	38	24	25	47
	明渠掘削	41	66	97	71
	弾丸暗渠施工	13	5	22	20
播　種	耕起播種	98	97	100	99
	耕耘同時播種	74	27	95	60
	狭畦播種	16	30	17	7
施　肥	基　肥	82	84	24	62
	追　肥	7	5	7	21
除　草	（除草全体）	91	85	99	88
	除草剤処理	80	52	90	77
中　耕		75	28	67	77
培　土		51	24	64	74
灌　水		2	24	3	8
防　除	（防除全体）	94	96	77	84
	乗用型防除機	54	22	42	31
	産業用無人ヘリコプター	32	32	32	31
コンバイン収穫		78	54	94	82
乾　燥		79	43	74	88
選　別		92	100	95	92

*：北海道を除く全都府県の平均値

クユタカ'を7月下旬以降に極晩播しているが，播き遅れて減収する危険性も高いので，摘心による生育制御で倒伏を防止する栽培法が検討されている[4,7]．

当地域ではロータリ等に播種装置を装着し耕耘と同時に播種することが多い（表1.7）．播種と同時に排水対策を行い，湿害を軽減し生育・収量の改善を狙う耕耘同時畝立て播種[6]や小明渠作溝同時浅耕播種[9]が普及し始めている．後者は，前作麦残渣が地表面に残って雨滴の衝撃が緩和されることなどからクラストができにくいとされている[2]．また，ダイズ播種前の耕起を省略することでムギ収穫とダイズ播種の作業競合や降雨による作業遅延を回避し適期播種を可能とする不耕起播種[2]が，北関東と東山の一部で行われている．

播種条間は中耕培土を行う場合70 cm程度であるが，無中耕・無培土を前提とした条間30～45 cm程度の狭畦栽培が普及し始めている．10 aあたりの播種粒数は普通播きで8000～15000，晩播で20000～25000程度である．

・施　肥：　関東では基肥を施用するのが一般的だが，東海では施用しない場合も多い．また，追肥が行われることは少ない（表1.7）．基肥の窒素-リン酸-カリウムの10 aあたり施用量は3-10-10 kg程度を基本に，肥沃度に応じて増減するよう指導されている．不耕起栽培や浅耕栽培では基肥を施用すると苗立ち不良を助長し減収となるので，基肥は施用しない方がよい[3,7,10]．

・雑草防除：　関東・東海の地域では除草作業の実施率が高い（表1.7）．ただし播種期に雨が多いため，播種後土壌処理剤は効果が劣ったり，処理時期を逃すこともある．当地域で普及し始めている狭畦栽培は，初期の雑草を除草剤で，後期の雑草をダイズの茎葉による被覆で抑制する栽培法であるが，苗立ち不良による立毛数の不足や初期除草の失敗により雑草が多発している圃場も少なくない．東海地方では帰化アサガオ類がダイズ圃場の多くで発生し，収量を低下させるだけではなく収穫作業を困難にしている[5]．

・中耕培土：　中耕培土は，雑草防除や倒伏防止のため，特に転換畑では畦間を排水や灌水に利用するため必須とされ[12]，現在も実施率は高い（表1.7）．しかし，作業能率が低く天候や栽培規模によっては適期作業が難しいことや，高い畦がコンバイン収穫の損失や汚粒の原因となることから，実施しないことも増えている．

・灌　水：　すでに述べたように関東・東海地域は7月下旬～8月下旬の降水量が少なく干ばつになりやすいが，灌水の実施率は低い（表1.7）．北関東の

主力品種'タチナガハ'は干ばつに弱く青立ちしやすいが,地下灌漑システムで好適な地下水位を維持すると増収し,青立ちも軽減されたとの報告があり[13],今後の普及が期待される.

・病害虫防除: ウイルス病,紫斑病,立枯性病害が主要な病害である[12].立枯性病害としては茎疫病,黒根腐れ病,白絹病が重要である.茎疫病は不耕起栽培においてひどい苗立ち不良をしばしば発生させるが,このことが不耕起栽培の普及・定着が進まない一因となっている[1].

関東・東海地域では暖地型と寒地型の害虫が混在しており,生育初期にはタネバエ,生育初期から中期にはアブラムシ類,コガネムシ類,生育後期にはカメムシ類,サヤタマバエ,シロイチモジマダラメイガ,ハスモンヨトウなどが発生する.ダイズシストセンチュウは北関東と東山で発生が多い[12].

高能率な乗用型防除機や産業用無人ヘリコプターの利用も進んでいる(表1.7).乗用型防除機には,狭畦栽培においては補助者の誘導がないと散布の重複・空白や走行による損傷の増大が生じやすい,防除時期が水稲収穫と競合すると薬液の補給の面倒さから適期に実施されない場合がある,などの問題点がある.

・収穫,調製: 関東や東海では,コンバインで収穫し,個別にあるいは共同施設を利用して乾燥,選別が行われることが普通である(表1.7).

〔浜口秀生〕

引用文献

1) 浜口秀生ほか(2007):日本作物学会紀事,**77**(別1):80-81.
2) 浜口秀生(2007):農業技術大系 作物編6巻(追録27),技204 60-65,農文協.
3) 浜口秀生ほか(2009):日本作物学会紀事,**78**(別1):22-23.
4) 林 元樹ほか(2010):日本作物学会紀事,**79**(別2):90-91.
5) 平岩 確(2009):雑草研究,**54**(1):26-30.
6) 細川 寿(2007):農業技術大系 作物編6巻(追録27),技204 70-75,農文協.
7) 北野順一(2006):農業技術短報,**62**:2,三重県科学技術振興センター.
8) 北野順一ほか(2010):日本作物学会紀事,**79**(別1):62-63.
9) 松尾和之(2007):農業技術大系 作物編6巻(追録27),技204 52-59,農文協.
10) 松尾和之ほか(2009):日本作物学会紀事,**78**(別1):96-97.
11) 農林水産省(2010):大豆に関する資料.
12) 大久保隆弘(1980):大豆の生態と栽培技術(斉藤正隆,大久保隆弘編),p.275-297,農文協.

13) 島田信二(2009) ほか：日本作物学会紀事，**78**(別1)：78-79.
14) 吉田 堯(1985)：農業技術大系 作物編6巻（追録7），基115-119，農文協．

d. 近畿・中国・四国

（1） 栽培の現状

　近畿・中国・四国地域におけるダイズ栽培は太平洋側から瀬戸内，日本海側まで多様な気象および土地条件の中で行われており，また，中山間の中小規模圃場での栽培が多いことが特徴としてあげられる．一方，気象条件は比較的温暖で日射量にも恵まれており，多収を得るためのポテンシャルを備えている地域は多いとみられる．

　当地域のダイズ作付面積は1995年以降，コメの需給緩和により転作が強化されたことなどから増加に転じたが，2003年以降は天候不良等による作柄不安定の影響から一時減少した．その後は，近畿地域ではダイズ本作化や品目横断的経営安定対策等により増加傾向にあるが，中国・四国地域では漸減傾向が続いている（図1.18）．2009年における近畿・中国・四国地域のダイズ作付面積は各々，9000 ha，5960 ha，845 ha であり，地域全体では全国の約11%を占める．府県別では滋賀県が最も多く5000 haを超え，次いで兵庫県，岡山県が2000 ha以上であるが，その他の府県は1000 ha未満のところが多い．

　ダイズ作付の田作率は，近畿は97%で全国で最も高く，中国・四国では86%で全国平均並となっており（2009年），転換畑での栽培がほとんどである．また，ダイズの作付体系は，近畿は麦類との組合せによる2年3作が比較的多いが，中国・四国では1年1作が多く，ダイズ連作もやや多い状況にある．

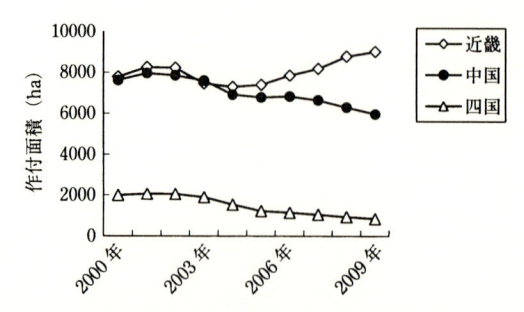

図1.18 近畿・中国・四国地域におけるダイズ作付面積の推移
（農林水産省「大豆に関する資料」のデータより作成）

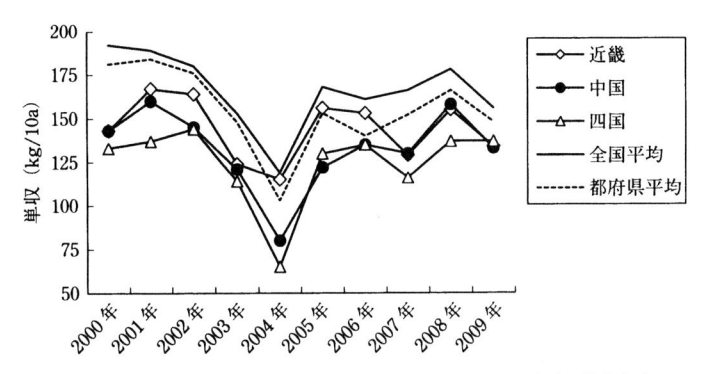

図 1.19 近畿・中国・四国地域におけるダイズ単収の推移（農林水産省「大豆に関する資料」のデータより作成）

地域の単収は全般にやや低く，10aあたり収量（平年値）を比較すると，全国平均164 kg, 都府県平均150 kgに対し，近畿144 kg, 中国129 kg, 四国124 kgであり，過去10年間の単収の推移をみても全国平均および都府県平均を下回ることが多い（図1.19）．

（2） 栽培品種

品種別に作付面積をみると，かつて当地域の過半の作付シェアを占めていた'タマホマレ'はタンパク質含量が低いため豆腐加工適性が低く，実需者から敬遠されて徐々に作付が減少した．これに代わって急激に作付を増やしているのが2001年に育成された'サチユタカ'で，タンパク質含量が高く，収量性等農業特性もすぐれているため，近畿・中国・四国地域では8県で奨励品種に採用されて普及が拡大している．2008年の当地域における'サチユタカ'の作付面積は4066 haで，作付シェアは25.4％であり，黄ダイズでは地域首位の作付となっている．このほかに'フクユタカ'や'オオツル'等の豆腐・煮豆用品種や'丹波黒'等の黒ダイズが一定の割合で栽培されている．特に黒ダイズの作付割合が高いことが地域の特徴としてあげられ，京都府，兵庫県および岡山県では府県作付の過半が'丹波黒'銘柄の大粒黒ダイズで占められている．

（3） 排水対策・土壌改良・施肥

当地域のダイズ播種期および生育初期は梅雨時期に相当するため，湿害を受けやすい条件にある．安定した出芽や苗立ちを確保するためには排水対策を行う必要があり，特に転換畑では加湿になりやすいので明渠や暗渠の施工がきわ

めて重要である．また，多収を得るためには根や根粒の活性を生育後半まで維持するとともに，多くの土壌窒素を吸収するために根圏の広がりが重要であり[5]，この観点からも排水対策をしっかり実施して根の張りを広める必要がある．

転換畑では土壌中の酸素増大に伴って有機物分解や促進されること，またダイズ自身も窒素要求量が高く土壌有機物を分解・利用するため，地力窒素は著しく低下すると考えられている[1]．その対策として窒素施用が考えられるが，基肥として多量に施用すれば過繁茂や倒伏を招いて収量向上には結びつかない．また，追肥については収量水準が高くなるほど，あるいは暖地に行くほど効果が低くなることが報告されている[4,10]．したがって，安定多収を実現するためには地力の維持増進を図ることが第一に重要であるが，地力窒素は微生物によって土壌の有機物が分解されて放出されてくるものであり，それを増やすのは，まず堆きゅう肥の投入や緑肥の鋤込みにより土壌中の有機物を増やす必要がある[1]．脇本ら(1987)[9]は，温暖地における転換畑ダイズの増収には有機物施用と窒素施肥の併用が最も効果が高いことを報告しており，堆肥施用では連年3年以降で顕著な増収効果があり，地上部の生育は旺盛になり，子実が大粒化することを確認した．

(4) 播 種

当地域の標準的な播種期は近畿および中国地域が6月中下旬，四国地域が7月上旬であるが，この時期は梅雨期に相当するため播種適期を逃す場合が多い．このことが安定生産を阻害する一因とみられ，適期播種をいかにして実現するかがポイントになる．不耕起播種では降雨があっても表層部の土壌硬度は比較的高いため早期に圃場に入ることが可能で，播種作業の遅れが少ない．このことは播種期が梅雨期と重なる当地域においては大きな意義をもち，適期播種による安定収量を確保するための最大のメリットといえる．また，耕起を行わないので播種に関係する作業時間が短く，省力的な播種方法であるともいえる．さらに，不耕起播種のダイズは初期生育がやや抑制気味で，暖地では過繁茂を防止できるという利点もある[5]．

窪田ら(2002)[2]は当地域のダイズ栽培の多数を占める中小規模圃場に適した不耕起播種機の開発を行った．開発した播種機は，中耕爪を溝切り用の爪に交換した3連の中耕ロータリに施肥機，播種機，農薬(殺虫剤)および除草剤

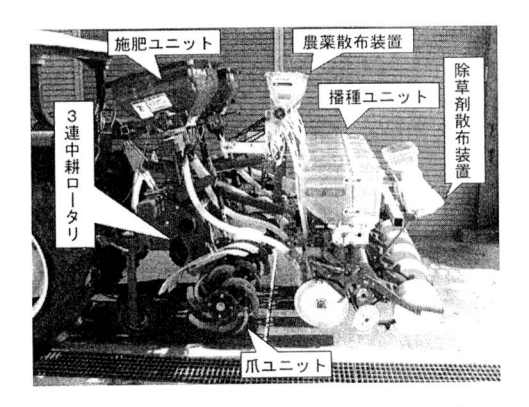

図 1.20 トリプルカット不耕起播種機の構造[3]

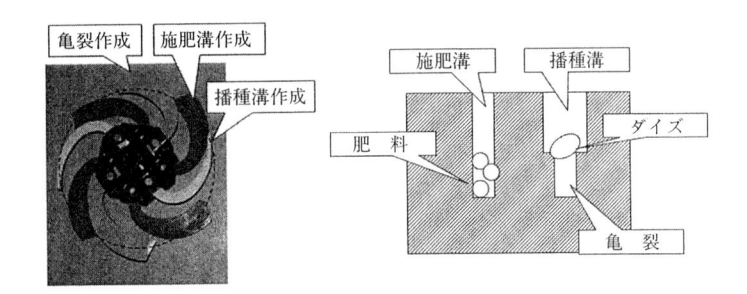

図 1.21 爪ユニットおよび不耕起施肥播種の概念図[3]

散布機を取り付けたものであり，30馬力から45馬力程度の中型トラクタに対応している（図1.20）．爪ユニットの普通爪と直刃により播種溝，播種溝内の亀裂，および施肥溝の3本の溝を作るのでトリプルカット不耕起播種機と称している（図1.21）．播種溝内の亀裂は主根の直下への伸長を促すとともに，降雨時の滞水を軽減させる効果がある．

（5）管理技術

ダイズ栽培において中耕培土は雑草の発生を抑えるとともに，根元に土を寄せて株を固定し，倒伏を防ぐ効果がある．また，新根の発生を促し，根系を発達させ，根粒を増加させる等の効果も期待できる[6]．一方で，中耕培土は作業時間の中でかなりの割合を占めるため，労働時間短縮の妨げともなっている．

畦幅を慣行栽培の半分程度とする狭畦栽培では中耕培土を省略するため，労働時間を短縮できる．近畿中国四国農業研究センターでは，不耕起播種機の開

発とあわせて狭畦密植,無中耕無培土栽培を組み合わせた新栽培システムを構築した[3].この新栽培システムでは適期播種の実現や省力化のほかに,①密植であるため苗立ち数の確保が容易,②主茎が細くなるため成熟期の水分低下が比較的早い,③最下着莢位置が高くなる,④無培土であるため地表面が平坦でコンバイン収穫が容易になる,等の利点がある.一方,この栽培法の留意点としては,①地表面が平坦で滞水しやすいため明渠掘削等の排水対策を徹底する,②中耕培土を実施しないため周到な雑草対策が必要で,初期の雑草管理を徹底するとともに生育中期以降に雑草が目立つ場合は生育期除草剤で対応する,③倒伏しやすいので過繁茂になる早播きを避けるとともに耐倒伏性品種を導入する,等があげられる.

近畿・中国・四国地域は日射量が比較的多い反面,夏季は瀬戸内地域を中心に降水量が少なくなり,干ばつが発生しやすい.この時期はダイズの開花期前後に相当し,干ばつによる落花・落莢は収量の低下だけでなく青立ちの原因にもなるので,効果的な灌水が必要になる.竹田ら(2006)[7]は'サチユタカ'について,莢伸長期～粒肥大始期に土壌のpFが2.5以上になると青立ちの程度が高まることを明らかにし,灌水実施の指標とした.

(6) 収 穫

当地域は中小規模のダイズ栽培が多いため機械化収穫はやや遅れているが,集落営農組織等によるコンバインの共同利用も進展しつつある.山口県農業試験場では'サチユタカ'の汚損粒発生低減のためのコンバイン収穫について検討を行い,収穫開始時期を成熟期後7日頃とすることで汚損粒発生を抑え,収穫終了時期を成熟後25日頃とすることでしわ粒等による外観品質の低下と裂莢による損失を抑制できることを明らかにした.また,汚損粒発生の日変化についても検討し,収穫開始時刻の目安は,収穫初期では午後から,成熟後14日頃以降では10～11時からとし,収穫終了時刻は,大気湿度が上昇して莢水分が戻り始める16時頃とした[8].今後,さらにコンバイン収穫が増加するとみられるが,高品質ダイズ生産のために地域の栽培条件や品種に応じた適期収穫を行うことが望まれる.

〔岡部昭典〕

引用文献

1) 有原丈二(2000):ダイズ 安定多収の革新技術,p.135-162,農文協.

2) 窪田　潤ほか(2002)：近畿中国四国試験研究成果情報，平成14年度：251-252．
3) 窪田　潤ほか(2006)：近畿中国四国試験研究成果情報，平成17年度：55-56．
4) 桑原真人(1986)：農業および園芸，**61**(5)：590-598．
5) 長野間宏(1987)：農業技術，**42**(11)：501-505．
6) 高橋信夫(2001)：転作全書第二巻（農文協編），p.236-237，農文協．
7) 竹田博之ほか(2006)：近畿中国四国試験研究成果情報，平成17年度：51-52．
8) 鳥居俊夫ほか(2009)：山口県農業試験場研究報告，**57**：34-42．
9) 脇本賢三ほか(1987)：日本土壌肥料学雑誌，**58**(3)：334-342．
10) 渡辺　巖(1982)：農業技術，**37**(11)：491-495．

e. 九　州

(1) 生産の概況

九州は北海道，東北地方と並ぶわが国の主要ダイズ生産地帯であり，作付面積は22900 ha（2007～2009年の3ヶ年平均，以下の統計値も同じ）[15] で，全国の作付面積の16%を占める．北部九州の佐賀，福岡両県が主産地で，2県の作付面積の合計は九州全体の73%を占め，熊本，大分がこれに続く．また，作付の97%は水田転換畑になされている．

単位面積あたりの収量（単収）は，台風に代表される大きな気象災害がない年次においては高い水準にある．台風害の少なかった最近3ヶ年の平均は200 kg/10 aで，全国平均の167 kg/10 aを2割上回っている．中でも主産地の北部九州では単収もきわめて高く，佐賀の3ヶ年平均の単収は都道府県別で全国第1位の240 kg/10 aであり，福岡は佐賀，北海道に次いで第3位である．

ただし，台風による倒伏や潮風害，また，播種時期から生育前期にかけての梅雨による播種遅延や出芽不良・生育不良は大きな減収をもたらし，九州のダイズ生産の不安定要因になっている．最近10年間において，単収が全国平均を上回ったのが6ヶ年，全国並が2ヶ年，大きく下回ったのが2ヶ年で，特に再三台風被害を受けた2004年は75 kg/10 aという記録的な低収であった．

(2) 作　型

九州では，'コガネダイズ'[11] 等の生態型Ⅰa～Ⅱaの品種を3月下旬～4月に播種して夏に収穫する夏ダイズと，'フクユタカ'[16] 等の生態型Ⅳc～Ⅴcの品種を7月を中心に播種して秋に収穫する秋ダイズの2種類の作型が存在してきた[2]．九州では6月下旬～8月上旬に開花期に達すると莢実害虫の被害が著しいため，この時期を夏ダイズでは前に，秋ダイズでは後に避ける意味があ

る[6]．しかし，現在の作付は転換畑が中心で，主産地ではほぼ9割以上が1年2作や2年3作の作付体系の中で栽培されており，この場合の前作として5月下旬から6月上旬に収穫する麦類が多いことなどから，現在は秋ダイズがほとんどを占めている．

(3) 品種構成

九州における作付面積第1位の品種は1983年以降'フクユタカ'であり，全体の87%を占めている．'フクユタカ'は，国産ダイズの最大の用途である豆腐用として，加工適性が非常に高い評価を受けている．また，栽培適地が広いため，育成地の九州に限らず，関東以西の各地で奨励品種になっており，1991年以降，全国でも作付面積第1位である．九州で第2位の品種は'むらゆたか'[12]で，10%強を占めている．この品種は'フクユタカ'種子にX線照射を行い，その後代として生じた臍の色が黄色（'フクユタカ'は淡褐色）の突然変異個体を選抜・固定して作出した品種であるため，栽培特性等は'フクユタカ'にかなり近い．その他，みそ用'トヨシロメ'[17]，小粒納豆用'すずおとめ'[9]，リポキシゲナーゼ欠失で青臭みのない'エルスター'[22]，青豆'キヨミドリ'[13]，黒ダイズ'クロダマル'[23]といった九州で育成された品種が各地で栽培されて地域振興等に利用されている．しかし，'フクユタカ'とこれに近い栽培特性をもつ'むらゆたか'の作付が98%を占めているので，以下，基本的に'フクユタカ'を念頭に置き記述する．

(4) 圃場準備

主産地では，冬作の麦類跡にダイズが作付されることが多い．九州の播種適期は7月10日前後で，麦類収穫後ダイズの播種まではほぼ1ヶ月あるため，この間に雑草が茂ることがあり，これを抑制するために途中で耕起を行うことが多い．しかし，播種適期は梅雨後半で降水量の多い時期にあたり，いったん耕起した圃場に雨が降ると土壌が膨潤になるため，乾燥が進むまで播種作業ができない．そこで，播種適期を逃さないことを目的として，播種時やその直前まで耕起を行なわない技術（後述）が広がってきている．この場合，麦類の収穫後に雑草が繁茂した時には，非選択性の除草剤を用いて除草する．

なお，転換畑におけるダイズの高位安定生産には圃場の排水性の確保が重要であり，本暗渠，補助暗渠，圃場周辺小明渠の整備や心土破砕等が望まれる．

(5) 施　肥

主産地では，冬作に施肥するので残効に期待できること，また，'フクユタカ' は比較的長茎であるため，過繁茂による倒伏が懸念されることなどから，肥沃な転換畑に栽培する場合には施肥は控えめにする．特に佐賀では，適期播種した場合には無施肥が標準である[19]．福岡では窒素は施肥せず，リン酸，カリウムをそれぞれ 5 kg/10 a 程度施肥することが推奨されているが，実際には無施肥の圃場も多い．一方，九州の他県，佐賀においても肥沃でない圃場や播種が 7 月 20 日以降に遅れた場合には，窒素，リン酸，カリウムをそれぞれ 3（佐賀は 6），10，10 kg/10 a 程度を上限として適切な量を施肥するように指導されている．また，苦土石灰等で土壌改良を行うことが，多くの県で推奨されている．

(6) 播種，栽植様式

主産地平坦部での播種適期は 7 月 10 日前後であるが，中山間地等ではこれより早く，6 月上旬から播種することもある．主産地で 'フクユタカ' を早播きすると，茎葉の生育量は増加しても，いわゆる過繁茂で子実収量は逆に減少し[19]，一方，天候不順で播種時期が 7 月末にずれ込むと，生育量が十分確保されずに減収する．栽植密度は，7 月初頭播種の場合で m^2 あたり 10 本程度であり，播種時期が遅くなるほど栽植密度を高めて，晩播による減収を補うように指導されている（7 月末播種で 25～30 本程度）．畦幅（条間）は通常 65～75 cm であり，株間は適切な栽植密度になるように調整する．

一般的な播種機では 1 株 2 粒播きになるが，目皿式播種機の目皿等を改造して 3 粒播きにすると，特に播種後の降雨で土壌表層にクラスト（土膜）を生じやすい土壌の場合，出芽率が向上して安定多収生産に効果があることが確認されている[7]．また，クラスト形成による出芽不良を軽減する効果のある山形鎮圧輪が開発され，市販化されている[21]．

播種適期が梅雨期間中であるため，降雨の合間にも播種が可能な播種法が考案されている．前述したように，冬作収穫後からダイズ播種時まで耕起しない方が，降雨後短時間で圃場作業が可能になる．そこに播種する方法として，麦跡の部分浅耕一工程播種[8]，麦うね利用による不耕起播種（播種溝部分耕方式）[14]等が開発され，生産現場に広がり始めている．

また，播種後の湿害を防ぐため，簡易畦立機による畦立同時播種[1]が大分で

は約5割の圃場に広がってきており，他県でも耕耘同時畝立て播種技術[5]などが取り入れ始められている．

(7) 中耕培土

無中耕無培土栽培が全国的に試みられており，他の方法で根域の通気性が確保され，かつ雑草が抑制できるのであれば，中耕培土は必ずしも多収のための必須技術でないと考えられるが，九州で'フクユタカ'を栽培する場合には中耕培土が必須とされている．これには，'フクユタカ'が長茎であるため，無培土では倒伏しやすいこと，九州が台風の常襲地帯で倒伏害が生じやすいことなどが関係していると考えられる．第3本葉期くらいに子葉節の上まで1回目の中耕培土，第5本葉期くらいに初生葉節の上まで2回目の中耕培土をすることが推奨されている．しかし，状況により，たとえば播種直後に土壌処理除草剤を用い，その効果が持続している場合には，中耕培土を実施する時期を遅らせ，1回で済ませることもできると考えられる．さらに，'フクユタカ'より短茎で耐倒伏性の強い品種を用いて，無中耕無培土栽培で多収を得るのが可能なことが研究段階では示されていることから[10,3,26]，今後，短茎・耐倒伏性で，九州に適した難裂莢性の品種が実用化されれば，中耕培土を不要とする栽培体系が現場に取り入れられていく可能性がある．

なお，中耕培土以外の倒伏を防ぐ技術として，倒伏が懸念される場合に群落上層部の葉と茎を刈払い機等で刈り落とす手法が九州では20年近く前から一部で行われている．こうした摘心・摘葉を省力的に行う技術開発が愛知県で行われて成果を上げているが[4]，品種開発の面からは'フクユタカ'並の加工適性をもちながら，耐倒伏性と受光態勢に優れる新品種の育成によって，省力化に貢献することが重要と考えられる．

(8) 除 草

主産地では約8割の圃場で除草剤が使われており，中耕培土との組合せで雑草を抑えている．近年では外来のアサガオ類，ホオズキ類等，難防除雑草の拡大が問題になっており，対策の研究が進められている．

(9) 病虫害防除

暖地である九州では害虫の発生が多い．特に重要なのは，葉を食害するハスモンヨトウと子実等を吸汁するカメムシ類である．ハスモンヨトウについては，脱皮を阻害あるいは促進するIGR (insect growth regulators) 剤や無人

ヘリコプター，ブームスプレーヤの普及により，以前よりは防除しやすくなった．しかし，ハスモンヨトウが大発生した場合，短期間で圃場の葉が丸坊主に近い状態になる危険性があるため，フェロモントラップ等を用いてハスモンヨトウの発生状況を把握し，適期防除を行うことが重要である．通常2～3回の薬剤散布を行う．品種の面からは，ハスモンヨトウ抵抗性を中程度に向上させた豆腐用品種'九州155号'（仮称'フクミノリ'）[18]や，これより抵抗性が強い納豆用品種'九州156号'（仮称'すずかれん'）[24]が最近育成されているが，完全な抵抗性をもつわけではないので，発生状況に応じて防除が依然必要と考えられる．

一方，カメムシ類については，かつては南部九州がおもな被害地域であったミナミアオカメムシの被害が北部九州に拡大してきている．ミナミアオカメムシは従来カメムシ類に使用してきた農薬が有効でない場合があるため，ジノテフラン，クロチアニジン等の有効な薬剤を使用することが必要である[20]．標準的には莢伸長期から子実肥大期にかけて2回程度薬剤散布する．

病害については，紫斑病防止とハト害防止，出芽苗立ち安定等を兼ねて，播種前に種子消毒剤を使用するのが標準的である．また，開花始から約1ヶ月後に紫斑病防止の殺菌剤を散布することが推奨されている．

(10) 収穫・脱穀・調製

北部九州の主産地では，ほぼ全量がコンバインで収穫されている．この地帯では収穫後に麦類の播種が控えているため，'フクユタカ'については刈り遅れによる裂莢の問題より，麦類の播種に間に合うよう刈り取るため，青立ち株等による汚粒発生の問題の方が重要である．九州における青立ちについては，カメムシ害のほか，登熟期間の高夜温や，登熟期間を通じての低土壌水分，さらには登熟期間前半の低土壌水分と後半の高土壌水分の組合せ等が原因となり，1節莢数が減少することから発生することが報告されている[27]．土壌水分に起因する着莢数減少には，開花期から子実肥大期にかけての灌水や地下水位の制御による土壌水分の適正化が効果があると考えられる．

一方，青立ち問題に対して収穫機の側からは，軸流コンバインのこぎ胴部の受け網をロール式に変更することで，こぎ胴部における高水分茎等の滞留を低減し，汚粒発生を減少させる改良[25]等がなされ，市販化されている．

(11) 今後の課題

　九州は有数のダイズ生産地帯であり，主産地では多収年の単収がわが国のトップクラスに位置する一方，台風や播種期から生育前期の梅雨により生産が大打撃を受けることがある．梅雨に対しては，降雨の合間に播種可能で，安定した苗立ちと初期生育を確保する技術が開発されてきている．一方，台風被害は克服が難しい面もあるが，'フクユタカ'一辺倒の作付けから踏み出して，品種育成と栽培技術研究が連携して，新品種導入による耐倒伏性強化と作期分散などを図ることにより，被害軽減と生産の安定化に努めていくことが重要と考える．

〔高橋　幹〕

引用文献

1) 近乗偉夫ほか(2007)：九州沖縄農業研究成果情報，**22**：15-16．
2) 福井重郎・荒井正雄(1951)：育種学雑誌，**1**(1)：27-39．
3) 古畑昌巳ほか(2008)：日本作物学会紀事，**77**(4)：409-417．
4) 林　元樹ほか(2008)：愛知県農業総合試験場研究報告，**40**：93-97．
5) 細川　寿ほか(2003)：関東東海北陸農業研究成果情報，平成14年度Ⅳ：100-101．
6) 異儀田和典ほか(1981)：日本作物学会九州支部会報，**45**：61-64．
7) 岩渕哲也ほか(2006)：日本作物学会紀事，**75**(2)：132-135．
8) 川村富輝ほか(2004)：九州沖縄農業研究成果情報，**19**(上)：13-14．
9) 松永亮一ほか(2003)：九州沖縄農業研究センター報告，**42**：31-48．
10) 松永亮一ほか(2003)：日本作物学会九州支部会報，**69**：53-55．
11) 百島敏男ほか(1959)：佐賀県農業試験場研究報告，**2**：1-9．
12) 中村大四郎ほか(1991)：佐賀県農業試験場研究報告，**7**：21-42．
13) 中澤芳則ほか(2007)：九州沖縄農業研究センター報告，**48**：59-77．
14) 西岡広泰ほか(2002)：九州沖縄農業研究成果情報，**17**(上)：81-82．
15) 農林水産省大臣官房統計部(2010)：平成21年産作物統計(普通作物・飼料作物・工芸農作物)，p.166-167，農林水産省大臣官房統計部．
16) 大庭寅雄ほか(1982)：九州農業試験場報告，**22**(3)：405-432．
17) 大庭寅雄ほか(1988)：九州農業試験場報告，**25**(2)：113-131．
18) 大木信彦ほか(2010)：九州沖縄農業研究成果情報，**25**：23-24．
19) 佐賀県園芸課(2008)：平成21年度施肥・病害虫防除・雑草防除のてびき．
20) 杉浦和美ほか(2007)：九州病害虫研究会報，**53**：39-44．
21) 高橋仁康ほか(2004)：九州沖縄農業研究成果情報，**19**(下)：627-628．
22) 高橋将一ほか(2003)：九州沖縄農業研究センター報告，**42**：49-65．
23) 高橋将一ほか(2007)：九州沖縄農業研究センター報告，**48**：11-30．
24) 高橋将一ほか(2010)：九州沖縄農業研究成果情報，**25**：25-26．
25) 土屋史紀ほか(2007)：九州沖縄農業研究成果情報，**22**：21-22．
26) 内川　修ほか(2009)：日本作物学会紀事，**78**(2)：163-169．
27) 横尾浩明ほか(2006)：九州沖縄農業研究成果情報，**21**：51-52．

1.4 加工と利用

1.4.1 概　要

　日本では毎年およそ100万tのダイズが食品用として加工されている．食品用ダイズの国内需要は長年にわたり年間約100万tで安定しており，豆腐・油揚げ等に50万t，みそ30万t，納豆10万t，残りの10万tが煮豆・きな粉・湯葉・豆乳等に利用される．また，日本では年間およそ300～400万tのダイズが搾油用として処理され，その一部はさらに食品用脱脂ダイズや分離ダイズタンパク質に加工され，さまざまな加工食品の原料や品質改良材として利用される．日本で古来より利用されてきたこれら伝統的ダイズ加工食品は，現在でも長寿国日本の食生活を支える健康食材としての地位を保っているが，国産ダイズの生産量は毎年数十万t程度にとどまっている．国産ダイズのほとんどすべては食品用原料として利用されていると考えられるが，諸外国からの低価格な食品用ダイズも相当量輸入されており，それぞれの品質・価格に応じたふさわしい場所で使われ実需者のニーズを満たしている．よって，国産ダイズが供給不足なのでそれを埋めるために輸入ダイズを用いている，というような単純な話ではない．なお，青果として扱われる枝豆も，国内生産量に匹敵する量が輸入されている．

　食糧自給率向上が求められるなか，国産ダイズもその利用と消費拡大が期待されるが，利用される見込みのない商品を作っても売れるはずがない．買う人がいなければ，作る必要はないのである．ダイズは食品原料として多方面で利用されるため，実需者からの要望は，価格や品質，安全性など，その用途に応じてじつに多岐にわたる．たとえば，豆腐用のダイズと納豆用のダイズでは求められる規格品質が多くの点で大きく異なる．用途の異なる各分野の実需者からの要望をすべて同時に実現することは困難であるが，ダイズ生産者は「売れるダイズ」を作らなければならないため，その実現に向けたたゆまぬ努力が求められる．ダイズの実需者は消費者の声を代弁していることが多く，その点では，高品質で安全・安心な国産ダイズをもっと使用したいという場面に出会うことが多々ある．しかしながら，生産者と実需者のこだわりや差別化戦略が一致しないと，国産ダイズの生産消費拡大は難しい．

本節はダイズの加工と利用の分野で現場に立つ実需者の視点から，机上論ではなく，用途に応じたダイズの品種や品質，求められる加工特性などをできる限り具体的に示していただいた．これらの中から，国産ダイズの需要の伸び悩みを打開するヒントを読み取っていただければ幸いである． 〔塚本知玄〕

1.4.2 豆　　腐
a. 豆腐用ダイズの需要状況と国産ダイズの問題点

わが国における豆腐用としてのダイズ消費量はおよそ50万tであり，この量は，食品用ダイズのおよそ50%にあたる．すなわち搾油用のダイズを除くと日本で消費されるダイズの半分は豆腐に加工されている[5]．また国産ダイズの統計をみると，豆腐に加工される国産ダイズの量が13.4万t（2007年）であり，これは国産ダイズ消費量全体（生産量22万t，2007年）のうち約60%に相当する[5]．国産ダイズは味などの嗜好性，農薬や遺伝子組換え等に対する安全・安心面で消費者の高い評価を得る一方で，豆腐製造メーカー側からみるとダイズ中成分の変動が問題となる．すなわち，国産ダイズはアメリカをはじめとした輸入ダイズと比較して，生産・流通ロットが小さいため，原料ダイズの成分が日々変動しやすいことが問題視されることがある．極端な例では，ある日に納入されたダイズに対して，生呉（本項c.参照）を作る際の加水量，凝固剤を添加するときの豆乳温度，凝固剤添加量，凝固剤と豆乳の攪拌方法（速度）などの種々の条件が検討され，おいしい豆腐を製造する個々の条件が決定されたとしても，次の日に納入されたダイズに含まれる成分が異なっていると，必ずしも同条件でも良い豆腐とはならず，また最初から条件設定を行う必要を生ずる．この問題に対処するためには，ダイズ成分中の何が，どのように豆腐の性状に関与するのか，またそれらの成分が栽培によってどのように変動するのかを解明する必要がある．

b. 豆腐形成メカニズム

豆腐は古来より製造され長く食されてきた食品であるにもかかわらず，豆腐形成の際にダイズ成分がどのように変化し，どのように固まる（豆腐になる）のか，詳細なメカニズムは近年までほとんど明らかにされてこなかった．これは豆腐形成が，たとえばタンパク質によるゲル形成のような単純な系ではなく（一般的にみればそれすらも複雑ではあるが），ダイズに含まれるさまざまな成

分がその大きさを変え，結合する相手を変え，相互作用しながらダイナミックに変化する非常に複雑な系だからである．ダイズが豆腐となる詳細なメカニズムについては，小野の総説[6]や成書[7]に詳しいので参照されたい．ここでは，豆腐製造工程の個々の操作を紹介した後，ダイズに含まれる各成分の増減が，豆腐性状に与える影響を述べる．

c. 豆腐製造工程

　豆腐は，ダイズより豆乳を経て製造される．豆乳調製は，洗浄したダイズを水に浸漬して膨潤させるところから始まる．水に漬ける時間は温度が高い夏場では短め，温度が低い冬場では長めとなるが，10～16時間程度である．ダイズは水に漬けるとダイズ自身の1.0～1.2倍程度の水を吸収し膨潤する．なお，浸漬時間が長すぎると，本来は豆乳に溶出される成分が可溶化しきれずに豆腐の歩留まりが低下する．朝から豆乳を作る場合には，ちょうどよい浸漬時間となるよう前日の夜中にダイズ浸漬を始める必要があり，休日出勤や夜間作業を要することとなる．たとえば，浸かりが早くて2～3時間で膨潤するダイズや，逆に20～24時間で膨潤が完了するダイズがあれば，夜間の作業が減り，製造メーカーは助かるだろう．膨潤したダイズは，水を加えながら磨砕され，生呉と呼ばれる生豆乳と生おからが混ざった懸濁液となる．この時の加水量は豆腐の種類によって異なり，絹豆腐でダイズ乾燥重量の5～6倍，木綿豆腐・凍り豆腐・油揚げで8～10倍程度である．凍り豆腐と油揚げは，次に述べる煮沸の後も水を加える（戻し水，びっくり水，2番水などと呼ばれる）ので，最終的な加水量はさらに多くなる．生呉を煮沸（98℃以上，2～5分間）したものは呉と呼ばれる．この時の煮沸は，生呉に蒸気を吹き込んで，一気に100℃近くまで上昇させる方法が一般的であるが，電気を用いたジュール加熱等の機器も登場してきている．ジュール加熱法は温度制御が容易であり，一気に温度を上げるのではなくて，ある程度の高い温度で保持してからさらに100℃近くまで上昇させるような温度履歴を経ることによって，今までにはない食感の豆腐が得られたという報告もある[9]．蒸気を吹き込む煮沸では生呉は激しく発泡するので，この時に消泡剤を混ぜて発泡を抑えるのが普通であるが，加圧したり，泡を煮取ったりすることで消泡し，消泡剤無添加を謳う豆腐もある．煮沸時発泡しにくいダイズができれば，苦労せずに消泡剤無添加が実現できるので，これもメーカーからは歓迎されるであろう．呉からフィルターなどでおからを除

くと豆乳となる．豆腐は，豆乳に凝固剤（にがり）を添加することで製造されるが，この工程は，豆腐の性状，おいしさを左右するので，豆腐製造工程で重要なポイントの1つである．豆腐は凝固の方法とその後の圧搾成形によって木綿豆腐，絹豆腐，充塡豆腐などの種類があり，また豆腐は焼き豆腐，厚揚げ，油揚げ，がんもどき，凍り豆腐などの製品の原料（中間物）でもある．こうした種類別や目的とする最終製品の別によって細かい違いや工夫があるものの，基本的な製造法は同じである．

d. ダイズ中主要成分と豆腐性状

ダイズはどのような成分からなっているだろうか？ 食品成分表[3]によると，国産ダイズでタンパク質 35.3％，脂質 19.0％，炭水化物 28.2％となっている．もちろん，これらの値は平均的なものであって，ダイズ品種，施肥量，土壌その他の条件によって変化する．豆腐に適したダイズであれば，タンパク質含量はもっと高く，40％に達するものもある．主要成分のうち豆腐の性状に最も大きく影響するのは間違いなくタンパク質であり，一般的にはタンパク質濃度の高いダイズほど硬い豆腐ができる[8]．だからといって，原料ダイズのタンパク質含量によって製造される豆腐の性状がそのまま変動しているわけではない．なぜならば，豆乳を作る段階で，できるだけタンパク質含量をそろえるように（実際には，固形分含量で調整している場合も多い）作られるからである．つまり，タンパク質含量の高いダイズにはより加水率を多く，含量の低いダイズには低くすることで，中間物である豆乳のタンパク質含量がほぼ一定となるような操作をして，原料ダイズのタンパク質含量の多少の影響をなくしている．したがって，実際に製造する豆腐性状の変動は，ダイズのタンパク質含量以外の変動による影響が大きい．

脂質は，豆乳・豆腐中では油滴球（オイルボディー）として存在し，豆腐性状にに影響を与える[6,7]．すなわち，脂質量とタンパク質量が特定の比率の場合に豆腐が硬くなり，比率がそれ以上，それ以下になると若干の硬さの低下が観察される[4]．その変化量は，タンパク質の影響ほど大きくはなく，原料ダイズ中の脂質含量の変動もそれほど大きくはない．

炭水化物のうち，ダイズ外皮に由来するペクチンなどの構造多糖の大部分は，おからとして除かれる．豆乳にはシュクロース，ラフィノース，スタキオース等といったオリゴ糖が含まれるが，これらは豆腐形成には直接関与せず，

豆腐性状への影響は少ない．

e. ダイズの微量成分と凝固剤適性量

豆腐製造において凝固剤は，たとえば塩化マグネシウムが豆乳に対してわずか0.3％程度，つまり1kgの豆乳であれば3g程度が添加されるだけであるが，驚くべきことにタンパク質と脂質合わせて100gもの成分を凝固させるものである．凝固剤の添加量や種類，撹拌条件は豆腐の性状を大きく左右し，豆腐製造の重要なポイントとなる．ダイズ中で，凝固剤成分と相互作用がある成分としてフィチンがあげられる．フィチンはダイズに1～3％含まれ，イノシトールに6個のリン酸基が結合した構造で，凝固剤中のマグネシウムやカルシウムと結合して凝固作用をさまたげる性質をもっているために，凝固剤添加量に影響することが知られている[1,2]．ダイズ品種や土壌性質のフィチン含量への影響を調べるために，普通畑と水田転換畑で27品種のダイズのフィチン含量を測定したところ，畑の違いによるフィチン含量への影響が大きなダイズ品種と少ない品種が存在することがわかった[1]．さらにフィチン含量が大きく変動するダイズ品種は豆腐が作りにくいといわれている品種が含まれ，逆にフィチン含量の変動の少ないダイズ品種には，'エンレイ'，'おおすず'，といった豆腐好適ダイズ品種が含まれていた．フィチン含量の変動が大きいダイズは，一定の豆腐品質を得るための凝固剤量が決定しにくく，製造者に歓迎されない．したがって，フィチン含量の安定性はダイズ品種の豆腐適性の重要な一要素になっていると考えられる．

f. まとめ

ダイズ成分はさまざまな要因により変動するであろう．この成分変動を少しでも小さくするような育種，栽培法の確立は，豆腐製造における国産ダイズの地位をさらに高めることができると思われる． 〔石黒貴寛〕

引用文献

1) Ishiguro, T., *et al.* (2006): *Biosci. Biotechnol. Biochem.*, **70**: 874-880.
2) Ishiguro, T., *et al.* (2008): *J. Food Sci.*, **73**: C 67-C 71.
3) 香川芳子 (2001): 五訂食品成分表, p.52, 女子栄養大学出版部.
4) Nakasato, K., *et al.* (2004): 農化2004大会講演要旨集: 83.
5) 農林水産省 (2010): ダイズをめぐる事情.
6) 小野伴忠 (2008): 食加工誌, **55**(2): 39-48.

7) 小野伴忠 (2010)：ダイズのすべて（喜多村啓介ほか編），p. 330-337, サイエンスフォーラム．
8) Wang, H. L., *et al.* (1983)：*Cereal Chem.*, **60**：245-248.
9) Wang, L., *et al.* (2007)：*Engineering and Processing*, **46**：486-490.

1.4.3 納　　豆
a. 納豆における国産ダイズの位置づけ
　世界のダイズ生産量はFAOのデータによれば2009年で約2億2千万t, そのうち国内生産量は22万7千tであり，世界のダイズ生産量からすればわずか0.1%である．

　国内生産量のうち納豆用ダイズが占める割合の正確な数値は不明であるが，需要のの大半は輸入でまかなわれている．納豆用についてはアメリカ産およびカナダ産のものが多い[1]．

b. 納豆用適性品種
　納豆用適性品種で代表的な品種である'納豆小粒(なっとうしょうりゅう)'は，茨城県久慈郡金砂郷(かなきごう)村（現　常陸太田市）の在来種より純系分離された品種である．付近は江戸時代より水害が多く，土地がやせていたため，小粒系のダイズしか生育できなかったが，小粒系の納豆は米飯との相性がよいなど納豆としての適性にすぐれていたことから，納豆用として好まれた[2]．'納豆小粒'は晩生品種で早まきや密植過多により倒伏しやすく，生産量は少ないが，納豆を特産とする茨城県を中心に需要は高い．一方，広大な農地を有する北海道での納豆用ダイズ生産向けとして'スズマル'が育成された．'スズマル'は納豆用の適性が高く，納豆メーカーからの需要が高い[4]．ほかにもいくつか納豆用品種は育成されているが，これら2つの品種を超えて普及するには到っていない．

c. 納豆用適性ダイズとして求められる要件
　納豆用適性品種といわれているものは小粒系のものが多いが，必ずしも粒が小さいことが必須の条件ではない．一般に大粒系のダイズは納豆用には不向きとされているが，じつはダイズの風味を残し「モチモチ」とした食感に仕上がるものもあり，納豆としての適性は高い場合ものも多い[10]．納豆品質に求められるダイズ品質は豆腐用ダイズにおける凝固性のような厳密なものはなく，実需者の技術次第でいかようにも対応できるところが，他のダイズ加工品と大きく異なる．したがって，納豆用適性品種とされる'スズマル'や'納豆小粒'も実

表 1.8 納豆用ダイズとしての適性条件

項　目	良い大豆	悪い大豆	栽培上の原因	対策方法
長期保存性 （日持ち）	チロシンが出にくい	チロシンが出やすい，発酵しすぎ	アンモニア態窒素肥料の過多	
硬　さ	弾力性，適度な硬さ	軟らかすぎ，硬すぎ	開花期～種子形成期の干ばつ	開花期～種子形成期の水分管理
吸水性	良　好	吸水せず（石豆）	開花期～種子形成期の干ばつ	開花期～種子形成期の水分管理
外　観	臍色無色 裂皮していない	臍色周辺着色 裂皮している	種子成熟期の低温 収穫期の降雨，倒伏 乾燥不十分（収穫前・収穫後）	適期収穫，中耕培土 適期収穫，十分な乾燥
		部分変色	カメムシなど虫害	防　除
		部分変色	紫斑病	防　除

需要ごとにまったく異なった仕上がりになり，それが各実需者間でのこだわりとなり商品の差別化につながっている．一般に納豆製造上留意するのは，長期保存性（日持ち），硬さ，吸水性，外観である（表1.8）．しかし昨今では，市場での価格競争の激化から，製造上の適性よりも原料価格が優先されてしまうことも多い．

（1）長期保存性（日持ち）

納豆を冷蔵庫に長期間保存しておくと白い結晶状の物質が析出する場合がある．納豆菌の発酵過程で生じるアミノ酸のチロシンが結晶化したものであり，人体に害はないが，食感が悪く，不快感をもたらすため，チロシンが出にくいダイズが好まれる．品種間差以外に年次間差，産地など栽培条件の影響も受けるが，その機構の詳細は不明である．

（2）硬　さ

豆を煮る蒸煮工程では，一般的に小粒系のダイズのほうが大粒の粒よりも熱が通りやすく，煮えやすい．しかし煮えすぎることで過軟化を引き起こすことがある．過軟化を引起こす原因の1つが粒の裂皮であり，豆が煮崩れしやすく，豆にべたつき感をもたらし，生産ラインでの作業性を著しく落とす．煮豆の硬さについてはダイズ中のカルシウムやペクチンが関係しているといわれる[6,11]．特にペクチンの可溶化と煮豆の硬さとの関係については，顕微鏡での視覚的な検証も試みられている[8]．また，開花期～種子形成期にかけての干ば

つは煮豆の過軟化をもたらす[7]場合があり，ダイズ中のペクチン合成に干ばつによる水分欠乏が何らかの影響を及ぼしているものと考えられる．一方，この時期の干ばつが石豆(いしまめ)の発生をもたらすこともある．過軟化と同一の機構によるものなのかその詳細は定かではないが，石豆の発生は不十分な吸水をもたらし，硬さのばらつきの原因となるため実需者から好まれない．いずれにしても開花期〜種子形成期は豆の硬さを左右するうえで重要な時期であることには変わりなく，十分かつ適切な水分管理が必要となる．

(3) 吸水性

ダイズの吸水性は前述の豆の硬さとも関連性があり[10]，吸水性のよいものを選ぶことが重要となる．吸水性を妨げる要因は品種による影響も大きいが，栽培的な要因としては前述の石豆の発生があげられる．既述のように開花期〜種子形成期の水分管理により，ある程度石豆の発生は制御することができるのではないかと考えられる．

(4) 外観

納豆は粒をそのまま食するため，見た目が品質に占める割合も大きい．たとえば，種子の臍周辺部の着色は異物の混入と誤解されやすいため，実需者側には好まれない．この臍周辺部の着色は，品種間差だけでなく，栽培時の低温によっても生じる[5]．ほかに要素として，豆の変色がある．変色粒は，臍周辺部の着色同様見た目が悪く，異物混入と誤解されやすい．変色粒は，紫斑病やカメムシなどの虫害だけでなく，収穫時期の降雨や倒伏が傷害となり，そこから腐朽菌が侵入することで生じる場合もある[3]．この場合，収穫時期での殺菌剤散布が有効であるが，残留農薬の面からはあまり好ましくない．いかに植物体にダメージを与えず，菌の侵入を防ぐかということが重要であり，そのためにも中耕培土や適期収穫は有効な手段である．特に晩生品種の多くは倒伏もしやすく，収穫期晩秋の降雨による収穫の遅れなどにより変色粒が発生しやすいため，品種選択も含め注意が必要である．ほかにもしわ粒・裂皮粒・割れ粒は，規格外格付けの原因ともなるが，これらは機械収穫や乾燥に伴って生じ[9]，特に高水分子実を取り扱った場合に顕著にみられる．汚損粒の場合も調製選別時の研磨工程や洗豆工程で裂皮粒や割れ粒の増加につながる[9]．収穫後の取扱いも品質に影響を及ぼすという点で重要である．

d. まとめ

納豆用ダイズを栽培するにあたって，特別に有効な栽培方法があるわけではない．納豆に適した良質ダイズの生産のためには，中耕・培土や施肥，水分管理，防除，適期収穫といった，ダイズ栽培で欠かすことのできないポイントをしっかり押さえることが重要である．　　　　　　　　　　〔坂本晋一〕

引 用 文 献

1) FAO (2009 データ)
2) 窪田　満ほか (1978)：茨城県農業試験場研究報告，**19**：19-24．
3) 向畠博之 (2007)：農業技術，**62**(6)：269-273．
4) 農林水産省 (2011)：国産ダイズ品種の辞典．[http://www.maff.go.jp/j/seisan/ryutu/daizu/d_ziten/]
5) 酒井真次 (1990)：農業技術，**45**：1-5．
6) 斎尾恭子 (1964)：日本食品工業学会第 17 回大会研究発表要旨：3．
7) 坂本晋一ほか (2007)：第 28 回種子生理生化学研究会講演要旨：2-3．
8) 田口聡ほか (2007)：第 54 回日本食品科学工学会講演要旨：105．
9) 平　春枝 (1987)：共乾施設講習会テキスト，p.1-41，全農．
10) 平　春枝 (1992)：食糧，**30**：153-168．
11) 高松晴樹 (1983)：ダイズ月報，**99**(9)：28-36．

1.4.4　み　　　そ[3]

みそは，日本の伝統的なダイズ発酵食品であり，タンパク質原料であるダイズとデンプン質原料である米もしくは麦を主原料にし，これに塩を混ぜて発酵・熟成したものである．麹菌が生産する酵素を上手に利用し，タンパク質やデンプン質を分解して旨味や甘味を引き出し，また，塩の力で雑菌を制御しながら有用な酵母や乳酸菌の働きを促進することにより，独特の風味を醸し出している．

a. みその種類

みそは地方色豊かな食品であり，多くの種類が存在する（表 1.9）．みそを原料から大別すると米みそ，麦みそおよび豆みそに分類され，ダイズと食塩はすべてのみそに用いられる．麹を作る原料として米を用いたものを米みそ，オオムギ・ハダカムギを用いたものを麦みそ，ダイズを麹としほかのデンプン質原料を用いないものを豆みそと呼んでいる．また米みそ，麦みそ，豆みそのうち 2 種以上のみそを調合したものを調合みそと呼ぶ．2009 年度に生産された

表 1.9 みその分類

分類			麹歩合	塩分（%）	醸造期間	おもな銘柄もしくは産地
米みそ	甘	白	20〜30	5〜7	5〜20 日	白みそ，西京みそ，府中みそ，讃岐みそ
		赤	12〜20	5〜7	5〜20 日	江戸甘みそ
	甘口	淡色	8〜15	7〜11	5〜20 日	相白みそ（静岡），中甘みそ
		赤	10〜20	10〜12	3〜6 ヶ月	中みそ（瀬戸内沿岸），御膳みそ（徳島）
	辛口	淡色	5〜12	11〜13	2〜6 ヶ月	信州みそ，白辛みそ
		赤	5〜12	12〜13	3〜12 ヶ月	仙台みそ，佐渡みそ，越後みそ，津軽みそ，北海道みそ，秋田みそ，加賀みそ
麦みそ	甘口	淡色	15〜30	9〜11	1〜3 ヶ月	九州，中国，四国
	辛口	赤	10〜15	11〜12	3〜12 ヶ月	九州，埼玉，栃木
豆みそ	辛口	赤	—	10〜12	5〜20 ヶ月	八丁みそ，名古屋みそ，三州みそ，二分半みそ

みそは 455738 t であり，米みそが 79.6%，麦みそが 5.7%，豆みそが 5.1%，調合みそが 9.6% である（農林水産省「米麦加工食品生産動態統計調査」）．みその年間の 1 人あたりの消費量（農林水産省食料需給表）は，1960 年では 8.8 kg であったが，2007 年では 3.8 kg となり，半分以下に低下している．

米みそと麦みそは，味（甘，甘口，辛口）および色（白，淡色，赤）により，さらに区別される（表 1.9）．味および色は，原料配合割合（麹歩合と塩分濃度）および熟成期間による影響を受け，それぞれ特徴ある風味となる．

また，みその熟成は，麹による酵素分解工程と，乳酸菌や酵母による発酵工程からなっている．そのため，みそは，熟成パターンにより，分解型と発酵型およびそれらの中間型の 3 つに分類できる．

ダイズ（S）に対する米（R）または麦（B）の比率 $R/S \times 10$（または $B/S \times 10$）を麹歩合と呼んでいる．麹歩合および塩分濃度は，みその味や熟成期間に影響する．米甘みそは，麹歩合が通常 15 以上で，食塩濃度が 5〜7% と少ない．発酵していないため，香りが少なく糖分が高い甘いみそとなる．米辛口みそは，麹歩合が 10 以下であり，食塩濃度が 10〜13% である．日本で最も多く生産されているタイプのみそであり，製造者や生産地により特徴ある風味をもつ芳醇なみそが作られている．麦みそは，麹歩合が 10〜25 と一般に米みそより高く，食塩が 10〜11% である．麦麹の甘味と旨味が調和した濃厚な味を有している．豆みそは米麦を使用せず，原料ダイズの全量を製麹し，食塩含量

10～12%である．光沢のある濃赤褐色で，特有の香りをもち，わずかに苦味を伴った旨みの強い濃厚な味を呈する．

b. みその製造法

米（麦）みその製造工程は，大きく分けて製麴工程，ダイズ処理工程，仕込み工程，発酵工程，包装工程からなる（図 1.22）．

製麴工程は，コメまたはオオムギを精白，洗浄，蒸し，冷却して蒸米とした後に，種麴を加えて麴菌を繁殖させる工程である．種麴は，黄麴菌（Aspergillus oryzae）の成熟胞子を乾燥したものである．製麴工程では，みそのでき具合を左右するタンパク質やデンプン質を分解する酵素が生産されるため，みその製造工程のなかでも製麴が最も重要な工程である．

ダイズは，選別，洗浄，浸漬，蒸煮，冷却して蒸煮ダイズとする．これに，麴，食塩を加えた後で，チョッパーで細かくつぶす．この工程を「仕込み」と呼ぶ．仕込みの後の混合物は，適当な容器にいれ，発酵を均一に行わせるために踏込みによって詰め込み，押蓋をして重石をのせる．麴菌の酵素による分解作用と微生物の生育，発酵作用が食塩の存在下でバランスよく行われるように温度の管理を行う．

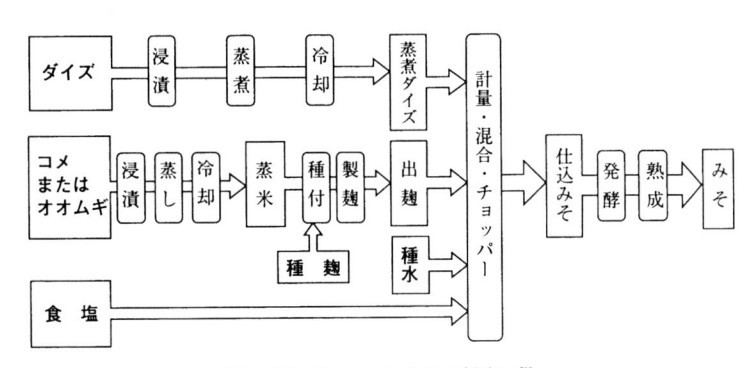

図 1.22 米みそ・麦みその製造工程

c. みそ用ダイズとしての加工適性

みそ用原料ダイズの使用状況（2008 年）は，中国産ダイズ 37000 t，アメリカ・カナダ産 85000 t，国産 11000 t である．国産ダイズの使用比率は，約 8%である．みそ用ダイズとしては，大粒で糖含量の高い国産ダイズの方が外国産のものより好適であるとされている．

みそ加工適性としては,糖含量,生ダイズ粉色調,蒸煮ダイズの特性（硬さ,均一性）,種皮率,吸水率が重視されている[1,2].すなわち,みそ用ダイズの品質特性としては,粒子が大きいこと（100粒の重さが25g前後,またはそれ以上のもの）,種皮は薄く黄白色で光沢を有すること（種皮率6%以下）,臍の色が淡いこと,吸水率が高いこと（吸水後の重量増加率2.2倍以上）,蒸煮特性がすぐれていること（蒸煮硬度が均一であり,食味官能評価が良好）,糖含量が高いこと（全糖含量23%以上）,蒸煮後の色調が明るく美しいこと,保水性の高いことが好適であると評価されている.当然のことではあるが,ダイズ原料比率の高いみそほど,すなわち,麹歩合の低いみそほど原料ダイズによる品質の影響を受ける.

みその色は,商品価値に直接影響する重要な品質特性であり,原料ダイズおよびダイズの処理条件が大きく影響する.特に,淡色系みそでは,原料ダイズの種皮の色が直接みその色調に影響することから,ダイズの臍の色が淡い白目ダイズが好まれ,蒸煮後の色調が明るく（Y%が高く）,さえがあることが望まれている.赤色系みそは,透明感のある鮮やかな赤みとてりが重要な評価因子となる.赤系みその場合は,原料となるダイズ特性も重要であるが,それ以上に,原料ダイズの処理方法（蒸煮方法や条件）による影響が強くなる.

〔工藤重光〕

引用文献

1) 海老根英雄（1971）：味噌の科学と技術,**210**, 21-24.
2) 元木　悟ほか（1999）：北陸作物学会報,**34**, 118-119.
3) 山内文男（1992）：大豆の科学（山内文男他編）,p.92-116,朝倉書店.

1.4.5　醬　　油

醬油は,ダイズやコムギなどの植物性原料を加熱処理し,これに麹菌を繁殖させた後,食塩水と混合し,耐塩性の乳酸菌や酵母により発酵,熟成させた東洋独特の発酵調味料である.醬油の原型は,3000年も前の中国の醬にまでさかのぼる.今日の日本式と呼ばれるダイズとコムギを半々に使用する製法が確立したのは,江戸時代といわれている.

1.4 加工と利用

a. 醬油製造におけるダイズの使用

醬油の原料として使用されるダイズの推移を表 1.10 に示した．現在では全体として約 20 万 t の使用量であるが，そのうちの大部分が油を抽出した後の脱脂加工ダイズで，その量は年間約 16 万 t である．醬油原料としてそのまま使われるダイズ（丸ダイズ）の量はそれに比べて少なく約 4 万 t 程度となっているが，1984 年当時に比べ 10 倍程度の増加を示しており，全体に占める割合が徐々に多くなっている状況である．なお，このダイズの中で国内産の占める

表 1.10 醬油の原料ダイズ使用量の推移（日本醬油技術センター「醬油の統計資料 平成 21 年版」より作成）

	出荷数量 (kl)	脱脂加工ダイズ		丸ダイズ				ダイズ計 ([A]+[B]) (t)
		使用量 (t)	丸ダイズ換算*[A]	国内産	外国産	小計[B]		
1984 年	1201122	181385	226700			4654		231354
1985 年	1186442	179637	224500			5004		229504
1986 年	1199194	183203	229000			5054		234054
1987 年	1195286	154872	193600			5350		198950
1988 年	1198200	186030	232500			5796		238296
1989 年	1197279	185258	231600			10797		242397
1990 年	1176187	174206	217800			23775		241575
1991 年	1175254	178666	223300			22259		245559
1992 年	1183136	184117	230100			25279		255379
1993 年	1166653	182161	227700			22520		250220
1994 年	1140172	173657	217100			21775		238875
1995 年	1122018	170572	213200			26856		240056
1996 年	1123204	170062	212600			26721		239321
1997 年	1095402	167731	209700			26402		236102
1998 年	1067533	157599	197000			26329		223329
1999 年	1045408	154872	193600			29587		223187
2000 年	1061475	151350	189188			34545		223733
2001 年	1027353	153560	191950			31682		223632
2002 年	999465	147683	184604			35300		219904
2003 年	981100	142791	178489			38221		216710
2004 年	953919	137806	172258			37328		209586
2005 年	938763	140288	175360	3569	36525	40094		215454
2006 年	941570	134029	167536	3405	35338	38743		206279
2007 年	**927112**	**131580**	**164475**	**3442**	**37432**	**40874**		**205349**
（対前年%）	98.5	98.2		101.1	105.9	105.5		99.5
（対 5 年前%）	92.8	89.1		—	—	115.8		93.4
（対 10 年前%）	84.6	78.4		—	—	154.8		87.0

*：ダイズの油脂含有率を平均 20% として，脱脂処理前の丸ダイズの重量を推算．

割合は1割弱となっている．一般的にアメリカ産のダイズは脂肪分が多く，国内産のダイズは炭水化物が多い傾向を示す．醬油においてはダイズの物理的性質は重要ではなく，化学的組成，特に窒素成分の多寡が重要視され，その窒素成分の4分の3はダイズに由来することから，醬油の原料としては窒素成分の高いダイズが好まれる．

b. 醬油製造におけるダイズの加工

醬油製造におけるダイズまたは脱脂加工ダイズの一般的な加工方法は，あらかじめ適度の水分を加えた後，蒸煮装置の中に移し，加圧下で加熱処理を行う，いわゆる蒸煮処理である．このダイズの蒸煮の目的は，ダイズのタンパク質を加熱することにより変性させ，酵素の作用を容易にすることである．蒸煮するための装置として，原始的には普通の釜で煮たものであるが，NK式原料処理法の一種である回転式蒸煮装置が使用されることによって工業的様式のものとなった．現代においては連続式の蒸煮装置も使用されるに至っている．ダイズの蒸煮では，加熱することによって一次変性が起こるが，蒸煮が過度になると二次変性を起こし，酵素の作用が劣ってくることが知られている[2]．そのため，連続蒸煮装置においては，より高圧で短時間での蒸煮方法が実用化されている．一方で，蒸煮処理が不十分でダイズタンパク質の中の一部でも未変性のまま残存するようなことがあると，この未変性タンパク質がもろみ液汁中に溶出し，これがタンパク質分解酵素によって限定的にしか分解されず，いつまでも醬油中に残存することとなる[3]．この限定分解タンパク質（醬油業界においては「N性物質」と呼んでいる）を含んだ醬油は調理に際しての希釈や過熱によって混濁し，醬油としての価値が損なわれるため，一次変性をしっかり完了させる必要がある．なお，ダイズの中には水に浸しても吸水せずに膨張しにくいものが存在し，そのようなダイズを石豆と称している．このような石豆が存在する場合には，通常の蒸煮処理を行なっても未変性のタンパク質が残存してしまうので，注意が必要である．そのため，ダイズを浸漬して吸水させる必要がある場合には，この石豆のないことが望まれる．もしも石豆が存在した場合の処置方法としては，ダイズの割砕や圧偏処理を行うことが効果的であるが，脱皮機のようなもので表皮の一部に傷をつける程度でも通常と同様の吸水を行わせることが可能である．

c. 醤油製造におけるダイズの役割

醤油製造におけるダイズの役割として,まずは味への寄与があげられる.ダイズに含まれるタンパク質は麹菌の生産するプロテアーゼ,ペプチダーゼによって分解されて,旨味等を有する 50~70% の遊離アミノ酸およびこく味,苦味等を有する 11~35% 程度のペプチドとなる.醤油製造において味に関係する最も重要なアミノ酸はグルタミン酸である.一般に,植物貯蔵タンパク質はグルタミン酸やアスパラギン酸などの酸性アミノ酸に富み,しかも,そのかなりの部分がアミドの形のグルタミンやアスパラギンとして存在している.これが麹菌の酵素によって分解されると,タンパク質中に組み込まれていたグルタミンは遊離のグルタミンとしてもろみ液中に溶出し,これに麹菌のグルタミナーゼが作用して旨味を呈するグルタミン酸に変換される.この酵素が作用しないと一部分は無味なピログルタミン酸に非酵素的に変換されてしまう.

また,タンパク質が分解して生成した遊離アミノ酸やペプチドは,ダイズおよびコムギの分解によって生成する糖と反応し,褐色の醤油独特の色を呈する.一般的には,脱脂加工ダイズに比べダイズ(丸ダイズ)を使用した方が淡色の醤油の製造に適しており,色沢安定性も高いことが知られている[4].

さらに,醤油においては,約 300 種類ほどの香気成分が存在するとされている.醤油独特の香気の形成には,コムギの成分の影響が大きいとされているものの,一部ダイズ成分中の含硫アミノ酸がメチルメルカプタン,エチルメルカプタンなどの生成に寄与していることが知られている[1]. 〔山崎達雄〕

引用文献

1) 赤堀四郎 (1936):日化, **57**:828-831.
2) Fukushima, D (1969):*Cereal Chem.*, **46**, 405-418.
3) 福島男児 (1977):醤研, **3**:22-30.
4) 森口繁弘・石川 浩 (1960):酵工, **38**:271-274.

1.4.6 煮 豆

日本の食用ダイズの需要量は年間およそ 100 万 t である.国内産ダイズのほぼすべては食用として供されるが,その生産量は年間 20 万 t 強程度にすぎず,食用ダイズの大部分も輸入に頼っているのがわが国の現状である.しかし,煮

表 1.11 用途別の国産ダイズのシェア

用　途	国産割合（％）
煮豆・総菜	84
豆　腐	25
納　豆	19
みそ・醤油	9

豆・総菜用に限ってみると，国産品の使用率は80％を越えており，他のダイズ食品と比較してきわめて高い（表1.11）[6]．輸入ダイズは，一般に粒径が小さく，外観品質が劣るため煮豆・総菜用としては適していない．煮豆や総菜はダイズ子実のまま加工され，原料の外観品質と加工適性が最終製品の品質に大きく影響を及ぼすため，煮豆用原料ダイズは他のあらゆる用途のなかでもきわめて高い品質特性が要求される．

a. 煮豆用国産ダイズ品種

近年では，煮豆が各家庭で作られることが少なくなり，市販品，特に保存可能なパック入り製品の使用が増えた．従来，正月用にのみ使用されていた黒ダイズの煮豆も周年販売されている．煮豆製造業者が原料ダイズに求める条件としては，高品質に加えて安定的に供給されることが重要である．現在，これらの条件を満たす国産ダイズの主要品種を表1.12にまとめた[7]．

表 1.12 煮豆用ダイズの主要品種の作付面積（2008年）および生産地（おもに文献[7]より作表*）

品種名	作付面積(ha)	おもな生産地	銘　柄
ユキホマレ	8929	北海道	
トヨムスメ	3148	北海道	
トヨコマチ	1570	北海道	とよまさり
トヨホマレ	843	北海道	
トヨハルカ	798	北海道	
ユウヅル	459	北海道	つるの子
ツルムスメ	648	北海道	
ミヤギシロメ	4812	宮城，岩手	
タチナガハ	11581	栃木，茨城他	
オオツル	2981	滋賀他	
いわいくろ	1340	北海道	光　黒
丹波黒	3159	岡山，兵庫，京都他	

*：丹波黒の京都の作付け面積については「2007年農林水産省都道府県別品種別作付け面積」の新丹波黒のデータを引用．

b. 煮豆用ダイズに求められる品質

ダイズ煮豆は，工業的にはおよそ次のように製造される．まず，選別後の原料ダイズを洗浄した後，所定の時間水浸漬を行い吸水させる．次に，水煮，必要に応じて蒸煮を行い十分に軟化させた後，調味工程に入る．調味後の皮破れやつぶれなどを選別除去した後，副材料と混合し，パック詰め，殺菌処理を行う．以上のように，煮豆の製造工程は他のダイズ食品と比較してシンプルであり，原料ダイズの外観品質と加工適性の影響を大きく受ける．煮豆用の原料ダイズについて科学的に検討された例は少ないが，香西ら (1989)[5] や平 (1992)[8] の報告がある．

(1) 外観

外観的な品質としては，種皮色，臍の色，粒大が特に重要視される．臍の色は種皮と同色がよく，黒目（臍の色が黒い）の黄色ダイズは使用されない．粒大は，極大粒～大粒，百粒重は 30 g 以上が望ましい．裂皮，割れ，汚れ，石豆などの障害粒は取り除く必要がある．裂皮や割れは，製造中の皮浮きや煮崩れの原因となる．特に原穀の状態ではほとんどわからない傷であっても，吸水後や水煮後に皮破れが生じる場合がある．

(2) 成分

平 (1992)[8] の報告によれば，水分 12～14%，タンパク質 42% 程度，脂質 20% 程度，全糖 27% 以上，遊離型全糖 11% 以上，全カロチノイド 1.2 mg% 以上（黄色ダイズの場合）が目安とされている．全糖の高いことは蒸煮豆をふっくら煮上げるために必要であり，遊離型全糖の高いことは甘味，うま味において重要な要因である．遊離型全糖の量は，品種による差のほか栽培条件や気象条件による影響も大きいため，原料ダイズの品質評価は実際に水煮・蒸煮ダイズや煮豆製品の官能試験を行う必要がある．また，ヒトの味の感じ方は，呈味性成分のみでなくテクスチャーの影響も大きい．'タマホマレ' はやや硬めで調味液が浸透しにくく，煮豆にしたときの評価は一般に低くなる傾向がある．このようなダイズのテクスチャーには，ペクチンやカルシウム量なども影響していると考えられる．黄色ダイズの煮豆の色調は，黄色みをおびて鮮明であることが望まれる．全カロチノイド量は，煮豆にしたときの色調に影響することが認められており，含量が多いほど明るく鮮明であるが，少ないと灰色のくすんだ煮豆になる．

(3) 加工適性

煮豆の官能評価は，外観評価項目として形，大きさ，粒揃い，皮むけ，くずれ，しわ，色調，煮えむら，風味評価項目として香り，味，硬さ，ねばり，ざらつき，口どけ，こく，皮の硬さなどについて行われる．

硬さは，適度にやわらかく，ばらつきのないこと，口どけは良好で，もっちりとしたテクスチャーが好まれる．煮豆の調味料は一般に糖度が高いため調味工程で組織がしまり，硬くなりやすい．各社で加熱や調味液濃度の上げ方が工夫されており，ダイズの品種や栽培地，栽培年度によって微妙に調整される．したがって，異なる品種やたとえ同一の品種であっても異なるロットを混合して加工することはない．発芽率80％以上，浸漬液中溶出固形物量1％以下が目安とされているが，これらの値は，ダイズの新古，損傷程度，乾燥方法と関連しており，煮豆にした時の硬さのばらつきや皮浮き発生の指標となる．裂皮とそれに伴う皮むけはないことが望ましいが，皮が硬すぎると食感を著しく損ねる．

c. 丹波黒（黒ダイズ）

'丹波黒'は，丹波地方（兵庫県北東部と京都府中部の一部）を発祥とする黒ダイズの在来種であり，百粒重が80g前後にまで達する世界一大きなダイズである．'丹波黒'も他のダイズと同様にさまざまな用途に利用することが可能ではあるが，独特の甘みと香りをもつことに加えて，他を超越する粒大と黒く光沢のある色つやなどのすぐれた外観品質によって，煮豆用ダイズの最高級品として位置づけられている．また，黒ダイズはその種皮にアントシアニンやプロアントシアニジンなどの抗酸化成分を含んでおり，古来より健康効果が期待できる食品として珍重されてきたが，現在では科学的な検討も加えられている．

(1) 丹波黒の品質特性

廣田ら (2005)[2] は'丹波黒'を含む兵庫県産ダイズ23種類について成分特性や煮豆への加工適性を検討した結果，'丹波黒'はショ糖，オリゴ糖（ラフィノース，スタキオース），トコフェロール含量が高いこと，煮熟ダイズの硬さがやわらかく，浸漬・煮熟ダイズ重量増加比が高いことから，煮豆加工適性が特にすぐれていることを報告している．また，'丹波黒'は極大粒にもかかわらず裂皮が少ないことも煮豆用として適している．

（2） 丹波黒の品種判別・産地判別技術

'丹波黒'は，長年，栽培農家において自家採種により維持されてきたが，京都府と兵庫県の農業試験場がそれぞれに純系選抜育種を行い，京都では1981年に新丹波黒，兵庫県では1989年に兵系黒3号が選抜された（いずれも登録品種とはなっていない）．現在の多くの栽培農家では，新丹波黒，兵系黒3号のほか，各産地で維持管理している限定された系統の種子を更新利用している．

'丹波黒'は，他のダイズと比較して高価で取引が行われるため，海外産の遺伝的に不明な黒ダイズが'丹波黒'として流通されることが問題となった．筆者ら[1,4]は，SSR（simple sequence repeat）マーカーの多型解析により丹波黒系統と他品種ダイズの遺伝的近縁評価を行い，'丹波黒'の品種判別方法を開発した．さらに，無機元素組成分析による日本産と中国産の判別方法の開発も行った[3]．このような検討は，煮豆用ダイズ品種や産地のブランド価値を守るために，今後ますます重要になるものと考えられる．　　　　　　〔戸田登志也〕

引用文献

1) 畠中知子ほか（2008）：作物研究，**53**：47-53.
2) 廣田智子ほか（2005）：兵庫県立農林水産総合センター研究報告（農業編），**53**：6-12.
3) 小阪英樹ほか（2006）：日本食品科学工学会誌，**53**(6)：344-353.
4) 小阪英樹ほか（2009）：日本食品科学工学会誌，**56**(3)：119-128.
5) 香西由紀夫ほか（1989）：日本食品工業学会誌，**36**(2)：132-141.
6) 農林水産省（2010）：ダイズをめぐる事情．
7) 農林水産省（2010）：国産ダイズ品種の事典．[http://www.maff.fo.jp/j/seisan/ryutu/daizu/d_ziten/]
8) 平　春枝（1992）：食糧その科学と技術，**30**：153-168.

1.4.7　豆　　乳

a. ダイズ食品としての豆乳の特徴・歩み

豆腐用豆乳は，豆腐製造が開始されたとされる奈良～平安時代の古えからあるが，今日の飲料用豆乳の本格的工業的生産が始まったのは1980年代で，豆乳はまさに古くて新しい飲料といえる．

ダイズ食品の大半は，豆腐や納豆，みそ，煮豆などの固形または半固形食品であるが，豆乳は液状というまれな形態のダイズ食品である．豆乳は，ダイズ

の豊富な栄養素を簡便に飲用できるという点で，ダイズを摂取するという観点からは最適な食品の1つであるといえる．反面，液状であるがゆえに，旨味も強調されるが不快味も強調され，特に青臭みや舌を収縮させるような収斂味(しゅうれん)をより感じやすく，嗜好性の妨げとなってきた．また，豆乳はみそや納豆のように発酵を伴わず，原料からの加工度が低いために，原料の風味に左右されやすいものともいえる．

　豆乳は飲用を目的としている点で，豆腐用の豆乳とは似て否なるものといえる．飲料用豆乳の歩みの多くは，飲みにくさの改良の積み重ね，すなわち特に青臭み，収斂味という2大不快味をいかに抑制するかという点と乳化安定性の向上をポイントに改良がなされてきた．さらに，無菌包装という技術とともに，今日の豆乳市場が形成されてきた（図1.23）．1983年をピークとした第一次ブームは，健康ブームなどの背景で急激に市場が拡大したが，製造技術が未熟であり嗜好性等に問題があったこと，ならびに消費者意識の沈静化とともに一過性のブームとなった．その後10数年の間は低迷期が続き，2000年頃から生活習慣病等の健康意識の高まりや製造技術の改良による風味・性状の改善によって再び拡大基調となり，2005年をピークとした第二次ブームを迎えた．このブームもいったん下降基調となったが，メタボ検診の実施等の影響（豆乳がもつコレステロール低下作用やメタボリックシンドローム改善効果への期待）や豆乳製品の品揃えの充実もあり，再び拡大へと転じている．

　豆乳の分類（豆乳，調製豆乳，豆乳飲料）別では，豆乳（無調製）と調製豆乳で70%を超えていること，ならびに豆乳（無調製）の比率（15%前後）が上昇傾向にあることから，豆乳はベース的な飲料としての認知ならびに料理の

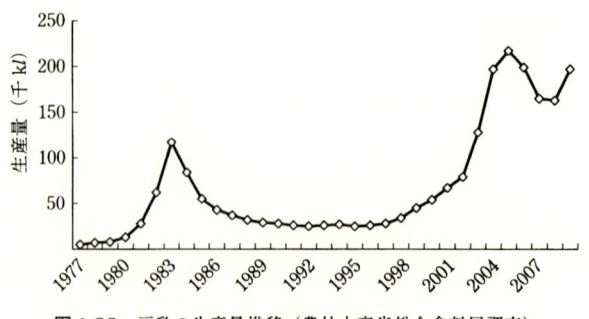

図1.23　豆乳の生産量推移（農林水産省総合食料局調査）

素材等としても認知されてきたものと考えられる．

b. 豆乳の製造工程 (図1.24)

豆乳の原料としては，丸ダイズ，脱皮ダイズ，フレークダイズなどが使用される．2大不快味のうちの収斂味成分であるサポニンは胚軸に多く含まれる（特に収斂味が強いグループAアセチルサポニンは胚軸に局在している）ため，脱皮による脱胚軸処理は収斂味低減に有効な手段である．

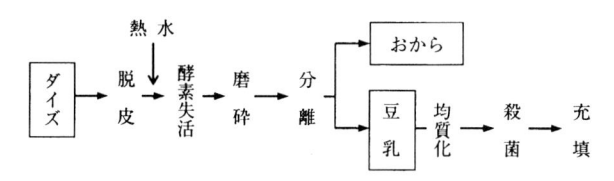

```
                熱水
                 ↓
ダイズ → 脱皮 → 酵素失活 → 磨砕 → 分離 ─→ おから
                                    └→ 豆乳 → 均質化 → 殺菌 → 充填
```

図1.24 豆乳の製造工程例

豆乳の2大不快味のうちの青臭みは，おもにダイズに含まれる油脂成分に酵素（リポキシゲナーゼ）が作用し，最終的にヘキサナールなどの青臭み成分を発生させるために生じる．このため，豆乳製造では一般的に加熱によるリポキシゲナーゼ等の酵素失活工程が組み込まれている．

豆乳はpHが中性付近の栄養豊富な飲料であるため腐敗しやすく，通常殺菌処理としてUHT（ultra high temperature；超高温短時間殺菌）を行って，無菌包装される．あわせて加熱によりダイズタンパク質ならびに消化酵素阻害物質であるトリプシンインヒビター等のタンパク質の変性が行われ，消化率約98％の消化吸収のよい豆乳が製造されている．

また，豆乳はダイズ成分（タンパク質，油脂成分等）がエマルション化（乳化）した乳濁液で，そのエマルション構造は，オイルボディー様粒子とダイズタンパク質（11S，7Sおよびそれらのサブユニット）が複合的に関連して形成されており，処理温度によってもその形成が異なる[1]．この乳化の安定性が崩れると，沈殿やクリーム分離が発生するため，豆乳製造においては，製造時の諸条件設定やホモジナイザー（均質化装置）による処理などの工夫がなされている．

c. 豆乳原料としてのダイズの要件

豆乳用の原料ダイズとしては，一般的には粒度がそろった大粒ダイズが好ましい．粒度は脱皮効率に影響し，大粒ダイズは皮の比率が低く生産効率の向上

に寄与するためである．また豆乳の規格においてタンパク質含量規格があるため，ダイズのタンパク質含量も原料選定の要件となる．色彩的には，白色系，特に豆乳にしたときの色が白い方が好まれる．ダイズには胚軸の色が白目，茶目，黒目などがあるが，茶目，黒目は豆乳への混入やおからを食材とする場合異物となるため，白目が好ましい．

一般的に国産ダイズは大粒白目で，豆乳の色も白い傾向であること，また安全・安心を含めた国産志向という消費者意識が強いことから，有望であるが，量的確保の不安ならびに高価である点が課題としてあげられる．なお，トレーサビリティーやポジティブリストについては，種子から栽培，出荷，輸送に至る過程の記録，農薬の使用状況記録，ダイズ中の農薬残存検査等，近年特に要求されることが多くなっており，これらの整備も原料選択の要件となってくると想定される．

品種的には，汎用的な一般栽培品種が使用されることが多いが，青臭みの発生が少ないリポキシゲナーゼ欠失品種'いちひめ'，'エルスター'，'すずさやか'等や，青臭みならびに収斂味が少ないリポキシゲナーゼならびにグループAアセチルサポニン欠失品種'きぬさやか'等も選択的に使用されている．

さらに将来的には，嗜好性・機能性等のさらなる追求や，牛乳で乳加工品市場が拡大しているように豆乳でも豆乳加工品市場の拡大が想定されることから，ダイズの加工特性も原料選択の要件となり得る．この点においては，7S含量が少ない'ゆめみのり'，'なごみまる'や7S含量が多い'東山205号'のようなタンパク質成分（11S，7Sなど）の構成比率の異なるダイズ[2]や，脂質組成改変種，高タンパク低脂肪品種等のダイズの需要が増すことも想定される．

〔本多芳孝〕

引 用 文 献

1) 小野伴忠（2008）：食科工，**55**(2)：39-48.
2) 喜多村啓介ほか編（2010）：大豆のすべて，p.50-52，サイエンスフォーラム．

1.4.8 枝　豆

a. 概　要

枝豆（エダマメ）とは字のごとく茎や小枝，葉のついているいわゆる「枝に

ついた若莢ダイズ」のことで，枝についた若莢をそのまま茹でて莢の中の豆を食べたことがその語源といわれている．つまり豆が熟す前のダイズのことである．ダイズの原産地は中国であるとされるが，枝豆を食べる習慣は日本独自のもので，江戸時代にはすでに枝豆としての売買もあったとされている．枝豆の旬は夏である．「夏といえばビール」「ビールといえば枝豆」と唱えられるごとく，ビールと枝豆はすこぶる相性が良い．現在でも，旬の時期には枝つきの枝豆が一部のスーパーや直売所などで見かけられるが，現在の主流は莢だけをもいだもので，網袋（ネット袋）や日持ちを良くする特殊加工のポリ袋などに入れられて流通している．

　主産地は流動的ではあるが西日本では徳島県，大阪府，岐阜県，静岡県などである．関東では千葉県，埼玉県，群馬県が中心で，東北では山形県，秋田県などでコメの減反による転作の影響もあり近年大幅に生産量が増えている．新潟県は枝豆の消費量日本一といわれ，生産量も多い．枝豆の収穫期間は1週間前後と短い．そのため生産者ならびに生産地では早生種から晩生種までの品種を組み合わせ，収穫時期と収穫期間を想定して播種しなければならない．東京中央卸売市場のデータによれば，国内産の出荷は通常5月頃から徐々に多くなり，7～8月に最盛期を迎えている．農林水産省の2006年度の資料によると枝豆の国内生産量は約7万tほどであるが，この生産量の90％は6～9月の4ヶ月間で占められる．つまり消費のピークは暑い夏であることがわかる．

　一方最近は，冷凍技術の進歩や保管・輸送の設備も整ったことから，ビールが年間を通して消費されるのと同じように，海外からの冷凍枝豆も含めて年中出回っているのが現状である．スーパーなどでは台湾産，中国産，タイ産などの冷凍枝豆が年中並んでいる．これら海外からの冷凍品も6万t以上あると推定され，国産・輸入を合わせると年間約13万tの枝豆を食べていることになる．

b. 品種と地域特性

　筆者がタネ屋（種苗会社）の道に入った1975年（昭和50年）頃の主力品種は，生育日数が80～90日程度の早生系品種（'奥原枝豆'，'白鳥枝豆'，'三河島枝豆'）で，これら3品種の系統で全国の大半の需要を担っていたと考えられる．また，この頃は日本経済も好調で，何でも早いものが重宝がられた時代である．枝豆も同じで，他よりも早く市場出荷できる系統を見つけるのが当時の

育種目標の1つでもあった．ところが現在は，以下に示す通り，一部の地域で昔から細々と栽培され続けてきた地方品種が脚光を浴びている．

タネ屋仲間では昔から，「枝豆用のタネの消費量は新潟県が一番多い」といわれていた．一軒の農家で買う量が驚くほど多い．一品種で2～3 l，早生種，中生種，晩生種合わせて3種類，計10 l 程度（昔の単位で約5升）を買う農家はざらであり，もっと多い農家もたくさんある．その新潟県には「ユウナヨ」という品種がある．消費量日本一のなかで最もおいしいとされている枝豆であるがゆえに，他人には「言うなよ」との意味でついた俗名らしい．また，茶豆の系統らしいが見たこともなく食べたこともないが誰が名づけたか「まぼろし豆」という枝豆もあると聞く．

茶豆といえば山形県鶴岡市の「ダダ茶豆」が地域ブランドのごとく有名である．あまりにもおいしい枝豆なのでその家のダダ様（ご主人様）にだけ食べさせたことからこの名がついたものという．

青森県には昔から「毛豆」というおいしい枝豆がある．毛じは茶毛でその毛じがあまりにも多く，洗えば取れるのではあるが見た目には決して新鮮で美味しそうには写らない．しかし一度食べたら忘れられない乳製品を感じさせる味がする．

岩手県には香りが強い「香り豆」，人によっては「におい豆」という品種がある．晩生種でちょうど，中秋の名月の頃にできるため，お月見にお供えする習慣もあると聞く．また，石川啄木の生誕地，玉山村（現 盛岡市）には「雁喰い豆」という黒平豆がある．扁平した黒豆であるが，その中心部は雁が羽を広げあたかも飛んでいるような形に見えることから「雁喰い豆」と呼ばれている．大莢で茶毛のため収穫時の莢は少し黄ばんで見えるが，食感は餅のごとくムチムチ感のあるおいしい枝豆である．成熟させて収穫し，煮豆としての利用も重宝がられている．

宮城県から福島県にかけて「ずんだ豆」と称して薄青色で少し扁平した豆（青平豆・青ばた）がある．これもたいへんおいしい枝豆になる．成熟した豆は菓子，きな粉，ずんだ餅，浸し豆などの加工用途にも多く使われている．

この他にも「丹波の黒豆」を始め日本各地にさまざまなエピソードつきのおいしい枝豆がたくさんある．

c. 枝豆加工品

　ここに「枝豆の豆」という奇妙な商品名のダイズがある．淡い緑色で，確かに見た感じは枝豆の莢から豆だけを取り出したように見えるが，本来の枝豆より大粒である．一粒食べてみる．コリコリした枝豆を食べているようでじつに食感が良い．噛んでいるとほのかな甘味が滲み出てくる．自然の味とはこのようなことなのかなと感じながらまた一粒食べてみる．

　この「枝豆の豆」は何も意識して作ったものではない．ある枝豆のタネ豆（ダイズ）を一晩（約8時間程度）水に浸し，それを熱湯で15～20分程煮た，というただそれだけのものである．味付けなどはいっさいしていないという．有名なスナック菓子のコマーシャルに「やめられない，止まらない」というセリフがあったが，まったくその通りである．おいしい物は誰が食べてもおいしいと思う．このダイズは'秘伝'という品種である．もともとこのダイズは枝豆用として育種されたものだが，最近はそれ以外でもじつに多様な加工食品に利用されている．その理由は定かではないが，この品種を原料として商品化されたものとして，菓子類，豆乳，豆腐，納豆，きな粉，みそ，醬油などがある．最近では豆乳リキュールの酒類商品も開発されている．

　枝豆用の品種も一般用の品種も同じダイズである以上，大きく違うことがあるわけではないが，収量の面でみると枝豆用の品種は（成熟した豆として収穫した場合），一般用品種の70％程度となることが多い．したがって枝豆用品種は生産コストが高くなる．もしも枝豆品種が一般品種と同等の収量，あるいはそれ以上の収量のあるように改良されれば，世界の食品ダイズの歴史を変えることになるかもしれない．

d. おいしい枝豆の作り方

　枝豆の栽培は難しいものではない．土壌条件もあまり制約はない．乾燥する所，水はけの悪い所を避ければほとんどの場所で栽培は可能である．施肥に関しては，窒素成分を少なめにし，リン酸とカリウム成分を多くすること．品種については前項で述べた通り早生種～晩生種まであるので，早く食べたい方には早生種を薦めるが，味を求めるなら晩生種がよいと思う．ただし晩生種の場合は早播きを避けること．花が咲いても実が入らないことが多くなるためである．栽培管理のポイントは，除草を兼ねて土寄せを2～3回はすること．収穫の際には，莢の膨らみを充分に確認すること．あまり置きすぎると葉が黄ばん

でくるので，その前には収穫を終えること等がポイントである．

　枝豆の収穫適期はせいぜい1週間程度しかないので，収穫時期を逃さないよう，普段から注意して見ておくこと．また，枝豆の味は鮮度が重要である．収穫後時間の経過とともに豆の中の糖分が減少するので，できるだけ早く加熱処理して糖の減少を抑えることが大切である．世界一おいしい枝豆は貴方が作ったその物である．ぜひオンリーワンに挑戦してみよう．　　　　〔松浦健一〕

1.4.9　脱脂ダイズ

　油糧種子であるダイズの用途の多くは，サラダ油等に利用されるダイズ油の搾油である．日本は，みそ，醤油，納豆，豆腐等ダイズ種子そのものを利用した食品が数多くあるが，このようにダイズそのものを食用として利用する方が，世界規模で見ると珍しいダイズの利用法である．油糧種子として搾油操作を経たダイズは，あくまで「油かす」であり，食品への利用は困難である．ダイズは油脂含量よりもタンパク質含量の方が多く（表1.13），しかもそのタンパク質は良質なものである．つまり，ダイズは油糧種子というよりもタンパク種子なのである．ダイズの良質なタンパク質を有効利用するには，ダイズからタンパク質抽出において障害となる油を，タンパク質が食品として利用できるレベルで「除去」し，良質な油かす＝脱脂ダイズを得ることが重要である．本項では，ダイズからタンパク質の製造およびその利用を目的とした脱脂ダイズの作製，および脱脂ダイズの食品への利用について述べる．

表1.13　ダイズの一般成分組成（g/可食部100g）
（五訂　日本食品成分表より抜粋）

水　分	タンパク質	炭水化物	脂　質	灰　分
12.5	35.3	28.2	19.0	5.0

a.　低変性脱脂ダイズの作製

　油糧種子からの油脂の製造方法は，抽出法と圧搾法，そしてこの両者を組み合わせ圧抽法の3つの方法がある．ダイズの場合は，溶剤を使って油分を抽出する抽出法が一般的である．脱脂ダイズの製造方法は，このダイズ油の製造方法が基本となる．ここで使用する溶剤は極性の低いヘキサンである．脱脂ダイズはヘキサンによって，中性脂質を中心とする油分を抽出することによって製

造される.

　タンパク質の変性は，溶剤によるものと熱によるものがある．脱脂ダイズは粉砕したダイズを溶剤であるヘキサンに曝し，溶剤を除去後，残存の溶剤を完全に除くため熱を加えることで作製する．つまり脱脂操作では，タンパク質は変性の可能性がある溶剤と熱の両方に曝されているのである．しかしながら室温でこの脱脂操作を行うとタンパク質はほとんど変性しない．つまり脱脂操作によるタンパク質の変性を抑えるには，加熱をどれだけ抑えるかがキーとなる．抽出法によって油分を効率よく抽出除去するには，溶剤に曝す前のダイズの前処理が必要である．その方法はダイズを脱皮し，その後ローラーにかけてフレーク状にする圧扁と呼ばれる工程にかけるものである．フレーク状にされたダイズは，細胞壁が破壊され，細胞内部にまで溶剤が浸透しやすい状態になり，溶剤と油分の置換効率が向上する．さらにその後の溶剤の除去効率も向上し，そのための加熱温度を低く抑えることができることで，タンパク質の変性が抑えられた低変性脱脂ダイズを得ることができる.

b. 低変性脱脂ダイズ中のタンパク質

　脱脂ダイズ中のタンパク質の構成は，プロテインボディー中に存在する貯蔵タンパク質，プロテインボディーやオイルボディーの膜に存在する膜タンパク質，そしてリポキシゲナーゼやアミラーゼ，さらにトリプシンインヒビター等の機能性タンパク質である．このうち食品として利用されるダイズタンパク質の成分は，貯蔵タンパク質と膜タンパク質である．低変性脱脂ダイズの電子顕微鏡観察によると，低変性脱脂ダイズは脱脂工程がマイルドなため，ダイズ種子中の状態をほぼ保持し，プロテインボディーがそのまま保持された形で存在している．したがって，プロテインボディーの貯蔵タンパク質も大きな変性を受けることなく構造が保存さていると考えられる．また，オイルボディーも中の油分は抜き取られているはずであるが，形状はもとの状態を保持したままであることが見て取れる（図 1.25）．このことから，プロテインボディーやオイルボディーを構成する膜組織中の膜タンパク質も大きなダメージは受けていないと考えられる．こうして得られた脱脂ダイズの組成は大まかに，少糖類などの低分子糖類，繊維類（おから），灰分そしてダイズタンパク質であり，ダイズタンパク質は乾物あたり 50〜57% を占めている．

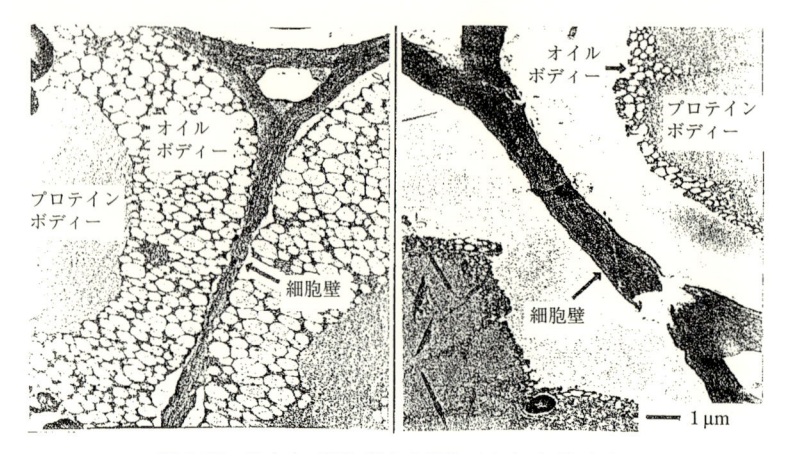

図1.25　ダイズの組織（左）と脱脂ダイズの組織（右）

c. 低変性脱脂ダイズの利用―濃縮ダイズタンパク質

　ダイズタンパク質の有効な利用のためには，この脱脂ダイズからダイズタンパク質を効率よく取り出す，逆にいえば，少糖類，繊維類，灰分の効率よい除去操作が必要となる．

　少糖類，繊維類，灰分の効率よい除去操作の考え方が，濃縮ダイズタンパク質の製造である．これには含水エタノールを使用する方法（アルコール洗浄法）と酸溶液を使用する方法（酸洗浄法）の2通りあり，ともに脱脂ダイズから大まかには少糖類と灰分を除去することになる（図1.26）．両者の違いであるが，アルコール洗浄法では，ダイズの悪風味に影響するとされるフレーバー成分や，極性油脂成分，ダイズイソフラボン，サポニンといった微量成分が除去されるので，風味は比較的良好とはなるが，アルコール洗浄工程で含水エタノールに晒されることや加熱の影響で，タンパク質が変性してしまい溶解性は著しく低下する傾向にある．酸洗浄法はタンパク質の変性は抑えられた方法ではあるが，酸に溶解するタンパク質（ダイズホエータンパク質）は除去されてしまう．逆に微量成分である極性油脂成分，ダイズイソフラボン，サポニンは濃縮タンパク質側に残存する．いずれの方法でも，得られた濃縮タンパク質はタンパク質純度が60～80％程度となっており，脱脂ダイズと後述の分離ダイズタンパク質の中間的存在である．

〈アルコール洗浄法〉

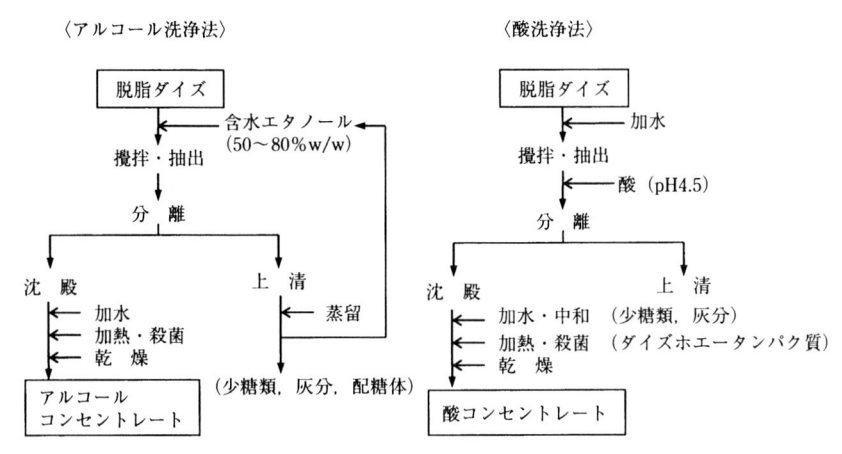

```
     脱脂ダイズ
        ↓ ←── 含水エタノール
   攪拌・抽出      (50～80%w/w)
        ↓
      分　離
      ┌──┴──┐
      ↓      ↓
     沈殿    上清
      ↓←加水   ↓←蒸留
      ↓←加熱・殺菌
      ↓←乾燥
   アルコール   (少糖類，灰分，配糖体)
  コンセントレート
```

〈酸洗浄法〉

```
     脱脂ダイズ
        ↓ ←── 加水
   攪拌・抽出
        ↓ ←── 酸 (pH4.5)
      分　離
      ┌──┴──┐
      ↓      ↓
     沈殿    上清
      ↓←加水・中和  (少糖類，灰分)
      ↓←加熱・殺菌 （ダイズホエータンパク質）
      ↓←乾燥
   酸コンセントレート
```

図1.26　濃縮ダイズタンパク質の製造法

d. 低変性脱脂ダイズの高度利用—分離ダイズタンパク質

　低変性脱脂ダイズからダイズタンパク質だけを効率よく取り出したものが分離ダイズタンパク質である．ダイズタンパク質の等電点沈殿を利用した方法により製造され，タンパク質純度は90％前後にまで向上している．分離ダイズタンパク質の基本製法を図1.27に示す．

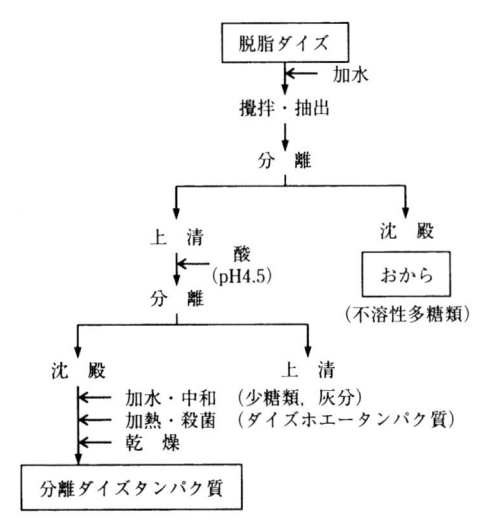

```
            脱脂ダイズ
              ↓ ←── 加水
           攪拌・抽出
              ↓
            分　離
          ┌──┴──┐
          ↓      ↓
         上清    沈殿
          ↓←酸         おから
          ↓ (pH4.5)    (不溶性多糖類)
        分　離
      ┌──┴──┐
      ↓      ↓
     沈殿    上清
      ↓←加水・中和  (少糖類，灰分)
      ↓←加熱・殺菌 （ダイズホエータンパク質）
      ↓←乾燥
  分離ダイズタンパク質
```

図1.27　分離ダイズタンパク質の製造フロー

分離ダイズタンパク質は，加熱殺菌工程を経ているのでタンパク質は変性し，ダイズタンパク質本来のものとは異なった独自の機能特性（溶解性，ゲル化，乳化，組織化）を有しており，これら特性を活かし，多くの食品加工の製造時に利用されている．さらに，この独自の特性を活かしたダイズタンパク質素材（ダイズタンパク二次加工品）が製造されるようになる．たとえば，一般的な市販の豆腐は冷凍してしまうと，凍結時の豆腐中の水分の氷結晶形成のため解凍後「す」が入ったような状態になり，凍結前後で組織の状態がまったく異なることで（図1.28 a, b），いわゆる氷豆腐（高野豆腐）というまったく別の食品形態になってしまう．同じ豆腐を分離ダイズタンパク質から製造する場合は，その独自のゲル化性や乳化性を利用することで，水と油を加え乳化混合物である「豆腐カード」を作製し，これを加熱凝固することにより，凍結解凍前後の組織の状態にほとんど変化が認められない冷凍耐性豆腐を製造することができる（図1.28 c, d）．こうして得られた豆腐様食品は，品質が安定し，冷凍できるため衛生上の問題もなく，夏場に豆腐を使用しづらい学校給食への利用が可能となるなど，新しい豆腐のジャンルを形成している．さらにこの「豆腐カード」をベースにしたがんもどきや油揚げもあり，このうち油揚げは着味し，乾燥しても短時間で湯戻りする特徴を付与することで，即席めん用の乾燥油揚げなど，いろいろな食場面に利用されている．

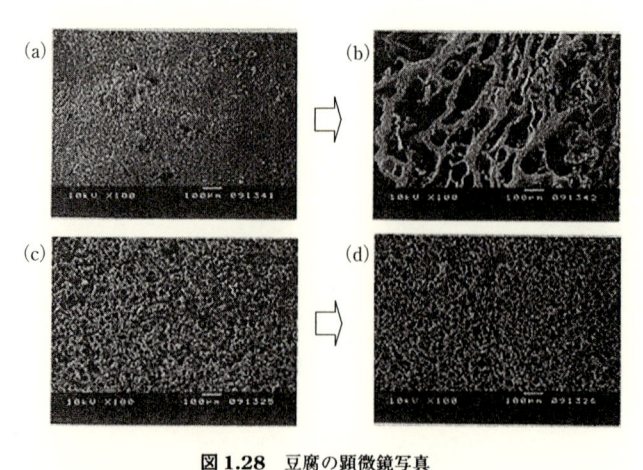

図 1.28　豆腐の顕微鏡写真
　(a)　市販絹ごし豆腐・凍結前，(b)　同・凍結解凍後，(c)　豆腐カード利用豆腐・凍結前，(d)　同・凍結解凍後．

e. 低変性脱脂ダイズの高度利用―分離ダイズタンパク質の分画

分離ダイズタンパク質は，貯蔵タンパク質と膜タンパク質から構成されている[1]．このうち貯蔵タンパク質は，グリシニンと β-コングリシニンがその大部分を占めている．低変性脱脂ダイズの利用，さらには分離ダイズタンパク質の高度利用として，その機能特性を利用したものと，生理機能を利用した用途がある．分離ダイズタンパク質の生理機能研究は数多く検討され，多くの生理機能が報告されている．現在，分離ダイズタンパク質の生理機能が，それを構成するどのタンパク質画分に特化しているのかの研究が進められており，それにより，目的とする生理機能に特化した成分を少量だけ摂取することで，各個人レベルで身体の健康を維持することが考えられるようになってきた．

最近の研究では，貯蔵タンパク質のうちでも β-コングリシニンに，ダイズタンパク質で報告されていた血中中性脂肪低下効果や体脂肪（内臓脂肪）の低下効果が認められ（図1.29）[2]，その効果がメタボリックシンドロームのキーファクターであるインスリンの作用に関与していることが明らかとなってきた[3]．

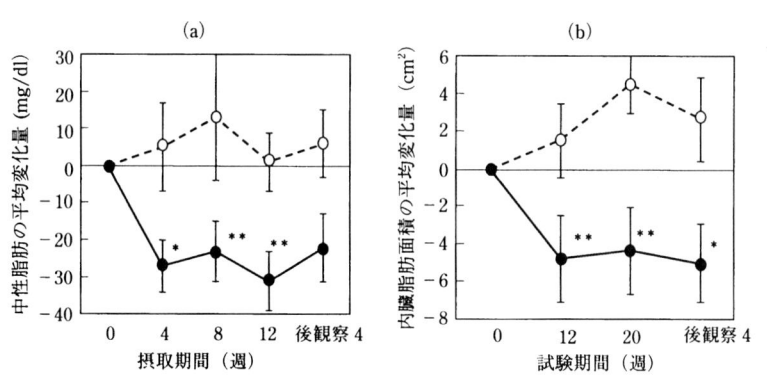

図 1.29 β-コングリシニンの生理作用
実線が投与群，破線が対照群．(a) 血中中性脂肪低下効果（高中性脂肪気味健常男女138名），(b) 内臓脂肪低下効果（高BMI健常男女102名）．2群間で有意差あり：$^{*}p<0.05$，$^{**}p<0.01$；有意傾向，$p<0.1$．

f. まとめ

ダイズはさまざまな機能をもち，いろいろな食品形態で利用されてきた．現在でも，その伝統的な食品は今もたくさん食されている．本項でまとめた脱脂

ダイズからのタンパク質の分離は,この伝統的な食品をベースに置きながら,ダイズ成分のさらなる高度利用を目指したものである.さらに「ダイズは身体に良い」と漠然と語られることが多いが,分離ダイズタンパク質を分画した成分を研究することで,ダイズの「何が」,身体の「何に良いのか」までも明らかにされ,ダイズのさらなる高度利用につながることが期待される.

〔河野光登〕

引用文献

1) Samoto, M., *et al.* (2007):*Food Chemistry*, **102**:317-322.
2) Kohno, M., *et al.* (2006):*J. Atheroscler. Thromb.*, **13**:247-255.
3) Tachobana, N., *et al.*, (2010):*Biosci. Biotechnol. Biochem.*, **74**(6), 1250-1255.

第2章

アズキ

2.1 日本と世界における栽培と利用の現状

アズキ (*Vigna angularis* (Willd) Ohwi & Ohashi) は，日本では漢字で「小豆」と表記される豆で，赤飯や汁粉，牡丹餅などのお祝い行事で特になじみの深い豆作物である．また，まんじゅう，どら焼き，大福餅などの和菓子の原料として，欠かすことのできない伝統的な食材の1つである．日本では，『古事記』ですでに記述がみられるように，古くから栽培されてきた伝統的な作物で，現在でも北海道から九州まで多くの農家で栽培されている．現在，国内で一般的に栽培・利用されているのは，種皮の色が赤いいわゆる「小豆色」の種類だが，アズキの種皮色はこのほかに黒，緑，灰白，黄白や，さらにそれらに黒の細かい斑紋が入ったものなどがある．このうち，黄白のものは「白小豆」と呼ばれ，国内でもわずかではあるが一般流通している．

国内での栽培は，北海道と本州のごく一部の地域を除くと自家消費用が中心で，流通しているアズキの大部分を北海道産が占めている．北海道以外では，「丹波大納言」という銘柄を生産している，京都府北部と兵庫県北部の内陸にまたがる丹波篠山地方や，「備中小豆」で知られる岡山県備中地方が，まとまったアズキ産地として知られている．最近では，各県の地元の菓子業者の要望により，地場の特産アズキを振興しようとする動きもみられている．2008年の全国の栽培面積は 32100 ha で，そのうち北海道が 23400 ha（72.9%）を占めている．2位は兵庫県の 680 ha で，岩手，福島，京都を含めた1府3県が 600 ha 台である．

国内のアズキ消費量と加糖あん輸入量の推移を図2.1に，主産地北海道でのアズキの栽培面積の推移を図2.2に，十勝地方の10aあたり収量の推移を図

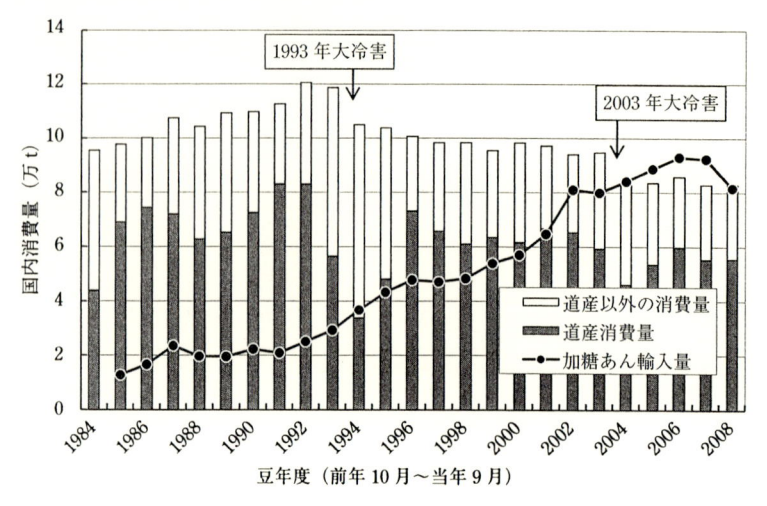

図 2.1 アズキの国内消費量，加糖あん輸入量の推移（雑豆に関する資料より）

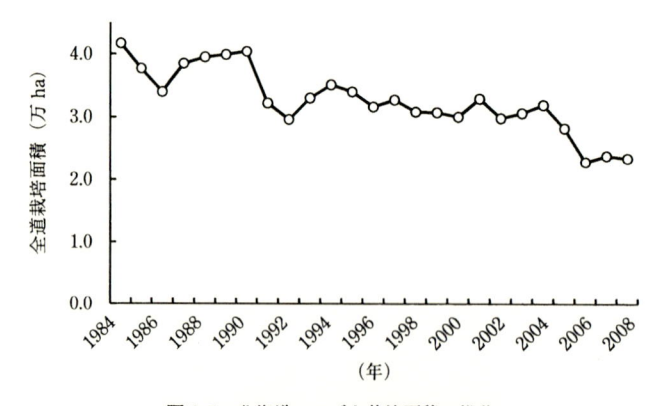

図 2.2 北海道のアズキ栽培面積の推移

2.3 に示す．北海道産のアズキは，国内の菓子・製あん業者から品質を高く評価されている．しかし，低温に弱い作物であるため，冷害年には生産量が極端に少なくなり[20]，国内需要を満たすことができず，おもに中国からの輸入により不足分を補っていた．その後，国内需要のうち，低価格向けの一部が価格の安い中国産に置き換わられ，北海道産アズキの需要が減少した．さらに，最近ではもっと価格の安い加糖あんの輸入が激増し，低価格商品に使用されるようになった．現在では国内のアズキ消費量のうち，約半分が国産，1/4 が輸入ア

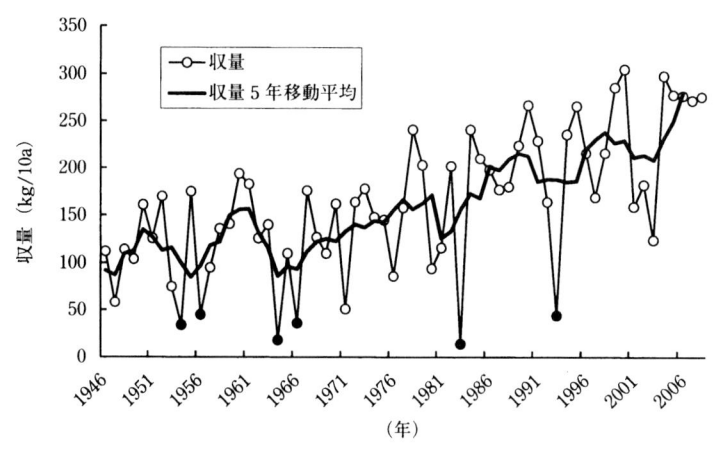

図 2.3 十勝地方におけるアズキの収量
●は大冷害年を示す.

ズキ，1/4 が輸入加糖あん，という住み分けができた状態になっている．

　アズキは，北海道では重要な畑作物の1つとして輪作に組み込まれている．製あん原料として広く使用される「普通小豆」と，子実が大粒で甘納豆など粒の形を残す用途に用いられる「大納言小豆」が，ともに広く栽培されている．北海道立十勝農業試験場（現　北海道立総合研究機構　十勝農業試験場）で品種改良を行っており，特に1974年からは農林水産省の「小豆育種指定試験」に指定され，耐冷性や耐病性の向上，収量の改善が進められ，2010年現在11品種が北海道の優良品種に認定されている．また，農業現場でも輪作の重要性が認識されて適切な輪作体系が守られるなど，技術水準が向上した．その結果，図2.3に示すように，1980年には150 kg/10 a を少し超える程度であった十勝地方の平均収量は，最近では200 kg/10 a を大きく上回る水準にまで高まった．国産アズキの需要が減少する一方，収量水準が上がった結果，1980年代前半には4万ha近くあった栽培面積は2.5万ha程度にまで減少している．

　本州以南のアズキ栽培は，主として高齢な農業従事者により自家消費用に栽培されている．優良品種を定めている府県はわずかで，在来種がおもに栽培され，適切な栽培技術が指導されている地域はまれである．このため，生産はきわめて不安定であるとともに，高齢従事者の引退が進んで減少傾向にある．さらには，栽培面積の増減は，農業政策にも大きく左右され，ダイズ作の振興に

より同じ豆類のアズキ栽培からダイズ栽培に切り替える農家が増加したこともあって，この10年で栽培面積はほぼ半減した．

日本以外でアズキが栽培されているのは，中国（台湾を含む），韓国，ネパール，ブータン[13]，ベトナム[12,21,22,23]，オーストラリア，カナダ，アメリカ，アルゼンチン，そして，おそらく北朝鮮である．このうち，アズキを食べる文化を国民全般が広くもつのは，日本を含む極東アジアだけである．ネパール，ブータン，ベトナムは，限られた一部の民族だけが栽培して自家消費しているようである．アジア以外の国では，もともとアズキを食べる文化がなく，大半が日本・中国・韓国向けに輸出する目的で栽培されている．

最大の生産国は中国で，20万ha以上栽培されていると推測されるが，生産量の3分の2程度が国内で消費され，残りが日本や韓国に豆や加工品として輸出されている．北米での栽培は，現在ではかなりの部分が日本との契約栽培に限られるようで，生産量はアメリカとカナダを合わせて4～5千tである．最近の穀物国際価格の高騰によりダイズに対する優位性がなくなり，栽培は頭打ちのようである．オーストラリアでは，干ばつなどで生産が安定しないが，最近は韓国への輸出に力を入れているようである．アルゼンチンでのアズキ栽培も，生産性がダイズに比べて低く，品質的にも日本向けに適するものができないなどで，減少傾向にある．

2.2 遺伝と形態

2.2.1 一般的な形態

ダイズやインゲンマメが，子葉を地上に持ち上げてくる地上子葉型であるのに対し，アズキは，子葉を土の中に残してくる地下子葉型である．出芽時，最初に展開するのは双葉の初生葉である．初生葉の次からは，3枚の小葉をもつ本葉が互生して展開する．各葉の出葉位置を節と呼ぶ．初生葉および下位の本葉の腋芽は分枝になるが，途中から上の節の腋芽は通常すべて花芽となる．アズキは本来短日植物であり，どの節から上が花芽になるかは，短日感光性の強弱と生育時の日長によって変わる[25]．また，どこまで節が増えて伸長するかは，感光性の強弱，播種時期，品種と気温[26]により変わる．花芽は，発達すると花柄を伸ばしてその先端に苞に包まれた花房を形成し，花房内では節あた

り2または3花をつける花節が数節ある花梗(かこう)が発達する．主茎・分枝ともに，下位節についた花房の下位の花節の花から順次開花していくので，個体全体では下から上に花が咲き上がっていく．そのため，開花期間は非常に長く，25日～50日に及ぶ．花の構造（図2.4）[8]は他の豆類と同様に，外側から旗弁(きべん)，翼弁(よくべん)，竜骨弁(りゅうこつべん)で構成されており，花色は黄色である．品種によっては，旗弁の裏に薄い赤紫の微細な斑点が入る．竜骨弁は，先端が開口した筒状でわずかに湾曲し，中に1本の雌蕊(しずい)と10本の雄蕊(ゆうずい)を包み込んでおり，自家受精する．受精後，雌蕊基部に開花時にすでに形成されている莢が伸長・肥大し，温度によるが30～45日で成熟する．開花した花のうち，成熟した莢になるのは3分の1～半分程度で，他の花は開花後1～2日で落花するか，莢伸長のごく早期に落莢する．莢は最初の10日間くらいはほとんど肥大せずに伸長し，その後子実の発育に伴って肥大する．ダイズやリョクトウのように自然裂莢することはまれである．開花期間が長いため，早く開花した莢と遅く開花した莢では，成熟莢になるのが1ヶ月以上ずれる場合がある．成熟した莢はわずかに湾曲し，白褐色から黒褐色の品種固有の色を呈する．長さは5～十数cmで，1莢あたり平均で4～7粒，多い莢で12粒程度の子実が入る．成熟した子実の大きさは，百粒重10～20gが一般的だが，30g近くになる品種[5]もある．おおよそすべての莢が成熟する頃には，葉は黄変して葉柄ごと落葉し，茎と花柄，莢のみとなる．

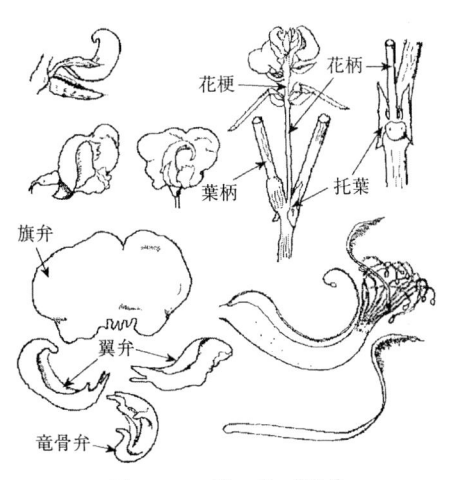

図2.4　アズキの花の構造[8]

2.2.2 種皮色

種皮色は，地色と斑紋によって区別され，その遺伝様式は，1917年に高橋ら[24]によって体系的にまとめられたのが基本となっており，その際用いられた遺伝子記号を用いて紹介する（表2.1a, b）．

地色は，赤，黄白（以後，白とする），灰白，緑，茶，黄，黒がある．このうち，灰白，緑，茶は区別が難しい場合が多い．地色に主としてかかわる遺伝子は5つある．白と赤は，赤を発色する1つの遺伝子Rの有無により，白（r）が赤（R）に対して劣性である．灰白，茶の発現には，Rの存在が必要で，それに加えて別の遺伝子が関与する．灰白は，赤（R）の発色を抑制する優性遺伝子Hの存在により発現する．茶は，灰白の上に茶を発色させる優性

表 2.1a アズキ種皮色の遺伝子と作用（文献[24]より作成）

遺伝子	作　用	優　劣
R	赤を発色	*
Z	Rによる赤の発色を種皮全面に広げる	完全優性
H	Rによる赤の発色を抑制し種皮を灰白にする	完全優性
G	淡緑色を発色．ただし赤発色下では抑制される	完全優性
F	R, Hの存在下で淡褐色を発色	完全優性
M	Rの存在下で黒の斑紋を発色	不完全優性
C	Mによる斑紋の黒を種皮全面に拡散	完全優性

＊：Zの存在下では完全優性だが，zzの場合は不完全優性．

表 2.1b アズキ種皮色の遺伝子型と種皮色の関係（文献[24]より作成）

遺伝子型	種皮色	呼　称
RZhgfm–	赤の単色	赤
r――	白の単色	白
RZh–Mc	地色赤，黒の全面斑紋	赤斑
Rzh–m–	地色白，赤の部分斑紋	赤姉子
Rzh–Mc	地色白，赤の部分斑紋の中に黒の斑紋	赤姉子斑
Rz–MC	地色白，黒の部分斑紋	黒姉子
RZHgfm–	灰白の単色	灰白
RZHgfMc	地色灰白，黒の全面斑紋	灰白斑
RZHGfm–, r–Gfm–	淡緑の単色	緑
RZHGfMc	地色淡緑，黒の全面斑紋	緑斑
RZHgFmc	淡褐の単色	茶
RZ–MC	黒の単色	黒

遺伝子Fの存在により発現する．黒は，後述するMによる黒斑紋を種皮全面に拡散する優性遺伝子Cの存在により発現し，MとCは連鎖しているとされる．緑は，赤の発色がない（r）かHで抑制された条件下（RH）で，緑を発色させる優性遺伝子Gの存在により発現する．黄の遺伝様式については，まだ不明である．

斑紋には，種皮全体に黒の小さな斑紋が現れる全斑紋と，臍を取り囲むように種皮の一部分が赤または黒に着色し，その縁辺部に同じ色の小さな斑点が現れる部分斑紋の2種類がある．前者を"斑（ぶち）"，後者を"姉子（あねこ）"と呼んでいる．斑は遺伝子Mに支配され，赤の遺伝子Rの存在下で発現し，赤，灰白，緑の地色に黒の斑紋を付加する．無斑紋（m）とは不完全優性，すなわちヘテロ型（Mm）ではホモ型（MM）に比べてまばらな斑紋となる．一方，姉子は遺伝子Rによる赤の発色を種皮全体に広げる優性遺伝子Zの不在により発現（Rz）し，地色は白となる．これに黒の遺伝子MCが加わると，赤い部分が黒に変わった姉子，すなわち黒姉子となる（表 2.16）．

赤色の中でも，品種や環境条件によって色合いや濃淡に大きな変異があり，アズキの品質を左右する．このため，特に温度や収穫時期との関係で研究が進められ[1,2,3,14,15]て知見が蓄積されている一方，遺伝にかかわる研究例[18,19]は少ない．

2.2.3 熟莢色

未熟莢は葉緑素を含んで緑色だが，成熟して水分が抜けた熟莢は品種固有の色となる．すなわち，黒褐色，茶褐色，灰白色，灰褐色の4種類である．これらは2対の遺伝子座により説明されている．すなわち，2対とも優性が黒褐色，2対とも劣性が灰褐色，優性と劣性1対ずつが茶褐色と灰白色である．このうち，灰白色と灰褐色の違いは非常にわかりづらい．また，茶褐色と分類される品種にも，かなり濃くこげ茶色と呼ぶべきものから薄いものまで変異があり，主働遺伝子以外の関与が示唆される．

2.2.4 蔓と蔓化

現在広く栽培されているアズキには蔓性の品種はなく，茎長は50 cm前後からせいぜい1 mである．しかし，保存している遺伝資源のなかには，茎長

が北海道でも1.5m以上になり，栽培に支柱を要するものがいくつかある．そのうちの1つ"黄金大納言"は，かつて，空間をうまく利用できて受光態勢が良くなるよう上手に栽培すると極多収が得られる，という噂が広がったことがある．

蔓の有無は，1対の遺伝子座に支配され，蔓性が劣性である．蔓性個体では，上胚軸やその上の節間長が非蔓性個体に比べて明らかに長いため，生育初期の蔓が出る前から区別がつく．しかし，無限伸育性であるアズキでは，生育中期以降に水分と窒素供給が潤沢で，かつ，高温に推移するような条件では，非蔓性品種でも生育後半に上位節間が伸びて蔓化することがしばしばある．筆者は，北海道の後志地方で，優良品種である"エリモショウズ"の主茎長が2mを超えている農家の畑を見たことがある．

2.2.5 最下着花節位と成熟期（感光性）

2.2.1項で記載したように，アズキの葉腋に生じる腋芽は，下位節では分枝になるが，特定の節位から上は花芽になる．花芽になる最も下の節位を最下着花節位と呼び，主として品種と日長によって差がみられる．品種による差は，主として感光性と呼ばれる日長に対する感受性の差である[25]．アズキは本来，短日植物，すなわち暗期の長さが一定以上に長くならないと花芽を生じない特性をもち，その限界の暗期の長さが品種によって異なる．一般には，低緯度で栽培される品種群ほど長い暗期すなわち短い日長を必要とし，高緯度では，それらより長い日長でも花芽を生じる傾向がある．夏の日長が長い高緯度地域では，短い日長を必要とすると，花芽は夏遅くならないと形成されず，その結果，莢が成熟する前に秋の気温が下がって霜害を受ける危険性が高くなる．北海道で栽培されている品種は感光性がほとんどないと考えられ，16時間程度の長日下でも花芽を形成する．

北海道の優良品種は，すべて最下着花節位が3～4節で，7月下旬に最も下位節の花が開花し始める．花芽の分化は開花の20日以上前に始まる[27]ので，最も日長が長い6月末～7月初めに花芽が分化し始めることになる．すなわち，日長に関係なく積算温度が一定に達すれば花芽ができる，感温性に支配されていると考えられる．しかし，東北北部の在来種を北海道で栽培すると，最下着花節位は7～8節，お盆頃に開花が始まり，さらに南の在来種の多くでは，

2.2 遺伝と形態

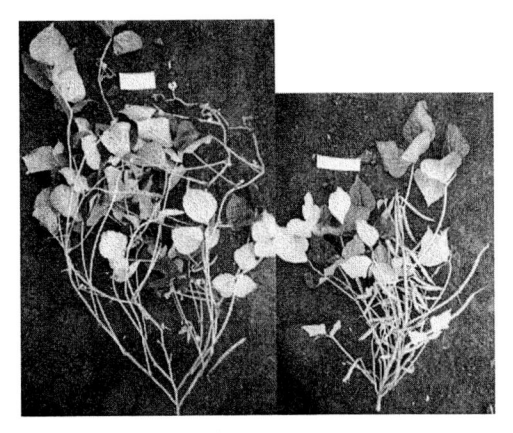

図 2.5 極晩生（感光性）在来種（左）と北海道の
品種（右）の比較
十勝農業試験場にて 9 月上旬撮影.

最下着花節位は 10 節以上，9 月に入る頃にようやく開花が始まる（図 2.5）.
これらは当然極晩生で，未成熟のまま霜害を受けることとなる.

　感光性の遺伝についてはよくわかっていない．しかし，育種場面では，病害抵抗性などの交配母本として感光性の遺伝資源を片親に用いることがあり，それらの組合せでは，F_2 世代で大半の個体が感光性（極晩生）になる．また，感光性のない北海道の品種や系統間同士の交配でも，F_2 世代で大半の個体が感光性（極晩生）になることが少なくない．このことは，感光性が 2 つ以上の優性遺伝子により，抑制などの上位性を伴って主働支配されていることを示唆している．

2.2.6 粒　　大

　粒大は，品種固有の特性の 1 つであるが，環境の影響を受けやすい特性でもある[34,35]．日本国内では，アズキは，普通小豆，大納言小豆，白小豆の 3 つの種類に分類されて流通している．アズキの野生種とされるヤブツルアズキ（*Vigna angularis* var. *nipponensis*）の百粒重は 1～3 g 程度ときわめて小粒だが，現在流通しているアズキでは，普通小豆で 14～16 g 程度，大納言小豆で 20～25 g，あるいはそれ以上である（図 2.6）.

　粒大は，いわゆるポリジーンに支配されていると考えられる．加賀ら[11,28]

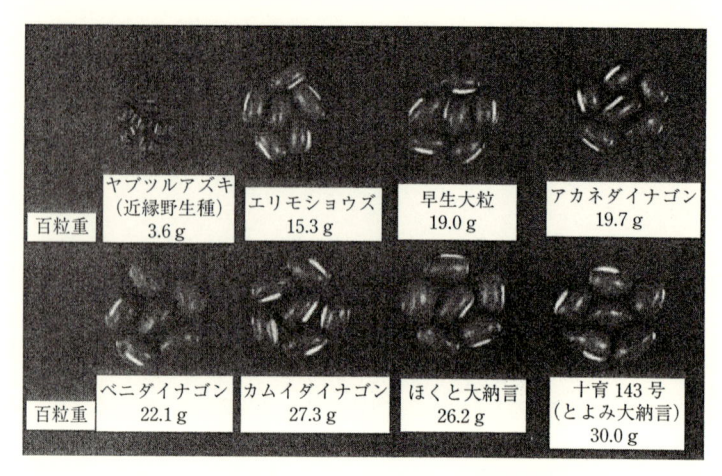

図 2.6 アズキ品種による粒大の違い（十勝農業試験場産）

は，野生アズキから栽培アズキへの大粒化の進化の過程で少なくとも5つの遺伝子座がかかわったとしている．著者[19]は，2組合せの交配の後代を用いた模擬選抜実験により狭義の遺伝率を 0.55〜0.78 程度，また，用いた組合せでは粒大が大きい方が優性であると推定した．

2.2.7 小葉の形

アズキの本葉は，3枚の小葉からなる複葉で，小葉の形は一般的には先端がわずかに尖った円形，または丸みを帯びた三角形である．上位葉では，基部にわずかな突起を生じて広幅の短剣に似た形になることがある（広葉剣先）．遺伝資源や一部の古い品種には，下位の葉から明確な突起のある剣形になるも

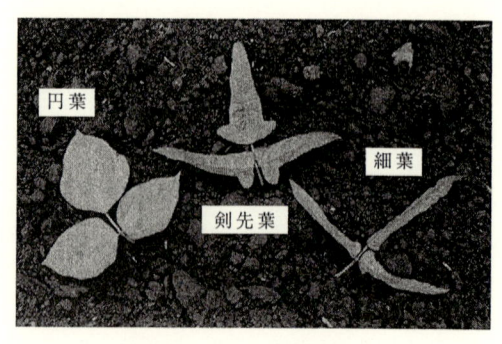

図 2.7 アズキの小葉の形

の，さらに突起がほとんどなくなり全体が細長いもの（細葉）がある（図2.7）．小葉の形は複数の主働遺伝子支配と考えられるが，円葉と剣先や細葉との交配後代では，中間的なさまざまな形の個体が分離してくるなど，完全には解明されていない．

2.2.8 病害抵抗性

アズキにはさまざまな病害があるが，北海道で重要なものとして，土壌中の菌（カビ）が原因となり薬剤による防除が困難な3つの病害がある．アズキ落葉病（原因菌 *Phialophora gregata*），アズキ茎疫病（*Phytophthora vignae*），アズキ萎凋病（*Fusarium oxysporum* Schlechtendehl f. sp. *adzukicola*）である[6]．十勝農業試験場ではこれら3つの病害に対する抵抗性品種の育成を進め，すでに3つすべてに抵抗性をあわせもつ品種[4]を育成している．

落葉病抵抗性は1遺伝子座の優性遺伝子支配[6]で，この遺伝子座は，萎凋病レース3抵抗性遺伝子（1つの優性遺伝子）[9]座と，きわめて強い連鎖か同一遺伝子による多面発現であると推定され，DNAマーカーが開発されて[32]十勝農業試験場での抵抗性選抜に利用されている．また，茎疫病には現在5つのレースが確認されている[16,17,29]が，そのうち北海道で最も優占するレース3，およびレース1，4に対する抵抗性は，それぞれ別の遺伝子座の優性遺伝子支配であると推定されている[6]．

2.2.9 遺伝子地図

アズキの染色体数は，$2n=22$ である．アズキの遺伝子地図は，独立行政法人 農業生物資源研究所を中心にDNAマーカーを用いて作成され[7,28]，すでに品種鑑定に活用されている．今後，進化の研究や育種への活用が期待される．

〔島田尚典〕

引用文献

1) 浅間和夫ほか(1984)：北農，51：6-11．
2) 藤田正平ほか(1989)：日本育種学会・作物学会北海道談話会報，30：47．
3) 藤田正平ほか(1990)：日本育種学会・作物学会北海道談話会報，31：46．
4) 藤田正平ほか(2002)：北海道立農業試験場集報，82：31-40．
5) 藤田正平ほか(2003)：北海道立農業試験場集報，84：25-36．

6) 藤田正平(2007)：北海道立農業試験場報告，115.
7) Han, O. K., et al. (2005)：*Theoretical and Applied Genetics*, **111**：1278-1287.
8) 星川清親(1980)：新編食用作物，p.463，養賢堂.
9) Kondo, N., et al.(1990)：日本植物病理学会報, **56**：677-679.
10) 近藤則夫(1995)：北海道大学農学部邦文紀要, **19**(5)：411-472.
11) Kaga, A., et al. (2008)：*Genetics*, **178**：1013-1036.
12) 小林　勉ほか(1994)：植物遺伝資源探索導入調査報告書植探報, **10**：141-169.
13) 村田吉平ほか(1995)：日本育種学会・作物学会北海道談話会報, **36**：120-121.
14) 長岡泰良・沢田壮兵(1998)：日本育種学会・作物学会北海道談話会報, **39**：119-120.
15) 長岡泰良・沢田壮兵(1999)：日本育種学会・作物学会北海道談話会報, **40**：117-118.
16) Notsu, A., et al. (2003)：*J. Gen. Plant. Pathol.*, **69**：39-41.
17) Ogura, R. (2008)：*Jpn. J. Phytopathology*, **74**：79.
18) 島田尚典・千葉一美(1991)：日本育種学会・作物学会北海道談話会報, **31**：47.
19) 島田尚典(1993)：北海道立農業試験場集報, **65**：11-20.
20) 島田尚典ほか(1994)：日本作物学会紀事, **64**：159-165.
21) 島田尚典ほか(2001)：植物遺伝資源探索報告書, **17**：81-104.
22) 島田尚典(2004)：豆類時報, **34**：20-26.
23) 島田尚典(2004)：豆類時報, **35**：16-22.
24) 高橋良直・福山甚之助(1917)：北海道農事試験場報告第7号.
25) 田崎順郎(1965)：日本作物学会紀事, **34**：14-19.
26) 田崎順郎(1965)：日本作物学会紀事, **34**：20-24.
27) 田崎順郎(1977)：新潟大学教育学部研究集録，第1号（栽培関係）：113-118.
28) 友岡憲彦ほか(2008)：豆類時報, **51**：29-38.
29) 土屋貞夫ほか(1990)：日本植物病理学会報, **56**：144.
30) 由田宏一(1987)：北海道大学農学部邦文紀要, **15**：385-434.
31) 由田宏一ほか(1990)：日本作物学会紀事, **59**：450-454.
32) 吉井孝光ほか(2005)：日本植物病理学会報, **71**：81.

2.3　栽　培　方　法

2.3.1　生理・生態

a.　栄養成長

　種子は胚（子葉）に多量のデンプンを含む．播種された種子は，主として臍部の端にある種瘤（しゅりゅう）から吸水して発芽を開始する．発芽の最低温度は約6℃，最適温度は30～34℃，最高温度は42～44℃である[3,9]．子葉は下胚軸が5mm程度しか伸びないため，地中に留まる地下子葉（hypogeal cotyledon）型である．

　草丈は30～70cmとなり，蔓性のものでは1～3mになる．茎色は緑，少数の品種では赤紫色を帯びる．普通第3節以上から4～5本の分枝を生じ，さら

に2次分枝が出ることもある．他のマメ科作物と同様，葉枕部は就眠運動を行う．根は直根が約50cm伸び，それから数本の太い支持根が出て，まばらな根系を作る．根粒は Bradyrhizobium 属の根粒菌との共生により形成され，第1本葉展開頃から形成され始める．

b. 生殖成長

花序原基は開花23日前頃，花の原基は21日前頃に分化し，花の完成は開花2日前である[11]．開花は午前中に行われる．花の中で花糸が伸びて葯が柱頭下部に達し，開花時に葯が裂開して花粉が自家の柱頭に着く．主として自家受粉である．開花温度の最低は20℃，最高30℃である[1]．開花期間は35～40日に及ぶが，そのうち最初から25日間に開花したものが結莢しやすく，それより後に開花したものはほとんど落莢する．莢長は開花後10日頃まで，厚さは5日目から15日目頃までは急速に，以降は緩やかに増し，25～30日目に最高になり，黄変してからはわずかに縮小し，開花40～45日に表層が崩壊して褐変する[12]．莢は普通1株に5～40莢つく．成熟すると莢は黄褐色から黒色となり，自然裂開して種子が弾け出る．

アズキの成熟は斉一ではなく，すべての莢が成熟するまで約1ヶ月を要する．このため，小規模栽培では，成熟莢を順次手摘みする．十勝地方では大部分の莢が成熟するのを待ち，落葉してから機械収穫される．乾燥が十分でないとアズキゾウムシの被害を受けやすい．

c. 品種特性

多くの品種があるが，感温，感光性により，夏アズキ，秋アズキ，中間型アズキの3型に分けられる．Kawahara (1959)[5] は，開花までの日数（短～長：I～V）と結実に要する日数（短～長：a～e）を組み合わせて19種の生態型に分類した．これによると，日本全国の品種分布は北海道ではId～IIIcの極早生～中生で，夏～中間型のものに限られているのに対し，東北にはId，IIa～Vdの極早生から極晩生までのあらゆる型が分布している．関東・北陸以南では型が比較的少なく単純である．

流通時の銘柄区分は，北海道では，百粒重が17g以上のものを「大納言」と総称し，それ以下のものを「普通小豆」としている．

d. 気象条件と成長

アズキの生育は温暖な気候が適し，播種から開花始めまでは積算1000℃以

上を要する．また，成熟期は，やや冷涼で乾燥な気候が望ましいが，霜には弱い．生育期間の短い品種があるので，比較的冷涼地でも栽培できる．日本と中国における栽培地帯は北緯35～47°の範囲にある[7]．わが国では北海道が主産地となっているが，北海道の主要作物のうち最も不安定な作物といわれ，冷害年には著しく減収する．ダイズと比較して，単収の年次変動が大きく（図2.8），また，産地も限られ，需給の調整が難しく価格変動が大きい．そのため，投機の対象とされ，価格高騰時には「赤いダイヤ」と呼ばれることがあり，小説の題材にまでされている[4]．霜害に弱いので，晩霜の恐れがなくなり，平均地温10℃以上になれば播種できる．北海道では5月下旬～6月上旬が適期である．暖地では夏型は4月上旬～5月上旬，秋型は7月上旬まで播ける．

　感光，感温性は，ダイズより鈍いが，品種により短日効果の少ない夏アズキ型，短日に強く反応する秋アズキ型，および中間型に分けられる．また，開花は最高最低の温度較差と短日条件との組み合わせで変化する[8]．播種期が遅れると落莢が多くなる[1]．

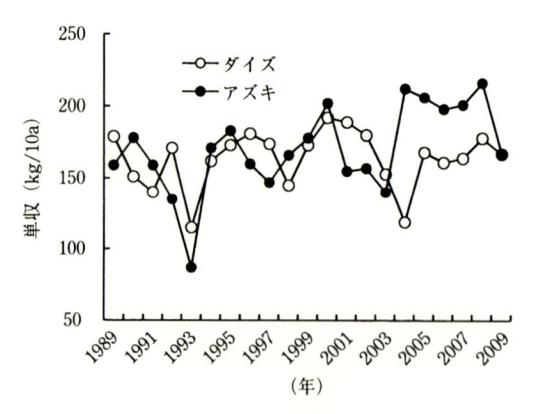

図2.8 過去20年間におけるわが国のアズキとダイズの単収の推移（農林水産省統計より作図）

e．土壌条件と成長

　土壌は，排水良好で，保水力に富む埴壌土または壌土が最適である．過湿に対しては，ダイズより抵抗力が弱い[6]．土の酸性には最も弱い作物の1つで，最適pHは約6.0～6.5である．初めてアズキを栽培する畑では，共生する根

粒菌密度が低いので，根粒菌を種子に接種して播く．

　窒素必要量の約50%は根粒による固定窒素に依存するが，固定窒素量はダイズより小さいので，基肥窒素はダイズよりやや多くする．生育の劣る冷害年では開花期の窒素追肥（5 kg/10 a 程度）も効果が期待できる[9]．黒ぼく土ではリン酸を多めに与える必要がある．冷害年にはリン酸増施による初期生育の促進効果が大きい．窒素，リン酸のいずれにおいても，全生育期間においてこれら養分の吸収量と収量には密接な相関関係がみられるが，初期の吸収量ほど密接である[10]．北海道における標準施肥量は，窒素3~4，リン酸10~20，カリウム7~10 kg/10 a である．酸性土の地帯では，石灰によりpH矯正が重要である．

　アズキはダイズより連作に弱いので，輪作する必要がある．北海道では，ムギ類-アズキ-根菜類，あるいは，根菜類-アズキ-イネ科穀作物などの輪作体系がとられる．

f. 病害虫

　ウイルスによるアズキモザイク病は大きな被害を与える．糸状菌が原因の土壌伝染性病害としてはアズキ落葉病，アズキ茎疫病，アズキ萎凋病などが重要である．北海道では1970年代以降，これらの土壌伝染性病害の発生が多くなっており，抵抗性品種の育種努力がなされている．

（1）アズキモザイク病

　マメアブラムシが媒介し，種子伝染する．葉は萎縮し，黄緑色の斑ができ，開花数も減り，百粒重も減少する．北海道南部や本州で多い．高温・多照・少雨の年に発生が多い．耐病性品種にはベニダイナゴン，カムイダイナゴンなどがある．

（2）アズキ落葉病

　Phialophora gregata sp. *adzukicola* による土壌病害で，維管束が褐変し，葉は下位から上位に順次しおれ，発生が多いと大きく減収する．2つのレースの存在が確認されている．抵抗性品種として'きたのおとめ'，'しゅまり'が育成されている．アズキ落葉病抵抗性の品種は同時にアズキ萎凋病（*Fuzarium oxysporum* sp. *adzukicola* による）にも抵抗性を有していることが判明している．

(3) アズキ茎疫病

Phytophthora vignae sp. *adzukicola* による土壌病害で，主茎の地際部や分枝の節部に水浸状の病斑ができる．高温や冠水時に発生しやすい．4つのレースが確認されている．'しゅまり'が抵抗性である．

(4) アズキゾウムシ (*Callosobruchus chinensis* L.)

種子内で幼虫越冬し，早春に成虫になって出現し種子を食害，莢上に産卵し，孵化幼虫は収穫前に種子内に侵入する．年に数回発生を繰り返す．

(5) マメホソクチゾウムシ (*Apion collare* Schilsky)

小豆花虫の別名でも知られ，夏に雨天の多い年に発生する．成虫は長さ約3mm，7月に出現し，葉に小さい穴をあけ，花蕾に産卵する．幼虫は蕾の内部を食い，被害花とともに落ちて蛹化，8～9月に羽化する．

その他の害虫は，ダイズと共通のものが多い．

g. 種子成分の特徴

アズキの栄養成分は，ダイズに比べるとタンパク質と脂質が少なく，炭水化

表2.2 マメ類の成分 (全粒100g中) (食品成分研究調査会 (2001) より作成)

	ダイズ	アズキ	ラッカセイ	インゲンマメ	リョクトウ
エネルギー (kcal)	417	339	562	333	354
水分 (g)	12.5	15.5	6.0	16.5	10.8
タンパク質 (g)	35.3	20.3	25.4	19.9	25.1
脂質 (g)	19.0	2.2	47.5	2.2	1.5
炭水化物 (g)	28.2	58.7	18.8	57.8	59.1
灰分 (g)	5.0	3.3	2.3	3.6	3.5
無機質 (mg)					
ナトリウム	1	1	2	1	0
カリウム	1900	1500	740	1500	1300
カルシウム	240	75	50	130	100
マグネシウム	220	120	170	150	150
リン	580	350	380	400	320
鉄	9.40	5.40	1.60	6.00	5.90
亜鉛	3.20	2.30	2.30	2.50	4.00
銅	0.98	0.67	0.59	0.75	0.90
ビタミン (mg)					
B_1	0.83	0.45	0.85	0.50	0.70
B_2	0.30	0.16	0.10	0.20	0.22
B_6	0.53	0.39	0.46	0.36	0.52
E	3.6	0.6	10.9	0.3	0.9
食物繊維 (g)	17.1	17.8	7.4	19.3	14.6

物が多い（表2.2）．デンプン粒は細胞繊維に包まれていて，あんには好適な舌ざわりとして適する．需要はあん用に75％用いられるほか，ぜんざい，赤飯などにされ，また，甘納豆，アズキかのこ，その他いろいろの和菓子の原料として需要が多い．またアズキ粥として，米と混炊される．そのほか，アズキモヤシなどにもされる．サポニンやフェノール成分が含まれており，抗酸化能や薬理的な効能が認められている．さらしあん粕は飼・肥料となる．アズキ粉や煮汁はサポニンを含み洗剤となる． 〔国分牧衛〕

引用文献

1) 原田景次(1953)：日作紀，**22**：101-102.
2) 星川清親(1980)：新編食用作物，p.460-470，養賢堂.
3) 井上重陽(1953)：高知大学報，**2**：1.
4) 梶山季之(2005)：赤いダイヤ（上・下），パンローリング.
5) Kawahara, E. (1959)：*Tohoku Agr. Exp. Stn.*, **15**：53-66.
6) 国分牧衛(2010)：新訂食用作物，p.352-359，養賢堂.
7) Lumpkin, T. A. *et al.* (1994)：*Azuki Bean, Botany, Production and Uses*, CAB International.
8) 宮城実央・安川伝郎(1934)：日作紀，**6**：231-238.
9) 村松 栄(1933)：札幌農林学会報，**24**：568-595.
10) 沢口正利(2003)：わが国における食用マメ類の研究（海妻矩彦他編），p.427-437，中央農業総合研究センター．
11) 田崎順郎(1957)：日作紀，**25**：161-162；**26**：275-276.
12) 反田嘉博(1957)：日作紀，**26**：45-46.

2.3.2 地域ごとの栽培の特徴

a. 北海道

北海道でのアズキ栽培の最大の特徴は，生産物の販売を目的とした商業的栽培が主である点である．したがって，栽培の規模が本州以南に比べて格段に大きく，1農家で数 ha 栽培するのが普通であり，当然，播種から収穫・脱穀に至るまで機械化が進んでいる．さらには，生産物を集荷する農協や業者も大規模で，農家が圃場で脱穀した生産物を未選別のまま集荷し，選別，調製して販売用に袋詰めする工程までを行う大規模な調製施設を備えたところが大半である．また，他の作物と組み合わせた輪作体系の中で栽培されているのも大きな特徴といえる．

もう1つの特徴として，栽培されている品種群が本州以南とはまったく異なる生態的特性をもつことがあげられる．北海道は，本州に比べて高緯度に位置することから，夏季の気温が低く，無霜期間が短いという気象条件と，6～7月の日長時間が長い（夏至の頃で約16時間）という特徴をもつ．アズキは，霜にきわめて弱いため，晩霜の危険が小さくなる6月初旬以降に出芽するよう5月下旬に播種するのが普通である．北海道の中でもアズキの主産地となっている道東地域では，平年で10月上旬には初霜を迎えるため，9月中に成熟期に達することが重要である．このためには，遅くとも8月始めには開花期に達することが必要である．しかし，本来，短日植物であるアズキが，感光性を発揮すると，日長が短くなるお盆以降にならなければ開花期に達せず，成熟前に降霜害を被る危険性が高い．そのため，北海道で現在普及している品種は，すべて短日感光性をもたないという特徴がある．

以後，作物の生育順に栽培にかかわる作業を紹介する．

（1）播種

一般的には5月下旬に播種される．圃場は，前年秋に耕起しておくことが多く，播種の数日前に各種ハローにより整地し，施肥・播種・覆土・鎮圧を一工程で行うことができる総合施肥播種機を用いて，4畦ずつ点播で播種する．施肥は作条で，畦間は60～66 cm，株間20 cm前後で，1株あたり2～3粒播くのが一般的である．施肥量は，北海道の施肥基準で土壌の種類に応じて，10aあたりで窒素2～4 kg，リン酸10～20 kg，カリウム7～10 kgと定められている．

北海道では，道や関係団体による原採種体系が整備されており，種子伝染性の病害予防の観点から，採種圃産の販売種子の使用が勧められている．自家採種の種子を使用する場合でも，定期的に採種圃産の販売種子に更新するよう指導されている．

（2）中耕除草

アズキは生育初期の生長が遅いため，生育初期の雑草対策が重要である．播種後，アズキの出芽前～出芽揃い頃までに除草剤が散布されることが多い．6月後半から，7月中頃にかけて，畦間の除草と地温上昇効果を兼ねて，カルチベーターによる中耕作業が数回行われる．アズキの生育が進んでいると畦間に広がった根を切断してしまうことがあるため，開花の1週間程度前には中耕作

業を終えるよう指導されている．最後の中耕の際に，株間の雑草を埋め込む目的と，アズキの倒伏防止の目的を兼ねて，10 cm 程度の培土を実施することが多い．

中耕により畦間の除草はできるが，株間の雑草は取ることができない．このため，6〜7月にかけて1〜2回，ホーという道具を用いた手取り除草が行われてきた．アズキ栽培の中でこの作業が最も労力を要する作業であり，農家戸数の減少による規模拡大が進むなかで，アズキ栽培が次第に敬遠される一因にもなっている．最近では，カルチベーターに装着して使用できる効果の高い株間除草機が普及し，手取り除草なしで栽培する農家が増加している．

(3) 病害虫防除

北海道のアズキ栽培で問題になる病害は，前節で紹介した土壌病害のほかに，灰色かび病や菌核病，茎腐細菌病などがあり，薬剤による防除の対象となる．虫害は，深刻な被害をもたらすリスクが本州以南ほど大きくないが，アブラムシ類や食葉性害虫，カメムシ[4]などが薬剤防除の対象となることがある．

土壌病害では，可能な限り長期の輪作を行うことが基本対策となるが，十勝農業試験場が育成した，それぞれの病害，および3つの病害すべてに抵抗性をもつ品種[1,2,3]を栽培することで被害を防ぐことができる（表2.3）．

その他の病害虫防除のために，薬剤散布が行われる．一般的には，数百〜2000 l のタンクを備えた，片腕数 m〜十 m 程度のブームスプレヤーを用いて，10 a あたり 100 l 程度の水量で散布される．しかし，水の確保や大容量タンクによる土壌踏圧の悪影響の問題から，最近では少水量散布に向けた取り組みが進められている．

(4) 収穫・脱穀

かつてアズキの収穫は，成熟期に達した茎莢を，鎌による手刈りや豆刈機によって刈り倒して数日間地干しし，その後「にお」と呼ばれる山に積み（にお積み）（図2.9），雨除けの帽子をかけて2〜3週間圃場で風乾してから脱穀するという工程で行われていた．しかし，にお積みは非常に重労働であることから，最近では，圃場で完熟期まで置いた後，豆刈機によって刈り倒した茎莢を，ピックアップ装置つきのスレッシャーやコンバインで拾い上げながら脱穀する，ピックアップ収穫体系[5]（図2.10）や，より省力的に立毛のままコンバインでダイレクトに収穫・脱穀する体系[6]が主流になっている．いずれの体系

表 2.3 北海道の小豆優良品種のおもな特性

種類	品種名	育成年	2008年栽培面積(ha)	熟性	土壌病害抵抗性	他の長所, 短所
普通小豆	エリモショウズ	1981	10186	中生	なし	安定多収, 良質
	サホロショウズ	1989	494	早生	なし	初期耐冷性弱
	きたのおとめ	1994	5658	中生	落葉病, 萎凋病	安定多収
	しゅまり	2000	1448	中生	落葉病, 茎疫病, 萎凋病	開花期耐冷性弱, 良質
	きたろまん	2005	3235	早生	落葉病, 茎疫病, 萎凋病	開花期耐冷性やや強
	きたあすか	2010	—	やや晩生	落葉病, 茎疫病, 萎凋病	多収
大納言	アカネダイナゴン	1974	645	中生	なし	良質だが大納言としては小粒
	ほくと大納言	1996	72	中生	なし	極大粒
	とよみ大納言	2001	1275	中生	落葉病, 萎凋病	極大粒
	ほまれ大納言	2008	—	やや晩生	落葉病, 茎疫病, 萎凋病	良質
白小豆	きたほたる	2004	36	中生	落葉病, 茎疫病, 萎凋病	良質だが耐冷性弱

注：'きたろまん', 'きたほたる' の茎疫病抵抗性はレース1のみ．その他はレース1および3．

図 2.9 にお積み作業のようす（金時畑）

でも，脱穀時のアズキの子実水分が16〜18％になっているのが望ましい．収穫が遅れて過乾燥になると，煮えむらが増えるなどの品質低下に結びつくので，収穫適期になったら速やかに収穫するよう指導されている．

図2.10 ピックアップスレッシャーによる脱穀作業

（5）調製・出荷

　一般的には，農家が収穫・脱穀したアズキは，選別せずにそのまま農協や集荷業者に持ち込まれる．農協や集荷業者では，集荷したアズキを調製工程に流して調製する．調製とは，異物除去機（石抜き機）による石や大きな夾雑物（茎や莢殻など）の除去，比重選別機による腐敗粒や霜害粒などの除去，磨き機による種皮表面の汚れや埃の除去と艶出し，電光選別機による未熟粒，虫食い粒や割れ粒などの除去，といった工程を一連のラインとしてアズキを選別することである．農協や集荷業者は，それぞれ独自の規格銘柄で販売しているが，銘柄によってはさらに手選別を行ったり，篩によって子実の大きさを一定の範囲に揃えたりする場合もある．こうして販売できる状態にまで調製されたアズキは，加工業者向けには 30 kg ずつ紙袋に詰めて出荷される．

〔島田尚典〕

引用文献

1) 藤田正平ほか(1995)：北海道立農業試験場集報, **68**：17-31.
2) 藤田正平ほか(2002)：北海道立農業試験場集報, **82**：31-40.
3) 藤田正平ほか(2003)：北海道立農業試験場集報, **84**：25-36.
4) 古川勝弘(2004)：豆類時報, **32**：19-26.
5) 村田吉平ほか(1998)：北海道農業試験研究推進会議「平成9年度研究成果情報 北海道農業」, p.98-99.
6) 竹中秀行ほか(2009)：北海道立農業試験場集報, **94**：65-79.

b. 岩 手

（1） 栽培と用途

アズキの東北地方における栽培面積は2500 ha であり，年々減少傾向にある．このうち岩手県の栽培面積は599 ha であり，10 a あたり平均収量は100 kg となっている[1]．用途はおもに和菓子用および自家用である．岩谷堂羊羹（奥州市）などの地元の伝統銘菓向けに，製造業者と取引契約のもとで栽培されている例もある．また，ぜんざいにタカキビ粉の団子を浮かべた「うきうき団子」やコムギの麺を使った「小豆ばっとう」などが地元のもてなし料理として今も広く受け継がれており，アズキ栽培はこういった伝統的な食文化に支えられている．

（2） 品　種（表2.4，図2.11）

品種は，'岩手大納言'，'ベニダイナゴン'，'紅南部'のほか，在来種も用いられている．'岩手大納言' は，岩手県農業試験場が久慈在来から選抜した早生の大納言品種で，生育日数は約100 日，良質で多収である[2]．'ベニダイナゴン'は，北海道立十勝農業試験場が，'十育85号' と '清原春小豆' の交配により育成したウイルス病抵抗性をもつ早生の大納言品種であり，生育日数は約100 日で多収であるが，登熟期に気温が高いと種皮色が濃くなりやすい[3]．'紅南部'は，岩手県農業試験場が，'紋別26号' の突然変異育種より育成した普通小豆品種であり，生育日数は120 日，種皮の色がすぐれ，多収である[4]．

（3） 土壌の特徴と施肥

黒ぼく土は耕作しやすく，一般に排水性も良いのでアズキ栽培に適する．一方，粘土含量が高い北上川下流域の土壌や排水の悪い転換畑では栽培が難し

表2.4　岩手県で栽培されるアズキ品種の特性

品種名	開花期 (月/日)	成熟期 (月/日)	百粒重 (g)	子実重 (kg/ha)	種皮色	子実の形	その他
岩手大納言	7/31	9/19	15.3	20.8	赤～濃赤	円筒～エボシ	モザイク病抵抗性弱．高冷地を除く県下一円．
ベニダイナゴン	7/22	9/14	15.2	21.6	濃赤	円筒	モザイク病抵抗性弱．県下一円．高温当熟では品質劣る．
紅南部	8/3	10/1	12.0	22.3	赤	円筒～エボシ	モザイク病抵抗性弱．高冷地を除く県下一円．

注：播種期5/25，1982～1984年（岩手県農業試験場）．

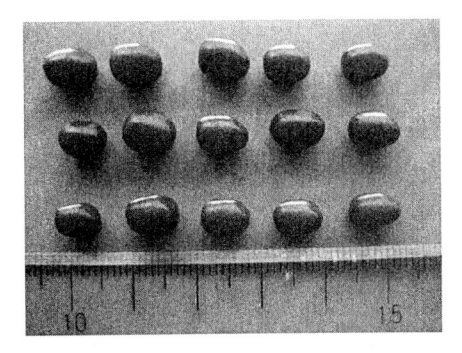

図 2.11 岩手県におけるアズキ品種の子実
上段から'岩手大納言','ベニダイナゴン','紅南部'.

い.土壌改良は,pH 6,塩基飽和度 60,EC 0.1,可給態リン酸 16 mg を目標にする.堆肥の施用量は 10 a あたり 1〜2 t とする.施肥量は,不足分を補うことをこころがけ,土壌改良目標が達成されている圃場では,10 a あたり窒素 3〜5 kg,リン酸 2 kg,カリウム 5 kg,石灰 9 kg,苦土 3 kg を標準にする[5].

(4) 播種方法

播種は,晩霜のおそれがなくなる 5 月中下旬から,初霜から生育期間をさかのぼった時期までの期間とする.県中北部では,'岩手大納言'は 5 月下旬〜6 月上旬,'ベニダイナゴン'は 6 月上旬とする.また,県南部では,'岩手大納言'や'紅南部'は 6 月中下旬とする.'ベニダイナゴン'は種皮色が暗くなることを避けるためやや遅めの 6 月下旬とし,小麦収穫後 7 月上旬の播種も可能である(図 2.12).

栽植本数は,県南部や肥沃な圃場では蔓化を避けるため少なくし,冷涼な地域や遅まきでは多くする.'岩手大納言'では 10 a あたり 10000〜16000 本,種子量に換算して 3〜5 kg(出芽率 80% として換算),'ベニダイナゴン'では 12000〜22000 本,種子量 3〜5 kg,'紅南部'では 10000〜11000 本,種子量 2〜2.5 kg 程度とする[6].

土壌の軽い黒ぼく土では,適当な湿度で砕土し,播種後に軽く鎮圧する.褐色ないし黄色土では,砕土しやすい土壌水分条件を見はからって,砕土後すぐに播種を行い,播種後の鎮圧はしない.

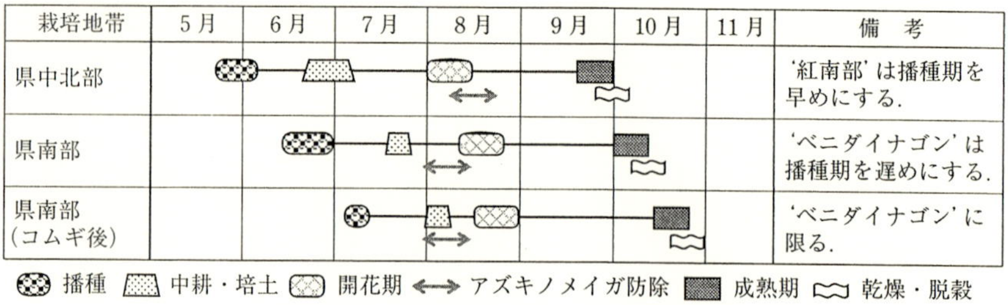

栽培地帯	5月	6月	7月	8月	9月	10月	11月	備　考
県中北部		●	□		⊠	■	〜	'紅南部'は播種期を早めにする.
県南部			●	□	⊠	■	〜	'ベニダイナゴン'は播種期を遅めにする.
県南部 (コムギ後)				● □	⊠	■	〜	'ベニダイナゴン'に限る.

● 播種　▨ 中耕・培土　▢ 開花期　⟷ アズキノメイガ防除　■ 成熟期　〜 乾燥・脱穀

図 2.12　岩手県のアズキ栽培時期

（5）　雑草および病害虫

中耕除草と除草剤を併用して, 初期の雑草発生を抑制する. 倒伏を防ぐために開花期前までに培土を行う. 病虫害では, モザイク病およびアズキノメイガ (*Ostrinia scapulalis subpacifica* Mutuura & Munroe) の被害が大きい. アズキモザイクウイルス等によるモザイク病は, 無病種子への更新とアブラムシ類の防除により防ぐ. アズキノメイガは発生・産卵時期は気温によりかなり影響されるが, 6〜7月に越冬世代の成虫発生, 8月に第1世代の成虫発生がみられる. 莢の加害を防ぐには, 県南部では8月上旬から, 県中北部では8月中旬から, 7〜10日おきに2回防除する[7]. また, 連作により増加しやすい葉枯病や菌核病に対しては, 輪作や被害茎葉の除去により対応する.

（6）　収　穫

莢の7〜8割が熟色に達した時期に株を抜き取り, 圃場にしま立て（立てかけ）して生葉を枯らしてから, にお積みし天日乾燥する. 子実水分が15%以下まで乾燥したならば脱穀し, 仕上げ乾燥し, ふるい選や手より選別などの調製を行う.

〔及川一也〕

引用文献

1) 農林水産省(2010)：作物統計 平成21年産大豆, 小豆, いんげん及びらっかせい（乾燥子実）の収穫量.
2) 古沢典夫ほか(1974)：岩手県農業試験場研究報告, **18**：11-21.
3) 岩手県立農業試験場(1985)：岩手県農業試験場研究報告, **25**：227-242.
4) 岩手県立農業試験場(1982)：岩手県農業試験場研究報告, **23**：253-258.
5) 岩手県(2009)：岩手県農作物施肥管理指針.
6) 岩手県(2006)：平成18年度岩手県畑作物指導指針.
7) 飯村茂之(1986)：東北農業研究, **39**：159-160.

c. 京都

わが国におけるアズキの歴史は古く，『延喜式』(927) には，宮中や貴族への献上品，あるいは魔除け，厄除け，祝いごとなどの行事に利用されたとの記載がある．また，アズキは，茶の湯文化とともに発展してきた「京菓子」になくてはならない原材料として使用されている[4]．このような歴史を背景として，京都府のアズキは府中部の丹波地域を中心に約 700 ha 栽培されており，「丹波大納言小豆」という名称で知られている．「丹波大納言小豆」は，晩生で比較的分枝が多く開帳型の草姿を示すとともに，子実は大粒で煮ると香りが良く煮崩れしにくいという特徴を有した品種群である．長い栽培の歴史のなかで，集落や家ごとに，独自に優良な形質の選抜が繰り返されてきた結果，熟莢色（黒褐，褐，灰白），種皮色（濃赤，赤，淡赤），粒形（円筒，烏帽子）などに多くの変異があり，京都府農林水産技術センターが府内各地から収集・保存している系統だけでも 300 を超える[3,6,8]．なかでも亀岡市馬路地域で栽培される「馬路大納言」や京丹波町瑞穂地域で栽培される「瑞穂大納言」は，老舗の京菓子店から絶賛されるほどの一品である．また，京都府では，収量性の向上や品質の平準化等を目的として，1981 年に'京都大納言'を，さらに 2006 年にアズキモザイクウイルス抵抗性を付与した'新京都大納言'を育成し，いずれも奨励品種として採用している（表 2.5）[2]．

（1）播　種

アズキを 6 月中旬から 7 月上旬に播種すると，節数の増に伴う莢数の増加で多収となるが，品質の重要なポイントとなる子実の粒大は晩播するほど大粒化する傾向にある（図 2.13）．京都府では，収量性を若干犠牲にしても品質を重視する観点から播種期を設定しており，播種適期は 7 月中旬から下旬である[7]．京都府においてアズキはいわゆる「畦豆」として水田の畦畔に栽培されてきたが，1980 年代に本格化した水田利用再編対策により，水稲の転作作物

表 2.5 '京都大納言'および'新京都大納言'の特性

品種名	来歴	開花期(月/日)	成熟期(月/日)	主茎長(cm)	主茎節数	分枝数	熟莢色	百粒重(g)	子実重(kg/ha)	種皮色	子実の形
京都大納言	府内在来種の純系淘汰	8/29	10/26	58.5	16.7	6.2	灰白褐	24.2	20.7	淡赤	烏帽子
新京都大納言	京都大納言×No.39（京都府保存系統）	9/2	11/6	64.0	16.9	6.0	褐	26.0	22.1	濃赤	烏帽子

注：京都府農業総合研究所（亀岡市）における 1998～2001 年の平均値（1999 年を除く）．

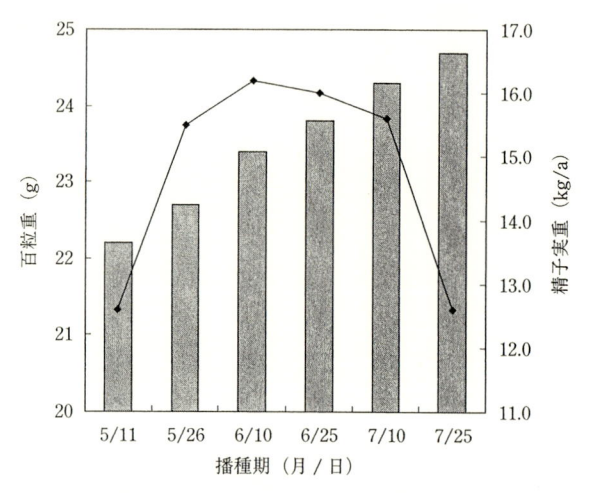

図 2.13 播種期の違いによる百粒重・収量の関係（山下ら，1982）
棒グラフ：百粒重，折線グラフ：精子実重

として奨励され水田に栽培されるようになった．一方，播種期は梅雨末期の長雨，または，梅雨明け直後の雨不足の天候になることが多く，播種作業の遅延や排水不良による湿害，または乾燥による発芽・苗立ちが不安定になるなど問題が生じやすく，生産安定を図るうえで播種期の水環境が課題となっている．

（2）開花期と登熟，収穫・調製

アズキの開花は 8 月下旬から 9 月上旬に始まるが，無限伸育性が強く花蕾が次々とつくため，開花は 10 月上旬まで続く．開花した花は約 50 日で成熟するため，同一の株につく莢の成熟は 10 月中旬から 11 月中旬の初霜期まで長期間にわたってばらつく．そのため収穫作業は，おもに 2〜3 回に分けて熟した莢から順番に手作業で摘み取る方法で行われている．収穫した莢は家の軒下に広げた莚(むしろ)の上に並べて乾燥され，槌(つち)などを用いて脱粒し，唐箕(とうみ)や篩(ふるい)で選別した後出荷される．

（3）機械化への取り組み

京都府のアズキ栽培は，収穫作業が手作業主体で行われることから，農業経営の主たる品目になり得ず，数 a 程度の小規模でおもに高齢者によって担われてきた．しかし，高齢者の営農リタイヤによりアズキの生産量が減少しており，集落営農組織などが栽培ができるよう大規模機械化体系の確立が求められ

表 2.6 アアズキ収穫にかかる労働時間と労賃の比較

	コンバイン収穫	熟莢収穫
労働時間（hr/10a）	1.36	69.47
労働費（円/10a）	1358	69470

ている．従来の作業体系の場合，栽培に要する全労働時間のうち約75％が手収穫にかかる時間であるが，コンバインを導入することで劇的に減少する（表2.6)[1]．コンバインにより一斉収穫する際に莢の熟期の不揃いがネックとなるが，7月下旬に晩播することによって開花期間が短くなり，未熟莢が少なくなる．また，収穫作業時の土壌のかき込みによる汚粒発生の低減については，ダイズで開発された部分耕狭条密植栽培など，中耕培土作業を省略した栽培方法が有効である[5]．

〔蘆田哲也〕

引用文献

1) 藤田信也(2001)：京都府農業総合研究所経営研究資料, **62**：1-10.
2) 河合　哉ほか(2001)：近畿中国四国地域における新技術, **1**：13-15.
3) 森　重之ほか(1992)：育種学雑誌, **42**(別2)：572-573.
4) 本永治彦(2004)：豆類時報, **36**：24-26.
5) 大橋善之ほか(2007)：日本作物学会紀事, **76**(2)：76-77.
6) 杉本充ほか(2009)：京都府農業研究所研究報告, **31**：26-77.
7) 山下道弘・江本吾勝(1989)：京都府農業研究所研究報告, **14**：1-14.
8) 山下道弘ほか(1997)：京都府農業研究所研究報告, **19**：67-76.

2.4 加工と利用

豆類は日本人の食生活に古くから取り入れられており，さまざまな調理加工品として食されている．日本で栽培されている豆類には，ダイズやラッカセイのようにタンパク質および脂質が主体のものと，アズキやインゲンマメ，エンドウのように炭水化物が主体のものがあり，その成分組成によって調理・加工用途が異なっている．

2.4.1 加工用途別の利用実態

アズキの成分的な特徴としては，デンプンを主体としている点で，タンパク

質や脂質を多く含むダイズとは大きく異なっている．すなわち，アズキでは炭水化物の含有率が50％以上を占め，その大部分はデンプンである．タンパク質の含有率は20％程度であるが，脂質は2％程度しか含まれていない[7]．

アズキの加工用途については，その大部分があんまたは和菓子として用いられている．あんとは，デンプンを主成分とする豆類を煮熟し，デンプン粒を細胞内に保持したまま，糊化させた細胞デンプン粒の集合体である[6]．通常は，水浸，煮熟，磨砕，篩別，水晒しの過程を経て，細胞デンプン粒を捕集し，脱水したものを「生あん」といい，生あんに砂糖を加え，加熱し練ったものを「練りあん」（加糖あん）と呼んでいる．

アズキの消費量は年間8～10万t程度で推移しているが，そのうち，輸入アズキ（原豆および加糖あん）の割合が3～4割程度を占めている．国産アズキの8～9割を占めている北海道産アズキについては，気象条件により年次間での変動があるものの，年間5～8万tの生産量で推移している[25]．

北海道産アズキの加工用途については，製あん用に44％が用いられており，他には高級な和菓子（41％）や甘納豆（2％）の原料として使用されている（2009年推算値）[26]．その他（13％）としては，一般消費者向けの小袋売りや食品加工原料向けに使用されている．なお，和菓子向けに用いられる場合に関しても，基本的には製あんによる利用が主体であることから，アズキの大部分はあんに加工され，利用されているといえる．

2.4.2　種皮色の変動要因とあん色

従来より，アズキの品質を判断するうえでの指標として，種皮色や粒大といった外観形質は，農業現場のみならず流通・加工場面においても，多くの実需者から重視されてきた．アズキの外観形質のなかで，種皮色は調理加工後のあん色に影響を及ぼすことから，加工品の嗜好性にかかわる品質構成要素として重視されている．

北海道のアズキ栽培面積の50％程度（2007年）[25]を占める主要品種である'エリモショウズ'[24]の種皮色は明るく淡い色調をしており，実需者から好まれる傾向にある．また，2005年に北海道の優良品種に認定された新品種'きたろまん'[2]も同様に明るく淡い種皮色をしている．落葉病，茎疫病，萎凋病抵抗性の'しゅまり'[3]については，あん色が紫系の淡い色となることから，一部の

実需者から好まれている.

　種皮色の品種間差異については，L*a*b*表色系（CIE 1976 L*a*b*）[27]におけるL*値（明度）よりもC*値（彩度）において大きく認められる．これに対して，収穫年次による種皮色の変動や，栽培地による種皮色の差異についてはL*値で大きく認められる[14].　その要因としては気象条件および収穫時期の影響が指摘されている．

　種皮色とアズキの登熟期間における気象条件との関係については，一般に，高温年において濃赤化することが知られている．種皮色のL*値と平均気温の間には有意な負の相関関係が認められ，日照時間など他の要因との間には有意な相関は認められない（図2.14）[17].　これらのことから，L*値にみられる年次間や栽培地間での変動は，登熟期間の気温に影響を受けているものと考えられる．また，L*値は収穫時期の早晩とも関係があり，一般的に，成熟を早める条件によってL*値が低くなり，種皮色としては濃くなることが指摘されている[36].

　開花時期が種皮色に及ぼす影響については，L*値およびb*値（黄味）は開花時期が遅くなるほど高くなる傾向にあり，a*値（赤味）は8月上旬から中旬にかけての開花2〜3週間後の時期に最大値を示す[13].　このように，8月下旬の開花終期に開花したものでは，アズキの種皮色としては淡く黄味の強い色調となる．

　製あんによる色の変化としては，生あん（加糖前のあん）の色は原料アズキ

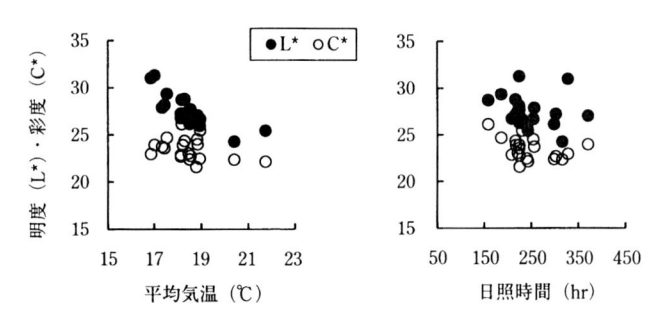

図2.14 アズキ登熟期間の気象条件と種皮色の関係(文献[17]を一部改変)
品種'エリモショウズ'．$n=20$．気象条件は7月下旬〜9月中旬までの値．L*値と平均気温との間に$r=-0.798**$の有意な負の相関あり．

の種皮色に比べ，L*値（明度）は高くなりa*値（赤味）やb*値（黄味）は低下する．加糖あんでは生あんに比べL*値が低下し，a*値は高まる．種皮色，生あん色，加糖あん色の相互関係については，L*値およびa*値には三者間で密接な関係が認められ，種皮色は加糖あんの色にまで影響を及ぼすことが報告されている[10]．

なお，アズキ種皮に存在する色素であるプロアントシアニジンは，煮熟過程においてアズキ子葉中のタンパク質と結合し，あんの色調に影響を及ぼすと同時に，可溶性タンパク質の物性変化を通じてあん粒子の形成に関与している可能性が示唆されている[5]．

2.4.3 あん粒子の大きさと舌ざわり

製あん過程においては，アズキ子葉細胞中のデンプン粒は，煮熟によって細胞内で糊化・膨潤した状態になっており，その細胞が単離し，バラバラになったものがあん粒子（図2.15）[11]である．豆類種子の微細構造に関しては，デンプン粒は短楕円形をしているが，種により大きさや形状が異なり，量的な差異も認められることが報告[28]されている．

あん粒子の構造については，細胞内に数個の糊化・膨潤したデンプン粒が存在しており，デンプン粒の大きさは平均 40×34 μm 程度であると報告[32]されている．デンプン粒の周りには，熱凝固したタンパク質が存在し，さらにその外側を堅固な細胞膜が覆った状態となっている[4]．

あん粒子の平均粒径は，'エリモショウズ'をはじめとする普通アズキでは

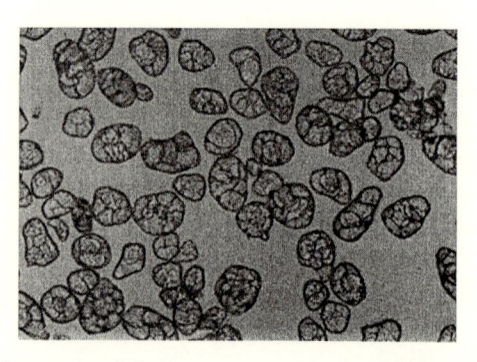

図 2.15 あん粒子（'エリモショウズ'）の光学顕微鏡写真

100 μm 前後であるが,大粒の大納言では 120 μm 程度と大きく,平均あん粒径と百粒重(粒大)の間には高い正の相関関係が認められる(図 2.16)[11]. すなわち,あん粒子の平均粒径やその粒径組成はアズキの粒大と関係しており,百粒重の大きなアズキほどあん粒径が大きくなる.気象条件の影響としては,高温年で登熟期間の短い年次ほど百粒重は小さくなる傾向にある[37]ことから,あん粒径も小さくなるものと考えられる.

あん粒子の粒径が大きなあんでは舌ざわりがざらつき,粒径の小さなあんではなめらかに感じる[11]など,あん粒子の大きさやその性状は,アズキ加工製品を食する際の舌ざわりや食感に大きく関係している.150 μm 以上の粗い粒子は舌ざわりのざらついた練りあんに,75 μm 以下の細かい粒子は粘りの強い練りあんになる傾向にあると報告されているいる[35].練りあんの嗜好性には物性の影響が大きく,官能評価値に対する寄与率は保水力および硬さで高いとの報告[1]もある.

あんの物性にはあん粒子の大きさ以外に,形状,崩壊の程度および水の存在状態などさまざまな影響が考えられ,製あん過程における加熱時間,練り方,加水量,糖の種類などを含めた非常に多くの要因が関与している[29]といわれている.あん粒子内部のタンパク質およびデンプンの特性もまた,調理特性あるいは食感に寄与する可能性が指摘[33]されている.

なお,製あん過程において,あん粒子が崩壊したり損傷する場合が認められるが,製あん工程の中で比較すると,煮熟,磨砕,篩別,水晒し,脱水の各工程よりも,練り工程での影響が大きいと報告[22]されている.

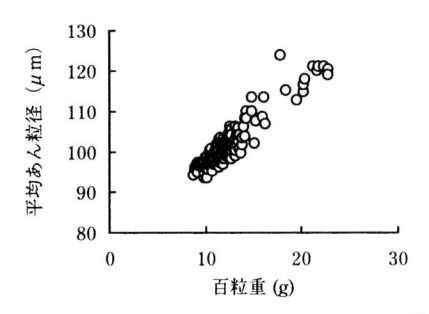

図 2.16 アズキの百粒重と平均あん粒径の関係[12]
北海道産アズキ. $n=249$. $r=0.918**$.

2.4.4 煮熟特性

煮熟過程においては，細胞内に存在するタンパク質がデンプンの糊化開始以前に熱凝固しデンプン粒を包むことにより，あん粒子としての物理的強度が高まるものと考えられており，あん粒子の形成には90℃以上の温度で90分程度の加熱時間を要するといわれている[34]．

あんを製造するにあたっては，実際の加工現場では煮えむらやあんの収率が問題となる．アズキは品種や栽培環境によっても煮熟性が異なり，煮熟時間を適切に調節しなければならない．一般に，普通アズキよりも粒大の大きい大納言では，より長い煮熟時間を必要とする．

煮熟時間を長くすると，煮熟増加比（煮熟前後での重量比）やあん収率は大きくなり，どの品種でも2時間程度までは直線的に増加するが，煮熟時間を長くしすぎるとあん収率は低下する傾向にある（図2.17）[12]．あん収率と煮熟増加比との関係については，一定の煮熟時間においては，両者の間に高い正の相関関係が認められる．すなわち，一定条件における煮熟増加比が大きいほど煮えやすく，あん収率も高くなることから，煮熟増加比は煮熟特性を判断するうえでの重要な形質の1つであると考えられる．

貯蔵条件と煮熟特性の関係については，高温・多湿の劣悪な条件下や常温であっても長期間貯蔵したような場合には，いわゆる「ヒネ豆」と呼ばれる煮えづらい状態（hard-to-cook phenomenon）[23]になる．30℃で6ヶ月間貯蔵したアズキでは，煮熟増加比が著しく低下する[16]が，常温倉庫（北海道内）で7

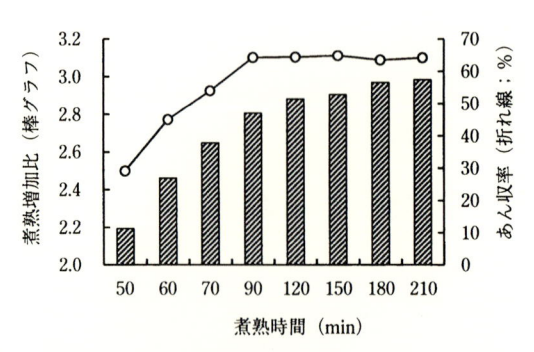

図2.17 アズキの煮熟増加比（棒グラフ）とあん収率（折れ線グラフ）の推移[12]
北海道産普通アズキ4品種の平均値．

ヶ月間貯蔵した場合では明確な変化は認められない[9]．また，15℃以下の低温倉庫で貯蔵した場合には，2年以上経過しても煮熟特性にはほとんど変化のないことが報告されている[8]．

2.4.5 アズキポリフェノールの生理調節機能

アズキは豆類のなかでもポリフェノールの含有量が多く，その抗酸化活性も高いことが報告されている（図2.18）[15]．また，中国産アズキよりも北海道産アズキで抗酸化活性は高く，北海道産の中の比較では，大納言よりも普通アズキで高い活性が認められている．

アズキの抗酸化活性は，同一品種であっても収穫年次や栽培地によって大きく異なる場合があり，これには日照時間の影響が示唆されている．すなわち，アズキの花が開花してから莢が成熟するまでの登熟期間のうち，8月上旬から9月上旬の日照時間との間に高い正の相関関係が認められる（図2.19）[15]．また，同一の株内においては，約30日間ある開花期間のなかで，より遅くに開花し結実した子実ほど，ポリフェノール含有量や抗酸化活性は高い傾向にある．

アズキの主要なモノマー型ポリフェノールは，カテキン-7β-グルコシドであると報告されており，アズキポリフェノールには，マウスの血清GOT活性の上昇抑制や肝臓の過酸化脂質の生成抑制などが認められ，生体の酸化防止効果や肝臓保護作用のあることが示唆されている[19]．また，高脂肪食餌と同時

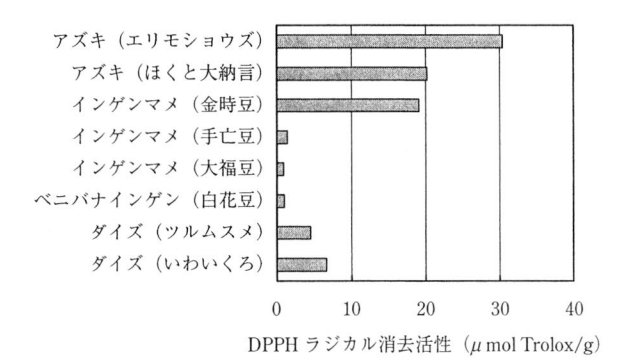

図2.18 各種豆類の抗酸化活性の比較[15]
（　）内は品種名または種類名．

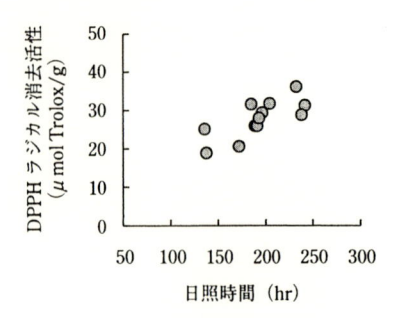

図 2.19 アズキ登熟期間の日照時間と抗酸化活性の関係[15]
品種 'エリモショウズ', $n=12$. 8月中旬～9月中旬の積算日照時間. $r=0.748**$.

に, 煮汁より調整されたアズキポリフェノール飲料を与えた雌マウスでは, 卵巣周囲の脂肪量の増加が抑制され, 糞中への脂肪排泄により体重増加が抑制されることが報告されている[21].

一方, ポリフェノールを主体とするアズキのエタノール抽出物には, ラットの血清コレステロール上昇抑制効果[18]やマウスの血糖値上昇抑制効果[20]も認められている. さらに, アズキポリフェノール飲料を摂取したヒトにおいても, 血清中性脂肪が基準値を上回っていた被験者群において, その低下傾向が認められている (図 2.20)[31].

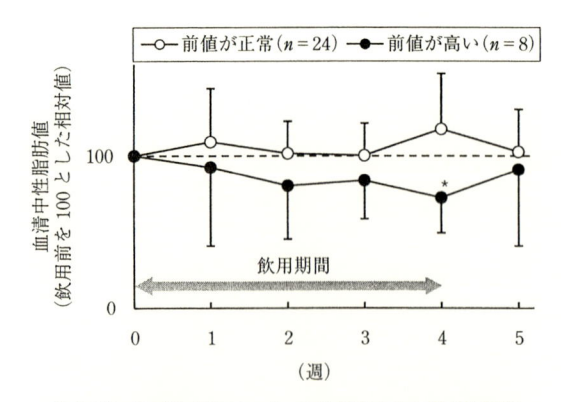

図 2.20 アズキポリフェノール飲料による血清中性脂肪値の変化[31]
平均値 ± 標準偏差. *:飲用前値に対して有意差あり ($p<0.05$).

アズキやその煮汁に含まれているポリフェノールには，カテキングルコシド以外にも，カテキン，ルチン，プロアントシアニジン，シアニジン重合体などが知られている．ポリフェノールは水溶性の成分であるため，調理・加工時には渋切り水や煮汁にその8割程度が溶出する[30]．ただし，アズキではあん粒子表面のタンパク質にポリフェノールが吸着されるため，生あんに加工した場合でもその1割以上はあん粒子に残存している．なお，アズキポリフェノールを効率的に摂取するには，煮汁もすべて使う汁粉や赤飯などの調理・加工形態が，より効果的であると考えられる．　　　　　　　　　　　　　〔加藤　淳〕

引 用 文 献

1) 安部章蔵(1986)：日食工誌, **33**：693-700.
2) 青山聡ほか(2009)：北海道立農試集報, **94**：1-16.
3) 藤田正平ほか(2002)：北海道立農試集報, **82**：31-40.
4) 畑井朝子(1987)：*New Food Industry*, **29**(7)：57-69.
5) 畑井朝子(2001)：函館短大紀要, **28**：1-73.
6) 早川幸男・的場研二(2000)：豆の事典（渡辺篤二監修），p.76-87, 幸書房.
7) 女子栄養大学出版部(2008)：五訂増補食品成分表2008（香川芳子監修），p.56-57, 女子栄養大学出版部.
8) 加藤　淳(2000)：食品の試験と研究, **35**：48-50.
9) 加藤　淳(2003)：豆類時報, **31**：9-13.
10) 加藤　淳ほか(1992)：北海道立農試集報, **64**：25-34.
11) 加藤　淳ほか(1994)：北海道立農試集報, **66**：15-23.
12) 加藤　淳ほか(1996)：北海道立農試集報, **71**：27-34.
13) 加藤　淳・目黒孝司(1994)：北農, **61**：357-363.
14) 加藤　淳・目黒孝司(1998)：土肥誌, **69**：379-385.
15) 加藤　淳・相馬ちひろ(2003)：食品と技術, **389**：16-18.
16) Kato, J., *et al.* (2000)：日調科誌, **33**：257-266.
17) Kato, J., *et al.* (2000)：*Plant Prod. Sci.*, **3**：61-66.
18) 小嶋道之ほか(2006)：食科工誌, **53**：380-385.
19) 小嶋道之ほか(2006)：食科工誌, **53**：386-392.
20) 小嶋道之ほか(2007)：食科工誌, **54**：50-53.
21) 小嶋道之ほか(2007)：食科工誌, **54**：229-232.
22) 釘宮正往(1992)：日食工誌, **39**：276-280.
23) Moscoso, W., *et al.* (1984)：*J. Food Sci.*, **49**：1577-1583.
24) 村田吉平ほか(1985)：北海道立農試集報, **53**：73-82.
25) 日本豆類基金協会(2007)：雑豆に関する資料, p.4-37, 日本豆類基金協会.
26) 日本豆類基金協会(2010)：明日の豆作り, p.1-8, 日本豆類基金協会.
27) 日本色彩学会(1989)：新編色彩科学ハンドブック, p.141-143, 東京大学出版会.
28) Saio, K. and Monma, M. (1993)：*Food Structure*, **12**：333-341.

29) 塩田芳之・宮田義昭(1976)：家政誌, **27**：180-185.
30) 相馬ちひろ(2007)：豆類時報, **47**：18-24.
31) 相馬ちひろほか(2007)：北海道立農試集報, **91**：23-29.
32) 鈴木繁男(1975)：餡ハンドブック, p.293-303, 光琳書院.
33) 渡辺篤二・高妻洋子(1982)：共立女子大学紀要, **25**：29-39.
34) 渡辺篤二ほか(1982)：共立女子大学紀要, **25**：41-50.
35) 谷地田武男ほか(1972)：新潟食研報告, **12**：31-38.
36) 由田宏一ほか(1991)：日作紀, **60**：234-240.
37) 由田宏一・佐藤久泰(1990)：日作紀, **59**：450-454.

第3章

ラッカセイ

3.1 日本と世界における栽培と利用の現状

　ラッカセイは世界中の熱帯から温帯地域で栽培されている（表3.1）．栽培種の原産地は，南アメリカのボリビア南部からパラグアイ，アルゼンチン北部にかけてのアンデス山脈東麓地域とする説[17]が有力であるが，現在最も多く栽培されているのはアジア地域（全世界の生産量の64％），次いでアフリカ地域（同27％）である．特に中国では1990年代の増産により全世界の3分の1以上の生産量となっている．

　国内での栽培は明治以降（沖縄県では古くから栽培されていたが）で，第二次世界大戦後，重要な換金作物として急激に栽培面積が増加したが，他の野菜類への転換により1965年（昭和40年）の66500 haをピークに減少し，現在は8000 ha，生産量は20000 t程度である（図3.1）．おもな生産県は千葉・茨城であり，この2県で国内生産量の90％を占めている（表3.2）．しかし，近年中国産ラッカセイの輸入減少や国産指向の高まり等から，鳥取県・大分県等で新産地が育成されようとしている．

　ラッカセイは国際的にはダイズ，パーム（アブラヤシ），菜種，綿実，ヒマワリに次ぐ重要な油糧作物であり，海外ではおもに小粒種（スパニッシュタイプ，バレンシアタイプ）が栽培されている．最大の生産国である中国では，搾油が約5割，食用が4割，輸出向けが1割弱といわれており[6]，小粒種と大粒種（バージニアタイプ）が生産されている．日本では，消費のほとんどが嗜好品としてであるため，国内ではそれに向く大粒種がおもに栽培されている．輸入調製品を除く国内の用途別消費では，バターピーナッツ（40％）と煎り莢（20％）が多く，そのほかでは煎り味付け，製菓原料，豆菓子，揚げピー等と

表3.1 世界のラッカセイ生産状況（FAOSTATのデータより作表：一部推定値）

国名（[　]内は2008年の生産量順位）*	上段：作付面積（1000 ha） 下段：生産量（殻付き 1000 t）				
	1970年	1980年	1990年	2000年	2008年
[1] 中　国	1795	2390	2941	4885	4269
	2270	3686	6433	14516	14341
[2] インド	7326	6801	8309	6559	6220
	6111	5005	7515	6480	7168
[3] ナイジェリア	1870	563	707	1934	2300
	1581	471	1166	2901	3900
[4] アメリカ	595	566	735	541	610
	1353	1045	1634	1481	2342
[5] ミャンマー	596	456	524	560	650
	444	342	459	634	1000
[6] インドネシア	380	506	651	684	636
	468	837	1142	1292	774
[7] セネガル	990	1075	914	1095	837
	590	523	703	1062	731
[8] スーダン	384	894	223	1463	954
	339	712	123	947	716
[9] アルゼンチン	211	279	166	219	227
	235	294	235	420	625
[10] ベトナム	78	106	201	245	256
	74	95	213	355	534
南アフリカ	393	352	106	83	54
	325	378	130	136	89
パラグアイ	22	30	39	29	24
	17	26	41	22	30
日　本	60	33	18	11	8
	124	55	40	27	19
オーストラリア	34	32	18	17	12
	43	39	25	35	18
（世界計）	19491	18364	19741	23256	23793
	17973	16891	23090	34721	38216

*：生産量上位10ヶ国のほか，日本と日本の主要な輸入国もあげた．

なっている．国内の総消費量は約10万tで，その約80％にあたる8万t程度が輸入されている．

　国内への輸入は，生ラッカセイ（大粒・小粒）と調製品とに大別される．生ラッカセイの大粒種は中国，アメリカ，オーストラリアから輸入されており，小粒種はそれらと南アフリカ等の各国から輸入されている（表3.3）．中国か

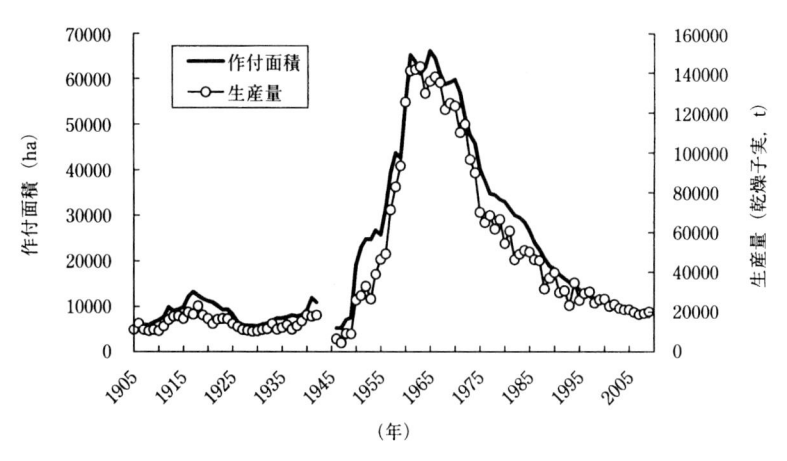

3.1 日本と世界における栽培と利用の現状　　　157

図3.1 国内ラッカセイの作付面積と生産量の推移（農林水産省作物統計より作成）

表3.2 国内のラッカセイ生産状況（2009年；農林水産省作物統計より）

	作付面積 (ha)	生産量 (乾燥子実) (t)	生産量の 比率(%)
千葉県	5790	15300	75.4
茨城県	886	2880	14.2
神奈川県	217	458	2.3
鹿児島県	180	319	1.6
栃木県	125	308	1.5
宮崎県	55	137	0.7
長崎県	69	121	0.6
静岡県	77	101	0.5
(全国計)	7870	20300	

らの大粒種の輸入減少により，近年は輸入量の変動が激しいが，生ラッカセイの輸入量は3～4万t程度である．調製品では，バターピーナッツ等の無糖調製品が最も多く，そのほか煎ったラッカセイ，ピーナッツバター等が輸入されており，むき実に換算して5万t程度である（表3.4）．

表 3.3 近年の生ラッカセイ大小粒別輸入状況（単位 t）（日本貿易月表より作成）

		2005年	2006年	2007年	2008年	2009年
大粒種	中 国	17699	18384	13442	620	4197
	アメリカ	60	20	60	206	1052
	オーストラリア				1020	33
	（大粒種計）	17759	18404	13502	1846	5282
小粒種	アメリカ	2738	2948	4244	8876	8372
	中 国	11158	11742	10731	11589	7299
	南アフリカ	8970	7264	5549	6512	4204
	アルゼンチン			209	317	778
	パラグアイ	419	449	490	627	418
	オーストラリア	34	439	1341	1386	324
	インド	181	90		769	239
	タ イ				56	86
	ブラジル	16			378	
	台 湾		8			
	（小粒種計）	23516	22940	22564	30510	21720
	（合 計）	41275	41344	36066	32356	27002

表 3.4 近年のラッカセイ調製品輸入状況（単位 t）（日本貿易月表より作成）

		2005年	2006年	2007年	2008年	2009年
煎った ラッカセイ	殻付き	11361	11695	6197	3713	5598
	その他	4213	3866	2600	1763	2212
その他の無糖調製品（バターピーナッツ等）		38685	42595	40632	37341	43237
ピーナッツバター以外の加糖品		995	1006	934	1133	1620
ピーナッツバター	加 糖	848	1110	974	967	912
	無 糖	3741	4186	4039	4489	3365
	（合計）	4589	5296	5013	5456	4277
	（調製品合計）	59842	64458	55377	49405	56944
	（むき実換算*合計）	56543	61005	53326	47931	55117

*：殻付きは ×0.75，ピーナッツバターは ×0.9 として換算．

3.2 遺伝と形態

3.2.1 起源と分類

栽培ラッカセイ（学名 *Arachis hypogaea* L.）の染色体数は $2n=4x=40$ で異質4倍体（AABB）である[4]．2倍体野生種の自然交雑と倍数化により誕生

表3.5 栽培ラッカセイ *Arachis hypogaea* L. の系統分類[8]

Subspecies *hypogaea* Krap. et Rig.（亜種 *hypogaea*）
 特性：主茎無着花，一次分枝の1節目は栄養節，分枝の栄養節と生殖節の配列は2～3節ごとの交互性，晩生，主茎長は短，草型は立～伏性，種子休眠性は強．
 (1) Variety *hypogaea* Krap. et Rig.（変種 *hypogaea*）
  1) Market type Virginia（バージニアタイプ）
    特性：大粒，2粒莢が多い，枝に毛じは少ない．
    原産地：ボリビア，アマゾン（ブラジル西部）
  2) Market type Runner（ランナータイプ）
    特性：小粒，2粒莢が多い，枝に毛じは少ない．
 (2) Variety *hirsuta* Köhler（変種 *hirsuta*）
  1) Market type Peruvian runner（ペルー型ランナータイプ）
    特性：多粒莢が比較的多い，枝に毛じは多い．
    原産地：ペルー

Subspecies *fastigiata* Waldron（亜種 *fastigiata*）
 特性：主茎着花，一次分枝の1節目は生殖節，分枝には生殖節が多くその連続性が高い，早生，小粒，主茎長は長，草型は立性，種子休眠性は弱．
 (1) Variety *fastigiata* Waldron（変種 *fastigiata*）
  1) Market type Valencia（バレンシアタイプ）
    特性：多粒莢が多い，莢の網目は浅～中，生殖節の連続性が高い，分枝が少ない．
    原産地：ブラジル（グアラニー，ゴイアス・ミナスゼライス，東北部），パラグアイ，ペルー，ウルグアイ
 (2) Variety *peruviana* Krap. et Greg.（変種 *peruviana*）
    特性：多粒莢が多い，莢の網目は深い，枝の毛じは少ない．
    原産地：ペルー，ボリビア北西部．
 (3) Variety *aequatoriana* Krap. et Greg.（変種 *aequatoriana*）
    特性：多粒莢が多い，莢の網目は深い，枝の毛じは多い，分枝が他の亜種 *fastigiata* に比べてやや多く紫色．
    原産地：エクアドル
 (4) Variety *vulgaris* Harz（変種 *vulgaris*）
  1) Market type Spanish（スパニッシュタイプ）
    特性：2粒莢が多い，分枝はやや少ない．
    原産地：ブラジル（グアラニー，ゴイアス・ミナスゼライス，東北部），パラグアイ，ウルグアイ

したとされている．Seijo ら（2007）[15] は，野生種のゲノム DNA を標識とした GISH 解析により，*A. hypogaea* の祖先種は，*A. duranensis*（A ゲノム種）と *A. ipaensis*（B ゲノム種）が有力であると報告している．栽培種 *A. hypogaea* L. は，アンデス山脈の東麓のボリビア南部からアルゼンチン北部にまたがる地域に変異の一次中心地があり，パラグアイも含めて，この地域が発祥地といわれている．

日本では沖縄県でかなり古くから栽培されており，本州へは 1706 年（宝永 3 年）に中国から伝播したが，栽培化には至らなかった．その後，1872 年（明治 4 年）には神奈川県で栽培が始まり，1875 年（明治 7 年）に政府がアメリカより種子を導入して各地に配布し，栽培を奨励している[23]．

栽培ラッカセイは，表 3.5 のように，*A. hypogaea* と *A. fastigiata* の 2 亜種に分類され，さらに 6 つの変種に細分される[8]．*A. hypogaea* はマーケットタイプとしてバージニアタイプ，ランナータイプを含み，主茎着花せず，晩生で，大粒の品種が多い．*A. fastigiata* はバレンシアタイプ，スパニッシュタイプを含み，主茎着花し，早生で，小粒の品種がほとんどである．わが国は，大粒のバージニアタイプの品種を利用しているが，タイプ間の交雑により早期開花性などの有用形質をバージニアタイプに導入している．内藤ら（2008）[11] は，SSR マーカーを用いて主要な 201 品種を解析したところ，*A. hypogaea* と *A. fasitigiata* に大別されることを示した．遺伝資源については，USDA（アメリカ）や ICRISAT（インド）で，世界中から収集した 1 万を超える品種・系統が研究目的に配付されている．

3.2.2 形　　態
a. 草　型

立性，中間型，伏性に分けられ，'ナカテユタカ' や '郷の香' は立性であり，受光態勢がすぐれ，収量性は高い．'千葉半立' は中間型であり，栽培後期には畝部分を覆い尽くすようになり，雑草被害が少ない．戦前の主要品種 '千葉 43 号' や 'Jenkins Jumbo' は伏性であったが，現在の国内の栽培品種に伏性のものはみられない．

b. 分枝習性（着花習性）

スパニッシュタイプ，バレンシアタイプの品種は，主茎に結果枝が着生し，

子葉節分枝についても全節で結果枝が伸長するため,早期に開花する.バージニアタイプの品種の多くは,主茎に結果枝がつかず,子葉節分枝においても,栄養節と結果節が2節ずつ交互に伸長する.このため,開花始期は遅いものの,分枝数は多く,各分枝からも結果節が伸長し,総開花数は多い.亜種間交雑育種により,'タチマサリ','郷の香'のように主茎着花性品種や'ナカテユタカ'のように結果節の連続性が高い品種が作出されている.

c. 莢

バージニアタイプやスパニッシュタイプは70～90%が2粒莢となり,1粒莢が10～30%で,3粒莢はほとんどみられない.バレンシアタイプは3粒ないし4粒莢の割合が2粒莢よりも高い品種が多い.国内の栽培品種は2粒莢率が高い品種が求められている.莢の大きさでは,バージニアタイプは莢長が4～5 cm程度で,スパニッシュタイプは2.5～3.5 cm程度であり,'おおまさり','Jenkins Jumbo'の極大莢品種は5 cm以上の莢が多い.

d. 子実

国内の煎り莢用品種は,百粒重80～100 g程度の大粒種が多く利用されている.'おおまさり','Jenkins Jumbo'は130 g程度の極大粒種である.戦後'ジャワ13号','白油7-3'などの百粒重40～50 gの小粒種が国内でも栽培された時期はあったが,現在の小粒種利用は輸入品がほとんどである.種皮色は,淡橙色の品種が多いが,海外では濃紫色,赤色,白色,紅白斑の品種も利用されている.

e. 脂肪酸組成

ラッカセイの子実は50%近くが脂質であり,脂質の中では不飽和脂肪酸のオレイン酸とリノール酸が85～90%を占める.脂肪酸の中でオレイン酸が占める割合は40～50%である.オレイン酸は悪玉コレステロールを下げる働きがあり,注目されている.海外品種ではオレイン酸の割合が80%以上の高オレイン酸品種が実用化している.

3.2.3 品種

1953年に純系分離により育成された'千葉半立'は,小型機械作業に適し,食味も良いことから,急速に普及した.極早生品種'タチマサリ'は東北地方での大粒種の導入に大きく貢献したほか,九州地方でのさび病・干ばつ回避を目

表 3.6 これまでに育成された農林登録品種

農林番号	品種名	交配年	登録年	母本	父本
農林1号	アズマハンダチ	1950	1960	千葉43号	誉田変種
農林2号	テコナ	1958	1970	千葉半立	スペイン
農林3号	ワセダイリュウ	1958	1972	改良和田岡	白油7-3
農林4号	ベニハンダチ	1958	1972	千葉半立	スペイン
農林5号	サチホマレ	1962	1974	334-A	わかみのり
農林6号	タチマサリ	1964	1974	八系20	八系3
農林7号	アズマユタカ	1964	1976	富士2号	関東8号
農林8号	ナカテユタカ	1966	1979	関東8号	334-A
農林9号	ダイチ	1973	1989	R1726	関東36号
農林10号	サヤカ	1975	1991	アズマユタカ	関東34号
農林11号	ユデラッカ	1975	1991	タチマサリ	八系161
農林12号	土の香	1976	1992	R1621	サチホマレ
農林13号	郷の香	1979	1995	関東42号	八系192
農林14号	ふくまさり	1980	2002	関東41号	関東48号
農林15号	おおまさり	1993	2008	ナカテユタカ	Jenkins Jumbo

的とした早期マルチ栽培用品種として高い適応性を示した．1979年に育成された'ナカテユタカ'は，大粒で収量性が高く，全体の30％近くまで普及した．早生で多収の'郷の香'や極大粒の'おおまさり'はゆで豆用品種として普及し始めている．2009年までに，表3.6のように，15品種が農林認定品種として農林水産省に登録されている．

a. 千葉半立

1946年に千葉県農業試験場で従来の伏性品種とはまったく草型の異なる半立種を集めて，それらの純系分離により1953年に育成された．千葉半立は当時普及し始めた小型の耕耘機での中耕・培土・掘取り作業が容易であり，全国的に普及した．開花95日後で収穫する晩生種である．煎り豆で利用され，独特の風味があり，食味はすぐれている．2009年現在で栽培面積の約70％を占める主力品種である．

b. ナカテユタカ

1966年に，母本'関東8号'に父本'334-A'を交雑し，選抜・育成し，1979年に農林登録された[21]．草型は立性で，収量が多く，開花80日後で収穫する中生種である．1粒重が1g近い大粒種で，甘みがある．収穫が遅れると，過熟になり，品質が低下しやすい．2009年現在で栽培面積の約30％近くを占めている．

c. 郷の香

1979年に，母本'関東42号'（ナカテユタカの育成中系統）に父本'八系192'を交雑し，選抜・育成し，1995年に農林登録された[18]．草型は立性で，主茎着花し，開花が早い早生系統である．株元に莢が集中するので収穫しやすい．莢が白くてきれいであるが，収穫時の土壌水分が多いと，土の付着が多く，泥莢になりやすい．甘みが強く，ゆで豆，レトルト用品種として普及している．

d. おおまさり

1993年に，母本'ナカテユタカ'に極大粒種の父本'Jenkins Jumbo'を交雑し，選抜・育成し，2008年に農林登録された[7]．図3.2のように，通常の2倍近い極大莢で，甘みが強く，ゆで豆，レトルト用に適する．分枝が長く，大株になりやすいので，草勢を抑えるような栽培管理が必要である．

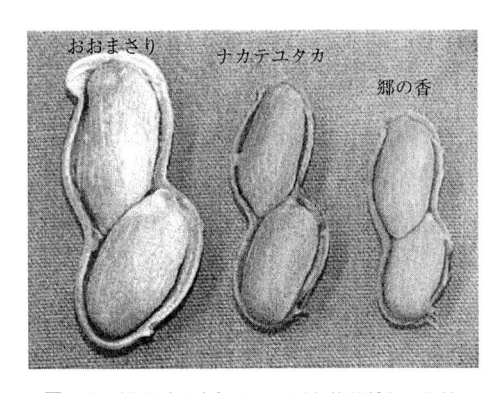

図3.2 'おおまさり'のゆで豆と他品種との比較

3.3 栽培方法

現在の国内におけるラッカセイの約70％は千葉県で生産されている．ここでは，主産地である千葉県での栽培法に基づいて説明する．

3.3.1 輪作体系

千葉県におけるラッカセイの栽培は，栽培期間中の管理の手間がかからないこと，サツマイモと並んで夏期の乾燥に強い作物であることから，現在では露地野菜との輪作体系のなかでの作付が多くなっている．

表3.7 作物と土壌線虫別の寄生程度

	キタネコブセンチュウ	サツマイモネコブセンチュウ	ジャワネコブセンチュウ	キタネグサレセンチュウ	ミナミネグサレセンチュウ		キタネコブセンチュウ	サツマイモネコブセンチュウ	ジャワネコブセンチュウ	キタネグサレセンチュウ	ミナミネグサレセンチュウ
オカボ	+	+	+	+	++	ホウレンソウ	+	+++	+	+	+
ムギ	-	+-	+-	+	+	ニンジン	+	+++	+	+++	
トウモロコシ	-	++	+	+	+	ゴボウ	+	++	+	+++	
ラッカセイ	+++	-	-	+-	-	ダイコン	+	+	+	++	
ダイズ	+	++	+	++	++	カブ	-	+	-	+	
エンドウ	+	+	+	+	+	ナガイモ	+-	+++	++	++	
ナス	+	+++	++	+	++	サツマイモ	+	+++	++	+	
トマト	+	+++	+++	++	++	サトイモ		+	+-	-	++
ピーマン	+	+++	-	+	+	ネギ	+	+	+	+++	++
メロン	+	+++	+		+	キャベツ	+	++	++	+	+
スイカ	-	+++	++	++	++	イチゴ	+	-	+	++	
ハクサイ	+	++	+	+	+	ショウガ	+	++	+		
レタス	+	+	+	+++	-						

注:「-」寄生しない,「+-」寄生する,「+」寄生増殖する,「++」増殖多い,「+++」増殖きわめて多い,空白は不明.

ラッカセイの連作障害で最も大きな問題はキタネコブセンチュウの被害であるが,ほかにも土壌病害虫などの影響が考えられ,収量減も報告されている.また,莢表面に褐色の斑点が現れることも商品の外観品質を損ねることから問題となる.

ラッカセイは,サツマイモネコブセンチュウおよびネグサレセンチュウの被害を受けないことから,千葉県ではサツマイモ,サトイモおよびニンジン等との輪作が多い.作物と土壌線虫の種類別寄生状況を表3.7に示した.

3.3.2 栽 培 法

ラッカセイは熱帯・亜熱帯性作物であるため,高温で発芽や株の生育が良く,播種後に低温に遭遇すると発芽せずに腐敗してしまうことが多い.

ラッカセイの発芽と温度の関係を図3.3に示した.小粒系の品種では23℃以上では発芽率に大きな差はないが,大粒種(バージニアタイプ)では30℃

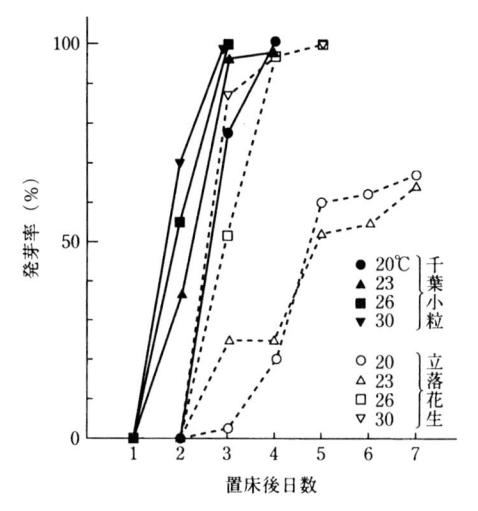

図 3.3 ラッカセイの発芽と温度 [12]

までは温度が高いほど発芽率が高い．1965 年以前は麦間に播種されることが多かったが，1962 年頃に前作のジャガイモ栽培に使用したマルチを再利用したことがきっかけとなって，マルチ栽培が普及し，現在ではこれが慣行となった．

栽培方法別の生育および収量を表 3.8 に示した．マルチ栽培では，'千葉半立''ナカテユタカ'ともに露地栽培に比べ開花期が 5～6 日程度早く，分枝長は'千葉半立'で約 40%，'ナカテユタカ'では約 20% 長く，莢実や子実収量は'千葉半立'で約 20%，'ナカテユタカ'では約 30% 増収し，上実歩合や上実百粒重

表 3.8 品種および栽培方法別の生育量・収量（千葉県八街市，2000～2009 年平均）

品　種	栽培方法	開花期 (月/日)	分枝長 (cm)	分枝数 (本)	上莢数 (個/株)	莢実数 (kg/a)	子実重 (kg/a)	むき実歩 合(%)	上実歩 合(%)	上実百粒 重(g)
千葉半立	露　地	7/3	35	43	14.1	26.4	18.6	71	79	81.3
	マルチ	6/29	50	48	12.7	31.3	22.6	72	80	83.4
	晩播マルチ	7/17	45	47	14.7	26.4	18.6	71	75	78.8
ナカテ ユタカ	露　地	6/30	31	39	14.7	27.5	19.6	73	82	89.5
	マルチ	6/26	41	42	21.0	35.2	26.5	73	87	91.5
	晩播マルチ	7/16	40	44	15.5	29.6	21.1	71	80	85.9

播種基準日：露地およびマルチ 5 月 15 日，晩播マルチ 6 月 15 日．平均畝間 66 cm，株間 30 cm．低度化成 (3-10-10) を 10 kg/a 施肥．

も高くなった．ラッカセイにおけるマルチ栽培の長所として，設置している間の地温上昇による初期生育の促進，初期開花数増加による収量増加効果が考えられる．

ラッカセイの栽培は，播種時期から早播栽培，標準播栽培および晩播栽培の3つに大別される．千葉県におけるラッカセイ栽培暦を図3.4に示した．

千葉県においては発芽温度の関係から5月上旬以降で播種可能となるが，5月上旬播種では天候によって地温の変動幅が大きく，出芽は不安定である．このため千葉県標準技術体系での最適播種期は5月中下旬としており（標準播栽培），この時期の播種であればマルチ・露地栽培にかかわらず，ほとんどの品種の栽培が可能である．

南九州地域では9月以降の台風やさび病発生等の回避のためと，早生系品種の導入とマルチ栽培普及による作期の移動により，3月下旬～4月中旬播種が標準播栽培となっている．

千葉県における晩播栽培（6月上旬以降の播種）は，'千葉半立'のような晩生品種では収穫間際の低温により子実の肥大が悪く小莢が増加する傾向があり，収量的には標準播露地栽培並となる．早生および中生品種では6月上旬播種でも大きな減収はないが，中旬以降では減収が顕著となることから，千葉県では6月中旬播種が晩播栽培の限界である．

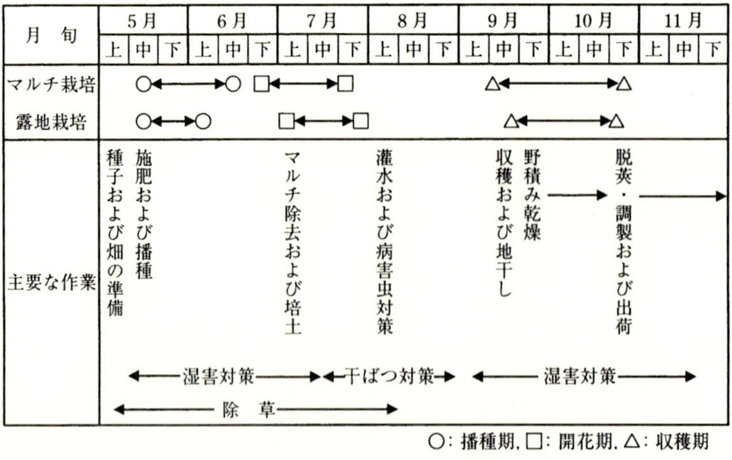

図3.4 ラッカセイの栽培暦（千葉県，煎り莢用）

○：播種期，□：開花期，△：収穫期

一方早播栽培は，マルチだけでは発芽に必要な地温を安定して得られないため，不織布のべたがけやトンネル資材等が必要となることから，高収益性が見込めるゆで豆用栽培を除き，ほとんど実施されていない．

3.3.3 播種の準備

ラッカセイは日当たりが良く，有機物を適度に含み，排水性が良い砂地土壌を好む．したがって凹凸が少なく，排水性の良い圃場が最適である．

千葉県の施肥基準は，10 a あたり成分で窒素 3 kg，リン酸およびカリウム 10 kg である．窒素については，根粒菌の共生により，露地野菜に比べ 1/5〜1/10 程度で栽培可能であり，野菜後のような肥効が残っている圃場では，無施肥でも栽培できる．また，カルシウムについては，子実の充実の際に必要であり，10 a あたり消石灰等を 40〜50 kg 施用することが推奨されている．

堆肥は，前作もしくは播種の 1 ヶ月前までに完熟したものを 10 a あたり 500〜2000 kg 散布し，よく攪拌しておくことが重要である．近年は有機質肥料のみで栽培を試みる農家も多いが，マルチ栽培で播種直前に未熟な堆肥を施用した場合，発芽異常が生じたり，コガネムシの幼虫や白絹病など，病害虫発生の温床になるため，注意が必要である．

種子は播種直前に手むきして，種皮色が極端に異なるもの，形状がいびつなもの，充実が悪いものは取り除く．また，採種栽培の項で詳述するが，種子内部の幼芽の状況を確認しておくと安全である．

10 a あたりの必要種子量は，莢実換算で 12〜15 kg，むき実換算で 8〜10 kg であるが，極大粒である'おおまさり'の場合は 2〜3 割多く必要となる．

3.3.4 播　　　種

最適な播種期は，千葉県では地温の関係からマルチ・露地栽培ともに 5 月中下旬を推奨しており，マルチ栽培が慣行となっている．

晴天が続く播種前日もしくは当日に肥料散布し，マルチを張る．土壌が乾いた状態でも灌水をする必要はなく，また，降雨の直前・直後は播種を見合わせる場合が多い．

マルチ・露地栽培ともに平均畝間は 60〜70 cm，株間は関東地域では 27〜30 cm であるが，九州地域では早生系の品種を栽培するため 15〜20 cm と密

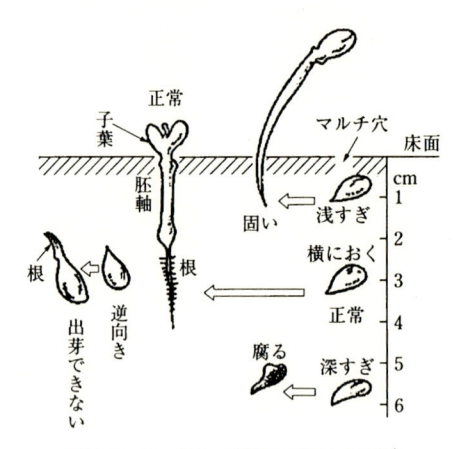

図3.5 ラッカセイ播種の方法と出芽[14)]

植栽培である.

　播種の方法と出芽の状況を図3.5に示した. 根が伸長する方を下にして播くと出根, 出芽に無理がないが, 上下を間違えると出芽が悪くなるため, 横向きに播種する. 2～3cm押し込み, マルチの穴を塞ぐ程度に土で被覆する. 播種位置が浅く, 被覆した土量が少ないと, 出芽しても子葉が展開せずに胚軸が長く伸長して, 倒れてしまうことがあり, 逆に深すぎると出芽できないことがある.

　ポット等に播種し, 発芽させてから移植することもできるが, 大面積栽培に対応できないこと, 播種後, 移植までの期間が短いこと, 根域が浅くなり干害に遭いやすいことなど, デメリットが多い.

3.3.5 栽培管理

　マルチ栽培では播種後7日, 露地栽培では10日程度で出芽する. 種子内で本葉の分化が進んでいることから, 子葉が展開するとすぐに第2葉まで展開する. その後の生育も早く, 通常1週間に1節の割合で生育する.

　開花は品種にもよるが, 標準播マルチ栽培で出芽後30日程度, 露地栽培では35日ごろから始まる. 圃場の約半分の株が開花を始めた時期を開花期とし, これはそれぞれの品種の収穫期判断の目安となる. ラッカセイの開花期間は約60～90日間と長く, 500花以上開花するが, 開花盛期（標準播栽培で7月末

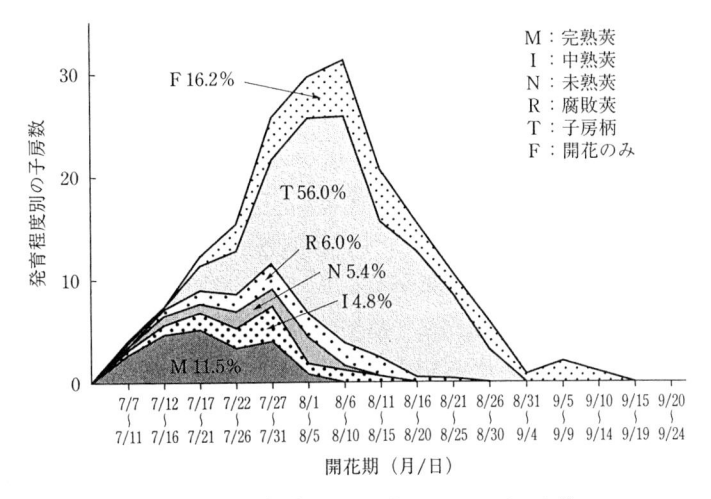

図3.6 ' 千葉半立 ' の開花時期別莢実の発育程度[22]

頃) 以降の花はほとんど上莢にはならず, 有効花が少ない作物である (図3.6).

　また, 莢が土中のため見ることができないことと, 1株の中に莢子実の成熟程度が異なるものが存在するために収穫適期判断が難しいことから, 開花期を把握しておくことが重要となる.

　マルチ栽培では開花が認められてから7~10日後まで (子房柄が刺さるまで) に, マルチを除去することが望ましい. マルチ被覆をしたままで7月下旬~8月中旬の結莢期に干ばつに遭うと空莢の発生が助長される. 生分解性マルチ等を使用することで, 除去作業を省略することができる. 極大莢品種である'おおまさり'は株が大きいため, 開花が確認されたらすぐにマルチを除去する.

　マルチの除去にあわせて, 除草と中耕培土を行う.

3.3.6 病害虫防除

　ラッカセイのおもな病害には次のようなものがある.

　小葉に直径1~5 mmの黒褐色の円形状病斑を示す黒渋病や, 小葉に直径1~10 mmの黒褐色で外輪が黄色く縁取られる円形状の病斑を示す褐斑病は, 降雨による土壌の跳ね返りから感染する. 生育後期の掘取り間際の発生では収

量への影響は小さいが，開花期前後から発生した場合は下葉の落葉による生育および収量の低下が著しい．本葉が著しく縮れるそうか病は，低温・多湿年に多く発生するが，近年はほとんど発生が確認されていない．以上の病害は薬剤防除の効果が大きい．

茎腐病は上位の茎葉から枯れる病徴を示し，すぐに隣株に移ったりはしないが，枯れた残渣が翌年の発生源となる土壌病害である．収穫時に病株を処分し，堆肥化しないようにする必要がある．

株元の茎に白い絹状の菌糸がまとわりつく白絹病は，土壌中の有機物を分解する好気性の菌で，きわめて多犯性である．ラッカセイでは，生育後期に落葉や土中の莢や根を犯しながら感染し，感染株は地表に近い下位枝から枯れ始め，1～2日後には株全体が枯れるとともに，隣の株に感染する．登録農薬は，予防的な効果しかないため，株元に白い菌糸が確認された株は，土中の白い菌糸や2～3 mmの赤褐色の胞子体，周囲の土もあわせて取り除く必要がある．

葉の表面に赤さびに似た赤褐色の病斑を示すさび病は，感染スピードも速く，最初の感染株を中心に円形状に株が枯れあがる．病原菌は現在のところ国内では越冬できず，フィリピンなどの東南アジアから台風によって運ばれてくるため，台風が近づくことが多い九州南部で発生が多い．登録農薬はなく，発生した場合は抜取り処分する．今後地球温暖化が進み，国内で越冬するように

表3.9 ラッカセイの主要病害虫と登録農薬 (「平成22年度千葉県農作物病害虫雑草防除指針」から抜粋)

病害虫名	登録農薬
褐斑病	ジマンダイセン(水)，ダコニール1000，トップジンM(水)，トップジンM(粉)，バイコラール(水)，ベンレート(水)，マネージ(水)，硫黄(粉)80
黒渋病	硫黄(粉)80，トップジンM(水)，トップジンM(粉)
白絹病	フロンサイド(粉)
そうか病	ジマンダイセン(水)，トップジンM(水)，トップジンM(粉)，ベンレート(水)
アブラムシ	スミチオン(乳)，トレボン(乳)，トレボン(粉)DL
コガネムシ	オンコル(粒)5，ダイアジノンSLゾル，トクチオン(細粒)F，フォース(粒)，DD油剤
ヒョウタンゾウムシ	トクチオン(細粒)F
キタネコブセンチュウ	DD油剤，クロールピクリン，ドジョウピクリン，クロピク80

(水)：水和剤，(乳)：乳剤，(粉)：粉剤，(粒)：粒剤，(細粒)：細粒剤．

なると，毎年・生育早期からの発生が想定され，被害拡大が危惧される．このほか，汚斑病，根腐病等が知られている．

ラッカセイ栽培のうえで問題となるおもな害虫は，コガネムシ，ヒョウタンゾウムシの幼虫などである．ラッカセイの主要病害虫と登録農薬を表 3.9 に示した．

3.3.7 灌　　水

ラッカセイは乾燥に強い作物であるが，莢実の肥大が始まる 7 月下旬以降の土壌水分が不足すると，莢が肥大しても内部の子実が褐変枯死して肥大せず，空莢を生じやすい．

ラッカセイは，根と同じように莢からも水分等の吸収を行うことが知られている．特に，開花期後 30～45 日頃から始まる子実の肥大にカルシウムの吸収を必要とし，そのためには結莢圏にある程度の土壌水分が必要である．目安として，地表から 5 cm 程度の土壌を握って固めても崩れてしまうほどに乾燥した場合は，灌水をする必要がある．

また，過度な乾燥条件では，日中でも本葉の蒸散量を抑制するために小葉を閉じる．株自体はこのような状態になっても，すぐに枯れることはないが，このような状況が続くと，子実の形成，肥大が阻害され，大きく減収することが多い．

3.3.8　収穫適期判定

ラッカセイの莢子実の品質や食味は，収穫時期による差が大きい．早すぎると未熟な子実が多くなり収量が減少し，掘り遅れると子実が過熟となり，種皮色が白っぽくなり，斑点が生じるたりするとともに，食味が落ちることがある．したがって，適期に収穫することが，高品質を維持するのに重要となる．

品種別の収穫適期を表 3.10 に示した．基本的には開花期後の日数で判断するが，年によって差もあることから，収穫予定 7 日前ぐらいから試し掘りを行うとよい．特に'ナカテユタカ'は，収穫が遅れると，子実の過熟に伴うショ糖含量の低下が早いため，食味が低下する．また，種皮色が白っぽくなることから，商品価値が低下するので注意が必要である．

試し掘りによる適期判定は，圃場から生育中庸な 4 株を抜き取り，網目がは

表3.10 ラッカセイ主要品種と収穫適期

品　種	早晩性	草　型	収穫適期
タチマサリ	早　生	立　性	開花期後75日
郷の香	早　生	立　性	開花期後75日
ナカテユタカ	中　生	立　性	開花期後80日
土の香	中　生	立　性	開花期後80日
おおまさり	晩　生	中間型	開花期後90日
千葉半立	晩　生	中間型	開花期後95日

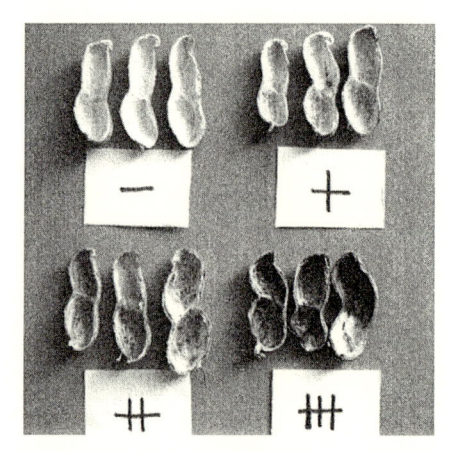

図3.7　莢裏の色からみた収穫期判定（ナカテユタカ）

っきりしている莢が全体数の80％程度になった時点を目安としている．

また，千葉県の奨励品種である'郷の香'と'ナカテユタカ'では，莢裏の色から収穫適期が判断できる．圃場から生育中庸な4株を選び，各株から株元5莢をとってその莢裏の色を観察し，半数以上が淡褐色（図3.7；右上＋）以上に変色して，黒褐色の莢（図3.7；右下＋＋＋）が1つでもみられた時を収穫適期の目安とする．

3.3.9　収穫と乾燥

ラッカセイは直根が深く伸長しているため，耕耘機やトラクターに根切り用の刃がついたアタッチメントを装着して直根を切っておくと，掘り取り作業が楽になる．

掘り上げた株は土を落として3～5株を一束とし，根を上にして地干しする

図3.8 ラッカセイの野積み（ぼっち）

（ゆで加工やレトルト加工をする場合は地干ししない）．極大莢の'おおまさり'は従来品種に比べ莢実が重く，また茎が柔らかいため，地干し中に株がつぶれてしまい，莢実の乾燥が進まないことが問題となっている．水稲のような竿架け乾燥等の検討を始めている．

収穫時に茎腐病や白絹病などの病株があれば，圃場外に持ち出し埋没処分する．

7～10日間地干しさせると収穫直後に50％程度であった子実水分が15～20％まで下がり，機械脱莢が可能となる．千葉県をはじめとした関東南部地域では，地干し乾燥に引き続き，圃場において莢実を内側にして直径1m程度の円筒形に積み上げて野積み（ぼっちと呼ばれる）を行い，晩秋から初冬に吹く冷たく乾いた風を利用してさらにゆっくり乾燥させる（図3.8）．この野積みにより，子実水分は9％以下まで低下する．しかし，この作業は10aあたり7時間程度を要する人力作業であること，近年はこの時期に降雨が続き，乾燥ができない場合もあることから，地干し終了後すぐに脱莢することもある．この場合はまだ子実水分が高く貯蔵性が悪いため，機械乾燥や天日乾燥による追乾燥が必要である．

3.3.10 乾燥中のショ糖およびデンプン含量の変化

子実中のショ糖含量はラッカセイの食味に大きく関与している[24]．収穫後の乾燥中には，子実中の水分が低下するだけではなく，代謝によって種々の成分

も変化していることが指摘されている．鈴木 (2008)[19] は，子実中のショ糖含量およびデンプン含量の推移について，地干し状態で乾燥させた後風乾したものと，収穫直後に脱莢して風乾したものについて経時的に調査を行った．地干ししたものでは，ラッカセイ子実中のショ糖含量は，収穫直後に乾物重当たり4%ほどであったものが，32時間後には半減し，その後増加に転じ，乾燥が十分進んだ後には収穫時よりも高く，乾物重当たり約6%となった．一方，子実中のデンプン含量は，収穫後乾燥が進むにつれて低下し，最終的に半減した (表3.11，図3.9)．収穫直後に脱莢し風乾したものでは，ショ糖含量，デンプン含量ともに地干ししたものとほぼ同様の推移を示したが，いずれも乾燥終了後には地干しを行ったものに比べて低くなった．以上から，収穫直後のショ糖の呼吸による消耗，乾燥中のデンプンからショ糖への転換，茎葉から子実へのデンプンの転流等の可能性を推察した．また，通風乾燥等短期間での乾燥は，

表3.11 収穫後の子実の水分，ショ糖およびデンプン含量の推移[19]

項目	試験区	収穫後の経過時間									野積時	風乾時
		0h	6h	12h	18h	24h	32h	40h	48h	60h	72h		
水分含量 (%)	地干し区	46.9	45.0	43.0	43.1	42.9	43.7	42.7	41.8	40.6	39.4	12.8	5.8
	脱莢区		45.4	44.1	43.3	43.2	40.3	39.6	38.2	38.9	34.8	—	5.8
ショ糖含量 (乾物%)	地干し区	4.03	3.75	3.72	3.50	2.75	1.96	2.64	3.04	3.13	3.41	5.47	6.13
	脱莢区		3.18	3.40	2.30	2.48	2.57	1.88	2.69	3.05	3.26	—	5.25
デンプン含量 (乾物%)	地干し区	9.82	—	9.16	—	9.01	—	—	9.02	—	8.20	4.54	4.52
	脱莢区		—	9.29	—	8.72	—	—	8.36	—	6.27	—	4.11

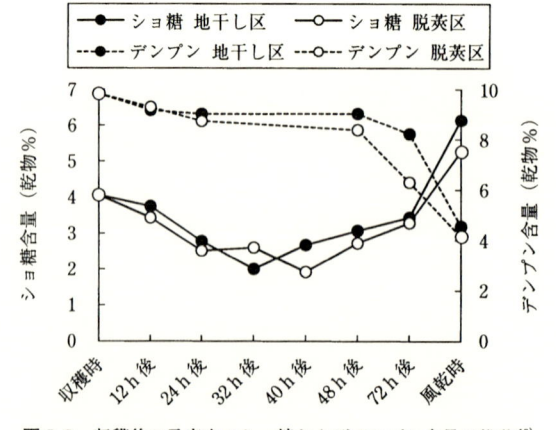

図3.9 収穫後の子実中のショ糖およびデンプン含量の推移[19]

地干し乾燥に比べ，子実のショ糖含量を低くし，食味を低下させるとした．

以上の知見は，経験的に行われてきた地干し・野積みによる乾燥方法がきわめて理にかなっている事を明示しているとともに，今後，収穫・乾燥作業を機械化，省力化していく場合に考慮しなければならない問題を示している．

3.3.11　ゆで豆用栽培

ラッカセイのゆで豆は，ダイズにおけるエダマメと同様に，ゆでて食用にするもので，柔らかく甘みがあり，煎り豆とは異なる食感が味わえる．煎り豆用栽培との違いは，同一品種でも煎り豆用より5～10日早く収穫することである．莢・子実の肥大充実がそろっていて，莢外観がきれいなものが求められるため，早生品種'郷の香'や中生品種'ナカテユタカ'がおもに栽培されている．また，近年育成された晩生品種の'おおまさり'は，甘い食味と柔らかい食感，莢・子実の大きさという特徴をもっている．千葉県におけるゆで豆用栽培暦を図3.10に示した．マルチ栽培のほか，早期栽培としてトンネルマルチ栽培，不織布のべたがけとマルチを併用した栽培が行われている．

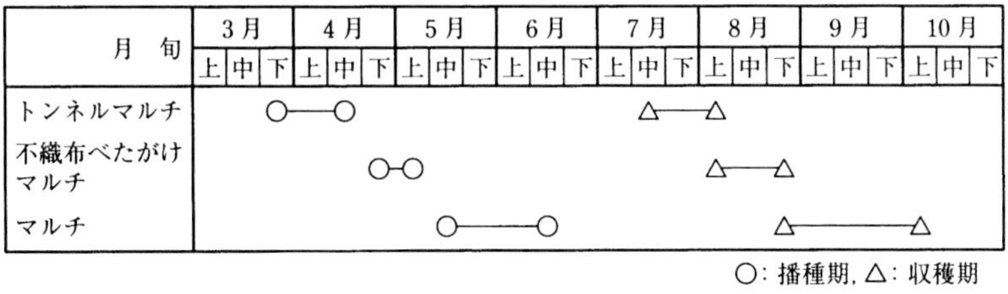

図3.10　ゆで豆用ラッカセイの栽培方法別播種期および収穫期（千葉県）

3.3.12　採種栽培

採種用の栽培では，普通栽培での作業に加え，立ち毛，収穫時に草型，莢型および莢の大きさ等の品種の特徴に注意して，異型株を取り除く作業が必要である．

バージニアタイプの大粒種では，開花期後30～50日目の子実の肥大初期（本葉分化期）にカルシウム等の吸収のため，土壌水分を必要とする．不足した場合は，種子（子実）内の幼芽部（すでに形成されている本葉や胚軸）の一部もしくは全体が黒または褐色に変色して壊死（以後幼芽褐変症と記述）する

潜在的空莢の一症状と考えられる生理障害を発症する．

前年が干害年であった1981年には出芽時に，子葉が展開後本葉が縮れたり，欠損した異常出芽が多く認められた．

井口ら（1983）[5]は，幼芽褐変症の発症程度（図3.11）と異常出芽の程度の関係を調査した結果，幼芽褐変症が生じた子実の90％程度が異常出芽となること（表3.12），'ナカテユタカ'では開花期後45日目頃の灌水によって本症状の抑制効果があること（図3.12），開花期後45日目頃は'ナカテユタカ'では子実の肥大初期（本葉分化期）に該当すること，バレンシアタイプやスパニッシュタイプの小粒系品種ではほとんど発症しないことを報告している．

また，鈴木（1967）[20]は，開墾地のようなカルシウム不足地では空莢発生とともに，その子実を種子とした場合に異常出芽が多く，子実内の幼芽の褐変と異常発芽性は同一症状であると報告している．

これらのことから，幼芽褐変症は水分不足によるカルシウムやホウ素等の吸収阻害のために生じる生理障害と考えられる．なお，子実の肥大初期（本葉分化期）は，品種の早晩性によって7日程度の差が見込まれ，'千葉半立'の場合は開花期後45～55日目頃までの乾燥が継続すると幼芽褐変症の発生が危惧さ

正常：異常なし
軽症：本葉部の一部が褐変
中症：本葉部の1/2以上が褐変，または生長点が褐変
重症：本葉部および生長点が褐変

図3.11 幼芽褐変症の発生程度

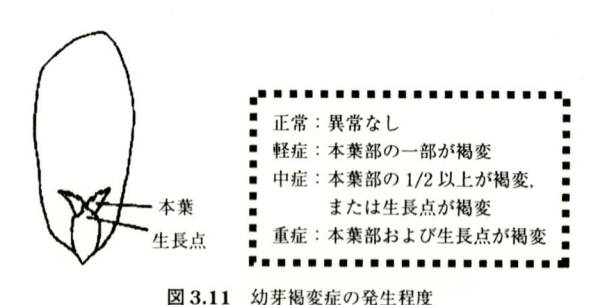

表3.12 幼芽褐変症の程度別出芽状況（単位：％）[5]

幼芽褐変症程度	正常出芽	異常出芽					未出芽				子葉節分枝欠損株率
		小葉欠損	本葉欠損	幼芽欠損	子葉未展開	（合計）	胚軸根異常	腐敗	未発芽	（合計）	
健 全	64.0	24.0	0.0	12.0	0.0	36.0	0.0	0.0	0.0	0.0	31.8
軽 症	8.7	30.4	4.3	47.8	0.0	82.5	8.7	0.0	0.0	8.7	22.2
中 症	0.0	8.3	8.3	41.7	0.0	58.3	33.3	8.3	0.0	41.6	0.0
重 症	0.0	0.0	4.8	19.0	0.0	23.8	42.9	33.3	0.0	76.2	0.0

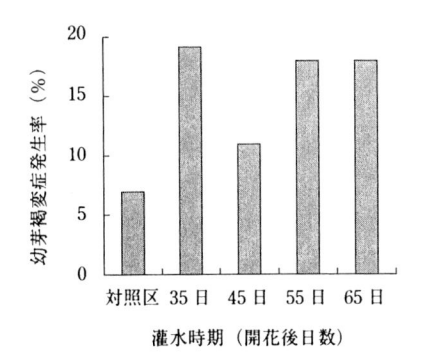

図 3.12 灌水時期（開花期後日数）と幼芽褐変症発生率（ナカテユタカ）[5]
対照区は開花期 25 日後から 10 日毎に 5 回灌水.

れる.

また，幼芽褐変症はよほどの重症にならないかぎり，外見からは区別がつかない．このため，種子選別等で除去することができない点が採種の問題点となっている．したがって，幼芽褐変症の発生を抑制するためには，開花期後30～45日目の間に1回あたり30 mm 程度の灌水を行うことが必要で，特に'ナカテユタカ'では2～3回行った圃場から種子を確保することが重要となる．また自家採種をする場合，空莢の発生が多い圃場のラッカセイは，見た目の充実が良くても種子にしない，または播種前に一部の子実を割って幼芽の状態を確認しておくことが必要である．

3.3.13 機械化

ラッカセイ栽培における労働時間を表 3.13 に示した．

ラッカセイは栽培期間中の手間は少ないが，播種と収穫に労働時間が集中する．また，近年は栽培農家の高齢化が進んでいることから，省力化を図るため機械化が求められている．

播種に関する機械は，種子用のむき実機械とマルチ同時播種機が考案された．しかし，むき実機械は食品加工用の機械の利用を検討したが，子実が割れたり種皮が傷つくことから断念された．マルチ同時播種機は，数社の農機具メーカーで開発されたが，播種精度が低く普及には至らなかった．

収穫に関する機械は，米国等ではラッカセイコンバインが使用されている

表3.13 ラッカセイ栽培における労働時間（10aあたり）

作業名	作業時期	利用機械	のべ作業時間(h)
堆肥施用	前作または播種1ヶ月前まで	トラック	3.0
種子準備・選種	播種前	人力	1.0
施肥	播種前	背負動力散粒機	1.3
土壌害虫防除	播種前	背負動力散粒機	0.2
耕転・整地	播種前	ロータリー	0.7
マルチング	播種前	マルチャー	1.6
播種	5月中旬〜6月中旬	人力	7.0
除草剤散布	播種後	動力噴霧機	0.4
マルチ除去	6月下旬〜7月下旬	人力	4.0
中耕培土	マルチ除去後	歩行型管理機	0.8
薬剤散布	7月中旬〜 1, 2回	動力噴霧機	1.2
収穫	9月中旬〜10月下旬	歩行型掘取り機	0.6
地干し	収穫後	人力	4.8
野積み	収穫1週間後	人力	7.0
脱穀・調製	10月下旬〜	落花生脱穀機	5.5
		（合計）	36.1

が，収穫期に乾燥した天候が続き，掘り上げた後に自然に子実の乾燥が進む地域である．しかし，日本では収穫時期に晴天が長期間続かないため，導入は困難であった．現在は，ポテトディガーを改良した機械で掘り上げて土を落とし，人力により地干ししている．

3.4 加工と利用

3.4.1 流通・加工の概要

農林水産省畑作振興課（2001）の推計によれば，国産ラッカセイの半分は「殻付き」，1割強が「味付け」，3割ほどが「バターピーナッツ」として消費され，残りが菓子原料となっている．一方，輸入大粒ラッカセイは「味付け」「バターピーナッツ」に全量利用されている．輸入小粒ラッカセイは大半が「バターピーナッツ」や「豆菓子・製菓原料」とされている（表3.14）．

国産ラッカセイの流通販売形態を千葉県の例を中心に述べる．①脱莢機によってもがれた莢は「土莢」と呼ばれ取り扱われる．②農家は土莢を業者または農協に30kg入り麻袋の形態で売り渡す．③価格はいわゆる庭先価格で，

表 3.14　ラッカセイの用途別消費うちわけ（％）

	殻付き	バターピーナッツ	味付け	揚げピー	豆菓子	製菓原料	（計）
国　産	53	32	13	—	—	2	100
輸　入	—	45	14	7	13	20	100
大粒種	—	45	55	—	—	—	100
小粒種	—	40	—	—	10	20	30	100
全　体	21.4	39.8	13.5	3.9	7.9	12.7	100

買い付ける業者がその場で値決めすることが多い．業者と農家の間に長い間の取引関係があり，信頼関係が築かれていることも多い．

集荷した土莢は水洗・乾燥し，「洗い莢」とする．水洗いにはニンジン洗浄機をラッカセイ用に改良を加えたものを用いることが多い．乾燥には火力による温風乾燥を用いることが多いが，天日乾燥によるこだわりの商品もある．土莢の仕入れから洗い莢とするまでの間に，何回かの，風による比重選別，篩選別，手選別を行うが，最近では色彩選別機を導入している業者も増えている．洗い莢は 37.5 kg（10 貫目）入り麻袋で保存され，また業者間の流通が行われる．

選別の結果，莢の割れや傷，汚れなどで洗い莢に利用できない莢実は機械により莢を割って子実を取りだした「むき実」とし，再度，何回かの選別を行って 30 kg の麻袋で保存，取引される．

秋に収穫したラッカセイは，最も商品が流通する 2 月頃までは，気温が低く乾燥した季節であるため普通の倉庫に保管することで何ら問題を生じないが，それ以降は品質の保持のため，低温または冷凍倉庫に貯蔵する必要がある．

ラッカセイ業者は，農家から土莢の買い付けだけを行う場合から，加工と販売を行う場合，買い付けから店先での販売まで一貫して行う場合，等多様であり，また，業者間の材料，半製品，製品，加工品の取引も複雑である．農家との結びつきも，一度きりの買い付けから，何年にも渡り取引を続け種子の供給から作物の管理作業を手伝う場合まであり，一様ではない．

3.4.2　煎り加工品

殻付きで煎る「煎り莢」とむき実を煎る「味付け」「素煎り」がある．ラッカセイは焙煎により，水分が減るとともに焼き色と香り成分が出てくる．メイ

ラード反応，複素環式化合物やアルコール，アルデヒド等の生成が関与していると思われるが[13]，いまだ不明な点が多い．

焙煎後は空中の酸素や水分による劣化のため，従来は購入後1週間程度で風味が落ちたが，酸素バリア性の高いフィルムを用いた減圧包装，酸素除去剤の封入により，3か月程度は安定した品質を保てるようになった．

a. 煎り莢（殻付き）

選別，水洗いを終わった洗い莢を煎り釜で焙煎する．釜は回転する籠状のドラムとそれを熱するガスバーナーからできている（図3.13）．標準的な釜では75 kg（麻袋2本）を焙煎できるが，60〜70 kg程度に減量し，煎り籠の中で材料がよく撹拌されるようにして煎りムラを防いでいる場合が多い．約180℃で焙煎時間は1時間前後である．煎りが浅いと香気が足りず，深すぎると焦げ臭さが出る繊細な作業である．

図3.13 莢煎り釜

b. 味付け・素煎り

渋皮（種皮）付きのむき実を煎る場合には，塩水に漬けた後，水平方向に回転して子実を撹拌する構造の煎り籠（図3.14）を用い，20分から30分程度焙煎する．焙煎前に塩水に浸けたものは「味付け」，塩水には漬けずそのまま煎ったものは「素煎り」と呼ばれている．

図3.14　味付け・素煎り用の煎り籠

3.4.3　その他加工品

a. バターピーナッツ

渋皮の除去には，むき実を蒸煮して渋皮を浮かせ，刃で渋皮に傷をつけてからロールの間を通してむき取る構造の機械を用いる．これをパーム油で数分かけて揚げ，食塩等で味をつける．現在はバターを使わないことも多いが，「バターピーナッツ」，「バタピー」という名称が一般化し，定着している．

b. ピーナッツバター

煎った子実をロールですりつぶし，食塩，砂糖等を加えて作る．米国でのラッカセイは，ピーナッツバターとしての消費が多い．

c. 甘納豆・蜜煮

アズキ同様，ラッカセイでも甘納豆が作られる．粒が大きいこと，ラッカセイの風味があることが特徴である．むき実を水から煮て柔らかくし，濃度の低い糖蜜で蒸煮した後室温まで冷やし，これを糖蜜の濃度を順次上げながら3～4回繰り返し，3～4日程度をかけて製品化する．莢入りのまま煮詰めたものは「蜜煮」と呼ばれる．

d. その他

砂糖やコーヒー・抹茶などの水溶液を温め，ドラム回転式の釜で子実に絡めて作るものや小麦粉によって外形を変えた豆菓子，煎った子実にみそ・砂糖・水飴等を絡めたみそピーナッツ，煮豆，パウダー，落花生豆腐などがある．また，国内での生産・消費は少ないが，ラッカセイを加熱・搾油したピーナッツオイルはフランス料理や中華料理等に欠かすことができず，世界的には最も重

要な加工品の1つである．

3.4.4 ゆで・レトルトラッカセイ

a. ゆでラッカセイ

収穫したラッカセイをすぐにゆでて食べることは，最も簡単で初歩的な加工であり，ラッカセイの栽培を始めた早い時期から行っていたと想像できる．しかし，生のラッカセイ，ゆでたラッカセイとも，静岡，神奈川，南九州などで地場流通があっただけで広く流通することはなかった．これは，収穫後の水分が多い生莢ではカビが生えやすく，また糖やアミノ酸等の内容成分が急速に減少すること[9]，ゆでたラッカセイは傷みやすく，常温では日持ちしないこと等が原因であった．しかし，今日では冷凍技術や輸送方法の進歩から，ゆでラッカセイの冷凍品が出回るようになっている．

生莢の脱莢は乾燥莢の脱莢機は利用できないので，専用の莢もぎ機を用いるか，手もぎで行う．洗浄にはブラシ式のニンジン洗浄機が用いられることが多い（図3.15）．蒸煮は通常の鍋で常圧でゆでる，圧力鍋でゆでる，高温高圧の蒸気で蒸すなど，それぞれの方法で行っている．常圧でゆでる場合，ゆで時間は1時間程度である．品種は早生品種で，莢のくびれが浅く洗浄しやすい'郷の香'[18]，中生品種の'ナカテユタカ'[21]が使用されることが多い．

図3.15 洗浄機

b. レトルトラッカセイ

ゆでラッカセイが冷凍による流通を前提にしているのに対し，常温流通を目的として千葉県農業試験場（現千葉県農林総合研究センター）は1999年にレ

トルトラッカセイを開発し特許を取得した[2]．

　レトルト製品は外気を遮断した包装であり，嫌気性菌が完全に殺菌される条件（121℃4分以上）を満たす必要がある[16]．蒸煮済みのラッカセイを包材に封入してこの殺菌条件を満たす加熱を行うと，子実が柔らかくなりすぎて食感が悪くなり，食味も低下する[10]．そこで，洗浄・選別した生莢に食塩とアスコルビン酸をまぶし，包材の中に平らにひと並べにしたところ，均一に加熱・殺菌ができ，食味・食感も良い商品とすることができた．加熱温度は121℃，時間は13分が適していた．また，通常のレトルト包材は不透明なアルミラミネート材であるが，商品の特性から中が見える方がよいとして，数種の透明包材を試験し，品質低下の少ないものを選択した[2,3,9]．

　JA銚子（現JAちばみどり）管内の生産者により出荷組合が結成され，播種期，作型[1]を割り振っている．品種はこれまで'郷の香'に統一してきた．収穫日はJAから指定され，早朝から昼までに収穫し，JA所有の自走式脱莢機（図3.16）により機械脱莢して集選果場に持ち込む．ただちに機械洗浄と手選別を行い，予冷処理後低温貯蔵される．翌朝，前述特許の実施許諾を得ているラッカセイ加工業者組合（千葉県レトルト落花生製造連絡協議会）に配送され，個々の加工業者が袋詰めを行う．夕方レトルト加工専門業者により加熱加工され，翌朝ラッカセイ加工業者に引き取られる（図3.17）．工程中，加熱加工が行われるまでは常に低温流通される．商品名は'郷の香'で，年間約30t製造されている（図3.18）．また，極大莢品種である'おおまさり'が育成され[7]，2009年から一般栽培が本格化したことから，'おおまさり'のレトルト加

図3.16 莢もぎ機

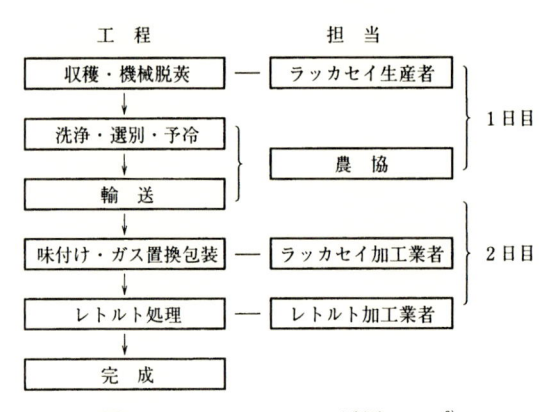

```
工　程　　　　　担　当
収穫・機械脱莢 ── ラッカセイ生産者  ┐
　　↓                              │ 1日目
洗浄・選別・予冷 ┐                  │
　　↓           ├─ 農　協           │
輸　送          ┘                  ┘
　　↓
味付け・ガス置換包装 ── ラッカセイ加工業者 ┐
　　↓                                    │ 2日目
レトルト処理 ── レトルト加工業者           ┘
　　↓
完　成
```

図3.17 レトルトラッカセイ製造フロー[3]

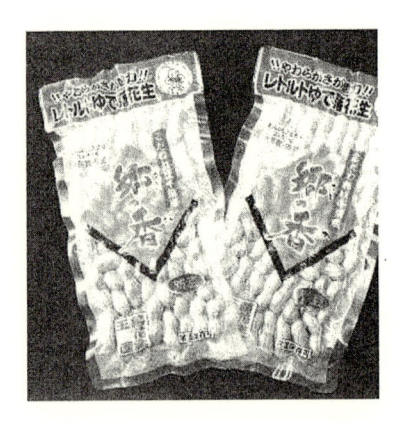

図3.18 '郷の香' のレトルト商品 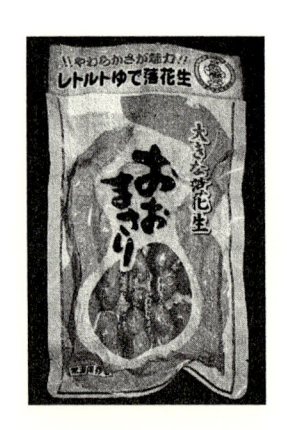　　**図3.19** 'おおまさり' のレトルト商品

工品についても取り組みが始まっている（図3.19）．

〔長谷川誠・桑田主税・清島浩之・鈴木　茂〕

引　用　文　献

1) 深沢嘉人ほか(1996)：千葉県農業試験場研究報告，**37**：107-115．
2) 日坂弘行ほか(1998)：特許第2981995号．
3) 日坂弘行(2011)：日本食品化学工業会誌，**58**：1-6．
4) Husted, L. (1934)：*Cytologia*, **7**：396-423．
5) 井口慶三・渡辺　柱(1983)：千葉県原種農場研究報告，**5**：1-14．
6) 板野　徹(2008)：豆類時報，**53**：62-67．

7) 岩田義治ほか(2008)：千葉県農林総合研究センター研究報告, **7**：17-26.
8) 曽良久男(2003)：わが国における食用マメ類の研究（海妻矩彦ほか編）p.34-42, 中央農業研究センター.
9) 宮崎丈史(2003)：わが国における食用マメ類の研究（海妻矩彦ほか編）, p.559-566, 中央農業研究センター.
10) 森 文彦ほか(1987)：千葉県工業試験場研究報告, **1**：1-6.
11) Naito, Y. et al. (2008)：*Breeding Science*, **58**：293-300.
12) 小野良孝(1976)：農業技術体系 作物編6巻（ラッカセイ）基礎編, p.23-62, 農文協.
13) Sanders, T. H. et al. (1995)：*16. Advances in peanut flavor quality, Advances in Peanut Science* (Pattee, H. E. and Stalker, H. T. eds.), p.528-553.
14) 佐藤忠士(1981)：農業技術体系 作物編6巻（ラッカセイ）基礎編, p.119-144, 農文協.
15) Seijo, G. et al. (2007)：*American Journal of Botany*, **94**：1963-1971.
16) 清水 潮・横山理雄(1995)：レトルト食品の基礎と応用, p.1-11, 幸書房.
17) Singh, A. K. (1995)：*Evolution of Crop Plants* (2nd ed.), p.151-154.
18) 鈴木一男ほか(1997)：千葉県農業試験場研究報告, **38**：55-66.
19) 鈴木一男(2008)：千葉県農林総合研究センター研究報告, **7**：63-67.
20) 鈴木正行(1967)：千葉大学園芸学部学術報告, **15**：115-132.
21) 高橋芳雄ほか(1981)：千葉県農業試験場研究報告, **22**：57-70.
22) 竹内重之ほか(1964)：千葉県農業試験場研究報告, **5**：113-121.
23) 竹内重之(1976)：千葉県らっかせい百年誌, p.3-11.
24) 屋敷隆士(1985)：わが国におけるマメ類の育種（小島睦男編）, p.505-514, 農林水産省農業研究センター.

第4章

その他の豆類

4.1 インゲンマメ

4.1.1 栽培と利用の現状
a. 起源と分類

インゲンマメ (*Phaseolus vulgaris* L.) は，マメ科の1年草で，染色体数は $2n=22$ である．わが国ではサイトウ（菜豆）とも呼ばれる．また，暖地では年に3度収穫できるのでサンドマメとも呼ばれるが，サンドマメはサヤエンドウを指すこともあるので注意を要する．インゲンマメ属は新大陸に約50種分布する．そのうち，インゲンマメ，ライマメ (*P. lunatus* L.)，ベニバナインゲン (*P. coccineus* L.)，*P. polyanthus* Greenm.，テパリービーン (*P. acutifolius* A. Gray) の5種が栽培種である．わが国では，おもにインゲンマメとベニバナインゲンが栽培されている．インゲンマメの品種は草型，用途および粒の形状の多様性が大きい．草型では蔓性，矮性に分け，用途では子実用と若莢用に大別し，子実用はさらに粒大や形状などで細分する．若莢用は野菜として扱われる．

インゲンマメの種子は，メキシコやペルーなどの紀元前の遺跡から出土しており，紀元前にはすでにメキシコからアンデス地帯にかけて広く分布したとみられる．インゲンマメの野生種はメキシコからアルゼンチンに至る南北に長い範囲に分布し，これらの分布域には大きな地理的ギャップがあり，3つの野生集団 (Mesoamerican, Intermediate, Andean) が形成されている．これらの分布集団は異なる遺伝的構成をもち，3つのグループのなかでは，種子タンパク質の比較などから Intermediate グループが最も祖先型であることが判明した[2]．これらのことから，野生種は Intermediate グループの分布域であるエ

クアドルからペルー北部に至る地域で起源し,そこから南北に分布が拡大し,その後 Mesoamerican グループと Andean グループのそれぞれから独立に栽培種が成立したと推定される[10]. インゲンマメは祖先型と栽培種の間には生殖的隔離はほとんどない.

b. 伝播と栽培・利用の現状

新大陸発見後,16世紀初頭にスペインに入り,17世紀末までには北ヨーロッパ一帯に広まった.中国へは16世紀末に伝わり,日本へは1654年(承応3年)に,隠元禅師が来朝の際に中国からもたらしたとされ,それが本種の和名になった.しかし,じつはそれは本種でなくフジマメ(*Lablab niger* Medikus)であって,今でも関西ではフジマメのことを隠元豆と呼ぶことが多く,本種はゴガツササゲとも呼ばれている.本種もその頃に日本に伝来して,栽培され始めたと思われる.その後,明治初期に北アメリカからすぐれた品種を改めて導入し,以降北海道を主に,全国的に栽培されるようになった.特に欧米と同じく,わが国でも家庭園芸で親しまれる作物として普及している.

完熟豆だけでなく,むき実(未熟豆)用,若莢用があり,それぞれ専用の品種が分化している.世界の完熟豆の生産(FAO の統計は *Phaseolus* 属の他の栽培種と *Vigna* 属の一部が dry beans として一括して示されている)は,栽培面積約2521万 ha, 単収0.78 t/ha, 生産量約1972万 t である(2009年産,表4.1). この生産量はマメ類の中でダイズ,ラッカセイについで第3位であ

表4.1 インゲンマメの地域別収穫面積,単収および収穫量(2009年度:FAOSTATのデータより作表)

地 域	収穫面積 (万 ha)	単収 (t/ha)	収穫量 (万 t)
アジア	1103	0.73	809
アフリカ	601	0.63	381
ヨーロッパ	24	1.82	44
北アメリカ	70	1.94	137
中央アメリカ	203	0.74	150
南アメリカ	487	0.88	428
オセアニア	5	0.93	5
(世界計)	2521	0.78	1972

注:収穫量・単収は乾燥子実重ベース.統計には *Phaseolus* 属のほか, *Vigna* 属の一部を含む.

る．アジアでの生産が最も多く，世界の約半分の栽培面積と生産量を占め，なかでもインドが最も多い．ブラジル，中国，メキシコ，アメリカなども大生産国である．インゲンマメは温帯，亜熱帯，熱帯各地に広く栽培され，量の多少はあれ，世界中のほとんどすべての国々で栽培されている．

日本では，子実用のインゲンマメは1950～60年代には10万ha弱で10万t以上の生産があったが，現在は栽培面積1万ha余，生産量は3万t弱に減少した．しかし10aあたり収量は増加し，現在は200kgを超えている．北海道が全国の90%を占め，なかでも十勝地方が過半で，北見地方がこれに次ぐ．青森，山形などでも栽培があり，寒冷地がおもな栽培地である．

なお，若莢用のいわゆるサヤインゲンは全国で栽培されている．

4.1.2 遺伝と形態

a. 品種と遺伝

品種は多様で数もきわめて多い．草型は蔓性，矮性，半矮性，叢性に分類される．また，利用上からは子実用と若莢用に分けられる．わが国では，子実用としては，煮豆・甘納豆用と白あん用が大部分である．煮豆や甘納豆用には金時類と中長鶉類が，あん用には手亡類が主として用いられる．

矮性品種には種子用が多く，これらは熟期がそろい，支柱も不要で大面積の栽培に適する．品種によって感温性，感光性に差があり，地域適応性が異なる．温度に対する感応度には大きな差があり，高温型，低温型，中間型の3型に分類される．暖地では高温でもよく結実する高温型が栽培に適する．早生品種の生育日数は約90日，晩生品種は130日である．

わが国では道立十勝農業試験場が子実用を対象に育種を行っている．また，道立中央農業試験場では蔓性インゲンマメとベニバナインゲンの育種を行っている．育種目標は，多収，良質（大粒，食味），耐病性，耐冷性が重視される[8]．耐病性では，糸状菌の炭疽病やウイルスによるインゲン黄化病（病原菌はダイズ矮化ウイルス）がおもな対象とされている[1]．また，機械化適応性では，裂莢性が難で，耐倒伏性，成熟の斉一性，着莢位置の高いことが目標となる．これまでに育成された主要な品種は，早生・多収・良質の'大正金時'（1956年育成），多収・耐冷性の'姫手亡'（1976年育成），大粒・多収の'福勝'（1994年）などがある．若莢用の主用品種は，'ケンタッキーワンダー'，'マス

ターピース','黒三度'などである．

海外では，コロンビアにあるCIAT（国際熱帯農業研究センター）が3万点を超す遺伝資源を有しており，これらの遺伝資源を活用しながら，熱帯・亜熱帯の諸国と協力して育種を行っている．

b. 形 態

蔓は1.5～3m伸び，旋回して支柱に巻きつく．蔓無しは0.5m前後の矮性で節数は5～7，節間が短く詰まっている．蔓性と蔓無しの中間の半蔓性の系統を区別することもある．初生葉は単葉で対生し，本葉は各節に互生し，3小葉よりなり，長い葉柄をもつ（図4.1）．根は，主根はあまり深く伸びず，側根が多数生じ，主根よりも長く伸びて，概して浅根性の疎な根系を形成する．

葉腋から花茎が出て，総状花序がつき2～数花が咲く．花は5花弁からなる蝶形花で旗弁は高さ10mm，幅12mm，色は白，紫，紅色などである．雄蕊は2束で湾曲し，花糸の先は柱頭と同長となる．雌蕊の先は環状に捻転し，柱頭に密毛が生えている（図4.2）．花芽分化は，矮性品種では播種後20～25日，蔓性品種では播種後約25日から始まる．これは本葉4～5枚が展開した頃にあたる．矮性品種では主茎と側枝にほぼ一斉に花芽が分化するが，蔓性品種では第6～7節に最初に分化して以降，順次上位節に及ぶ．また花芽分化数に対して，開花するものは20～30％である[6]．開花数は品種や気候・栽培条件によって異なるが，暖地では蔓性品種で80～200個，矮性品種で30～80個であ

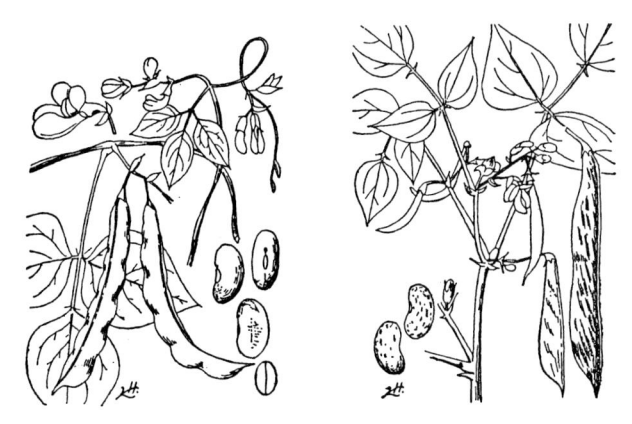

図4.1 インゲンマメの草姿[4]
左：蔓性系，右：わい性系．

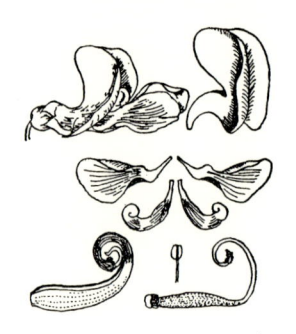

図4.2 インゲンマメの花[4]

る．開花は大部分が午前10時までに行われる．開花直前に雄蕊の葯が裂開するのでおもに自家受精であるが，まれに他家受精も行われる．結莢率はダイズ同様に低く，10～40％である[7]．

莢は長さ10～20cm，幅1～2cm，成熟すると黄褐色となり，乾燥すると容易に裂莢する．種子（豆）は一莢に5～10個含まれる．種子は腎臓形，長球型，ほぼ球形など多様である．種皮の色も多くの遺伝子の組合せによって白，紫褐色のほか，多様に発現する．また，さまざまな美しい斑紋，縞紋などがある．種子の長さは5～20mmの品種が多い．臍で莢と接続し，臍の上下に発芽孔と種瘤がある．100粒重は15～90gである．

4.1.3 栽培方法

a. 環境と成長

種子の寿命は常温では約2年で，普通3年目になるとほとんど発芽しなくなる．発芽温度は最低15℃，最適20～30℃，最高約35℃である．発芽に際して下胚軸がよく伸び，子葉は地上に現れる地上子葉型（epigeal cotyledon）である．

インゲンマメは，概して高温を好むが，高緯度，高冷地でも夏期に高温であれば，矮性の早生品種や若莢用品種が栽培できる．生育適温は10～25℃とされ，昼夜ともにこれより高温が続くと結実が悪く，特に夜間の高温は結実を不良にする．花粉の発芽適温は20～25℃とされ，35℃以上では花粉管の発芽が悪くなり，不稔の原因となる[6]．耐冷性はダイズやアズキよりも強いといわれ，北海道の冷害年ではこれらの2作物よりも被害が軽い．十勝地方では，日

照は気温よりも収量に影響が大きいといわれる．栄養成長期の6月と稔実期の9月には，日照時間が多いほど多収となる．

　土壌の過湿条件下では根の発育が悪く，ダイズやアズキよりも生育不良になりやすい．また病害の発生も多くなる．開花期の雨量不足は結実を不良にする．花粉の発芽には湿度80%が最適であるが，花粉が雨に当たると結実不良となりやすい．登熟期間の多雨は種子の腐敗，莢内発芽を招きやすい．

　土壌は砂質壌土から埴壌土まで適するが，排水の良い，表土の深い肥沃な埴壌土が最適である．ダイズなど他のマメ類に比較し，多くの肥料を必要とし，やせ地では生育がきわめて劣る．根粒菌の働きが他のマメ類に比べて弱いこともあり，多くの窒素肥料を必要とする．最適pHは6.2~6.3であり，強酸性には主要なマメ類中，最も弱いとされる．また塩分にもマメ類のなかで最も弱いため，海岸地方では生育が不良である．

b. 栽培管理

　標準施肥量は窒素，リン酸，カリウムをそれぞれ4, 10, 10 kg/10 a 程度とする．酸性に弱いので，石灰の使用により酸度矯正をする．根粒菌の着生がダイズなどの場合よりも遅く，根粒も少ないので，施肥量はダイズ，アズキよりやや多目にする．開花初期の窒素追肥の効果も認められている．リン酸は3要素中，最も肥効が高い．マグネシウム欠乏の土地は酸性を呈していることが多いので，マグネシウム肥料も必要である．堆きゅう肥，緑肥など有機質施用の効果は大きい．しかし，有機質の施用はタネバエの発生を多くするので防除に注意する．

　播種期は，最低気温が10℃以上となり，晩霜のおそれがなくなった頃である．北海道で5月中下旬，関東地方で4月中旬~5月上旬，西日本では4月上~中旬に播いて梅雨までに，できるだけ成長を進めるか，または梅雨明け7月上~中旬に播いて雨湿の害を避ける．北海道での標準的な栽植密度は，矮性品種では1aあたり1700個体，蔓性品種は360~500個体程度とする[5]．蔓性品種は，草丈15 cmの頃に培土をして支柱を立てる．中耕・培土などの管理は，他のマメ類と同様である．

　病害には炭疽病，角斑病（褐色斑点病），菌核病などの被害が大きく，炭疽病は種子消毒で防ぐ．害虫には，タネバエが幼苗期に発生して大被害を与える．年2~3回発生し，蛹で越冬し，5月中旬から成虫が発生して地表に産卵，

幼虫が発芽したばかりの幼植物内に進入し食害する．また，ダイズシストセンチュウの被害も大きい．

収穫は茎葉が枯れ始め，莢の80%が黄変し，種子が硬化して品種特有の色沢を帯びてきた頃に行う．主産地の北海道では9月上～下旬である．根元から抜取り，または刈取り，数日間野積み乾燥してから脱粒する．矮性品種の大規模栽培では，刈取り機および圃場で予乾した株を拾い上げて脱穀するピックアップスレッシャーなどが普及している．

インゲンマメはエンドウのように強い忌地現象はないが，ダイズよりも連作害が大きい．ことに炭疽病や菌核病に弱い品種は連作害が著しい．前作には腐植や窒素を多く残す作物がよい．また後作には，特に作目を選ばないが，インゲンマメの跡は雑草が少ないので，除草困難な作物が適する．一般にイネ科作物や根菜類との輪作体系が適当とされている．

4.1.4 加工と利用

インゲンマメの栄養成分は，マメ類の中ではアズキやリョクトウと同様に，炭水化物が50%以上と多く，タンパク質や脂質が相対的に少ない（2.3.1項の表2.2参照）[9]．しかし，イネ科作物に比べれば，タンパク質ははるかに多い．

種子は，わが国ではあん（餡），煮豆，菓子原料とされる．製あん用にはおもに手亡類が用いられ，煮豆用と甘納豆用には金時と中長鶉類が用いられている．国産品は品質がすぐれているとの評価はあるものの，市場では安価な輸入品との厳しい競争にさらされている．このほか，若莢用には市場にほぼ周年供給されている．諸外国では，インゲンマメを用いた代表的な料理として，ポークビーンズ（アメリカ），チリコンカン（メキシコ）[3]，フェジョアーダ（ブラジル）などがある．若莢はタンパク質，ビタミンA，B_1，B_2，Cを多く含み栄養価が高い野菜である．缶詰冷凍野菜，あるいは乾燥野菜とされることも多い．

茎葉は粗タンパク質6～10%，可溶性無窒素物30～40%，繊維33～40%を含み，家畜の飼料として好適である． 〔国分牧衛〕

引用文献

1) 江部成彦(2003)：わが国における食用マメ類の研究（海妻矩彦他編），p.251-263，中

央農業総合研究センター.
2) Gepts, P. *et al.* (2000)：*Proc. 7th MAFF International Workshop on Genetic Resources*, p. 19-36, MAFF.
3) 畑井朝子(2000)：豆の事典－その加工と利用（渡辺篤二監修），p. 120-127, 幸書房.
4) 星川清親(1980)：新編食用作物, p. 482-491, 養賢堂.
5) 飯田修三(2002)：作物学事典（日本作物学会編），p. 377-381, 朝倉書店.
6) 井上頼数ほか(1954-56)：園芸学雑誌, **23**：9-15, 71-79, 79-81；**24**：56-58, 240-244；**25**：152-156.
7) 国分牧衛(2010)：新訂食用作物, p. 371-378, 養賢堂.
8) 村田吉平(2003)：わが国における食用マメ類の研究（海妻矩彦他編），p. 244-251, 中央農業総合研究センター.
9) 食品成分研究調査会編(2001)：五訂日本食品成分表, 医薬出版株式会社.
10) 友岡憲彦(2003)：わが国における食用マメ類の研究（海妻矩彦他編），p. 28-33, 中央農業総合研究センター.

4.2 リョクトウ

4.2.1 栽培と利用の現状

a. 起源と分類

　従来 *Phaseolus* 属とされていたアジア産のアズキやリョクトウなどの分類は変遷を遂げ，多くの学名がつけられた．リョクトウは，かつては *Phaseolus radiatus* L. var. *typicus* Prain として，アズキと並ぶ変種とされていた．本種とケツルアズキ（black gram, *Vigna mungo*, *Phaseolus mungo* L.）の区別も混乱していた．リョクトウは大井 (1969)[7] により, *Azukia radiata* (L.) Ohwi として *Phaseolus* とは別属にされ，その後, *Vigna*（アズキ）属, Ceratotropics（アズキ）亜属に改められた．現在では学名は *Vigna radiata* (L.) R. Wilczek とされている．

　本種は，祖先種 *Vigna radiata* var. *sublobata* (Roxb.) Verdcourt から，インドで栽培化されたと考えられている[5]．インドでは，古くから一般に親しまれた豆であり，この豆の重さを重量の単位として分銅にして金粉や真珠の重さを計量したといわれる．それでフンドウ→ブンドウの名が今に伝わっているという．ヤエナリ（八重生），アオアズキとも呼ばれる．

b. 伝播と栽培・利用の現状

　古くはインドから中国南部に導入され，北部では紀元前5世紀に栽培された．インドシナやジャワ方面へも古く伝播した．一方，マダガスカルへもイン

ドから古く伝わり，次いでアフリカへ入った．ヨーロッパへは16世紀に伝わり，次いでアメリカへもたらされた．また日本から，1835年にアメリカに伝わり，特に第二次大戦中に東洋からの輸入が途絶えたために栽培が広まったという．日本へは中国から入ったらしい．宮崎安貞の『農業全書』(1697)に記録があり，少なくとも17世紀以前には栽培されていたと思われる．福井県鳥浜の縄文時代の遺跡からリョクトウが発掘されており，わが国での利用は古い[4]．

世界的には，1945年には栽培面積が最大に達した．現在は，主として飼料用である．生産はアジアの熱帯地方が主で，世界の生産量約200万tの約70％がインドで生産される．そのほか，タイ，ミャンマー，インドネシアでも生産が多い．中国や東南アジアでは近縁のアズキよりも一般的な作物であるが，わが国では現在ではほとんど栽培されなくなった．リョクトウよりも大きくて味の良いアズキが広まったためとの見方もある[8]．

わが国では，かつては全国各地に広く作られていた．農水省の統計は1949年以降あり，これによると1950～60年代には，全国で200 ha，200 tを越す年があった．しかしその後減少し1970年代以降はほとんど消滅してしまい，現在では大部分は輸入されている．かつては岡山，佐賀，千葉，香川，鹿児島などで生産が多かった．

4.2.2 品種と形態
a. 品種と育種

品種分類は草性，熟期，莢色，種子の大きさや色などによる．インド，インドネシアなどには多くの変種および品種があり，大きくはgreen gramとgolden gramの2系統に大別される．green gramは，種子が緑色ないし暗緑色のもので，わが国で栽培されていたものはこれに属する．golden gramは，種子が黄色のもので，生産量は多くなく，主として茎葉を飼料や緑肥にするために栽培されているが，インドには食用の品種もある．

育種は台湾にあるAVRDC（世界野菜センター）が交配し，優良系統を各国に配布して検定している．この方法により，多くの優良品種が生まれている．また，近縁野生種のもつ多様な遺伝子源の利用が期待されている[6]．

b. 形態

染色体数 $2n=22$ で,アズキとは近縁である.草丈は 60~130 cm になり,蔓を出さず矮性のものが多いが,蔓性のものもある.茎はアズキよりやや細目で,数条の縦脈をもち,毛が多く生えている.葉は3小葉よりなる複葉で,長い葉柄をもち,茎に互生する(図 4.3).小葉は卵形である.また,卵形の托葉がつく.

茎の上部の葉腋より抽出する花梗(かこう)の先に 8~20 花を着生する.花は,下位のものから咲き,幅 10 mm,高さ 6 mm でアズキより小さく,黄紫色を呈する.普通1本の花梗に 3~7 個の莢が着く.莢は長さ 5~12 cm,幅 5~6 mm で上向きに着くものもある.成熟すると濃褐色あるいは黒色となる.莢に毛じが一面に生える.1莢内に 10~15 個の種子が含まれる.成熟すれば縫線に沿って裂ける.

種子はアズキに似るがやや小さく,長さ 4~6 mm,鮮緑色のほか黒褐色,黄金色などで,表面に白い粉を被るものもある.100 粒重は 2~8 g である.子葉は黄色のものが多く,デンプン含量が多いが,デンプン粒はアズキより小さい.種子の寿命は長く,自然状態で 3~10 年に及び,穀物や豆類の中で最も長寿命といわれる.

発芽温度は,最低 0~2℃,最適 36~38℃,最高 50~52℃ で,アズキより温度域が幅広い[3].子葉は発芽時に下胚軸の伸長により,地上に出て展開する地上子葉型(epigeal cotyledon)である(図 4.4).下胚軸の伸長にすぐれることも,豆モヤシとして利用される理由の1つである.初生葉はアズキよりやや

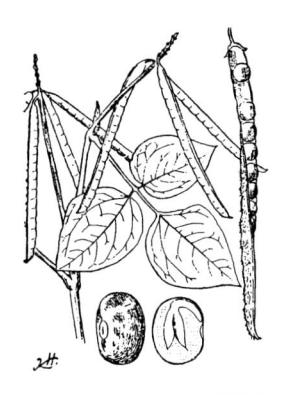

図 4.3 リョクトウの草姿[1]

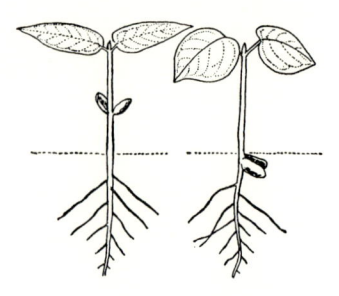

図4.4 リョクトウ（左）とアズキ（右）の芽生えの比較[1]

細く，小さい．

4.2.3 栽培方法

　生育には高温が適するが，早生品種は高緯度・高冷地にも栽培できる．モヤシ用に熱帯圏から輸入されたものは，わが国で栽培しても，短日にならないと開花せず，種子が得られないものが多い．ヒマラヤには，発芽後2～3.5か月で成熟するものがあり，標高2400 mの土地にまで栽培されているという．高温抵抗性が強く，干ばつにも強いが，過湿には弱い．雨量600～800 mmの比較的乾燥地を好む．開花中の強雨により落花などが多くなる．霜には弱い．土壌は，重粘土では生育が劣る．一般に乾燥性の土地に適するが，土壌に対する適応性は概して強い．pHは6～7が最適である．

　栽培はアズキに準じて行う．ドリル播き（15×20 cm）では，播種量は4～6 kg/10 aであり，アメリカの緑肥栽培では5～10 kgを播く．播種できる期間の幅が広く，生育期間が短いために，春夏二期に播種することも可能で，さまざまな輪作体系に組み入れられる．インドでは，6～7月播きの夏作と9～10月播きの秋作が行われ，株間25～30 cmで散播または条播する．

　暖地，熱帯では，播種後約60日で開花し始め，開花のピークが周期的に数回みられる．八重成りという別名はこれから来たものであろう．開花後3～4週間で成熟する．大部分の莢が裂開しない前に株を引き抜き，乾燥後，叩いて脱穀する．病害虫は，ダイズ，アズキと共通なものが多い．シストセンチュウ抵抗性は比較的強いとされる．

4.2.4 加工と利用

リョクトウの栄養成分は，アズキに比べ，タンパク質はやや多く，脂質はやや少なく，炭水化物，灰分，無機質は，ほぼ同じである．ビタミン類は，アズキより多い（2.3.1項の表2.2）．なお，ビタミンCはリョクトウの乾燥子実には含まれないが，モヤシにする過程で生成される[1]．

わが国では，かつては緑色のあんにしたり飯と混炊したが，現在ではおもに豆モヤシとして利用する．わが国のモヤシにはリョクトウがおもに使われるが，ケツルアズキやダイズも用いられる．年間数万tの需要はすべてタイや中国からの輸入でまかなっている．中国では，リョクトウのデンプンからはるさめを作り，豆ソウメン（豆麺）の原料とする．わが国で作られるはるさめにはジャガイモやサツマイモのデンプンを用いたものもある．

東南アジア，アフリカ，インドなどでは，豆を丸のまま，あるいは砕いてから煮物やスープとする．特にインドでは重要な食料で，薬用にもされる．アメリカなどでは，主として緑肥，飼料用として利用される． 〔国分牧衛〕

引用文献

1) 青木睦夫(2000)：豆の事典―その加工と利用（渡辺篤二監修），p.88-97, 幸書房．
2) 星川清親(1980)：新編食用作物，p.470-475, 養賢堂．
3) 井上重陽・山崎力(1953)：高知大学学術研報，2：1.
4) 国分牧衛(2010)：新訂食用作物，p.379-382, 養賢堂．
5) 宮崎尚時・友岡憲彦(2004)：新編農学大事典（山崎耕宇他編），p.474-475, 養賢堂．
6) 友岡憲彦ほか(2006)：熱帯農業，50：1-6, 59-63, 64-69, 173-178, 179-182.
7) 大井次三郎ほか(1969)：植物研究雑誌，44：29-31.
8) 吉田よし子(2000)：マメな豆の話（平凡社新書），p.115-126, 平凡社．

4.3 ササゲ

4.3.1 栽培と利用の現状

a. 起源と分類

ササゲ（大角豆，豇）は，異なる数種に分類されたこともあるが，現在では栽培種はすべて *Vigna unguiculata* (L.) Walp. とされる．栽培種は下記の4つの品種群に分類される[8]．

① Unguiculata：英名cowpea，和名ササゲと称される品種群（図4.5

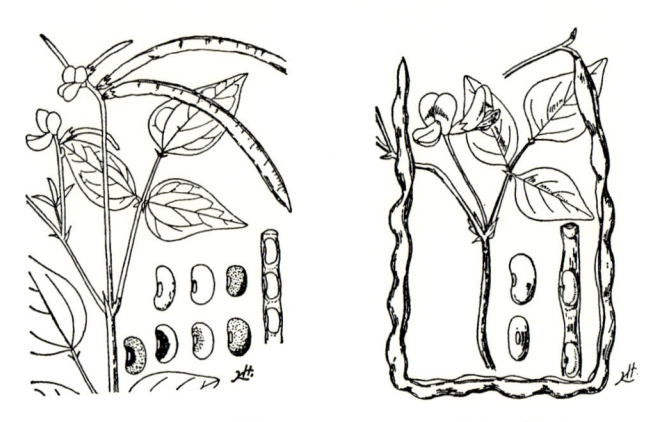

図 4.5 ササゲ（左）とジュウロクササゲ（右）の草姿[1]

左）．
② Biflora：英名 catjang，莢が短く上向きに着く．和名ではハタササゲと呼ぶ．
③ Sesquipedalis：英名 asparagus bean，莢が長いのが特徴で，和名ではジュウロクササゲと呼び，サンジャクササゲ，ナガササゲとも呼ばれる（図 4.5 右）．
④ Textilis：アフリカで栽培され，食用とはされず，長い花柄から繊維を採る．

西アフリカには遺伝的に多様な栽培種が多くみられ，アフリカ西部が栽培種の起源地とみなされている．アフリカ西部でまず Unguiculata が成立した後，ナイジェリア北部からニジェールでは繊維や飼料として花柄の長い系統を選抜して Textilis が成立した．Unguiculata はアフリカ東部を経由してインドに伝わり，インドではさらに品種分化して Biflora が成立した．そして，インドから東南アジアに伝播したものの中から長い莢を食用とする品種群 Sesquipedalis が分化したと推定される[8]．

b. 伝播と栽培・利用の現状

古代にアフリカからインドを経て，次第にアジアやヨーロッパへ，そして新大陸へと広まった．ヨーロッパではインゲンマメ，新大陸ではダイズなどに地位を奪われ，現在では栽培は少ない[5]．インドからは古代に東南アジア各地に広まり，中国の記録としては，『本草綱目』（1552）に「豇豆」が記されている

のが最初というが，実際の伝来は少なくも9世紀以前と考えられる．日本へは，中国から9世紀までに伝来したらしく，東大寺の寛平年間（889～897年）の日誌に「大角豆」の記録がみえる[4]．

世界では，栽培面積1186万 ha，単収 0.48 t/ha で569万 t の生産がある（2009年産）．ほとんどはアフリカで占められ，ナイジェリアやニジェールなどの西アフリカが主産国である．アジアでは，インド，フィリピンなどで栽培され，ヨーロッパではきわめて少ない．

日本では，1950年代には栽培面積は1万 ha を越し，1万 t 以上の生産があったが，以降漸減を続けている．関東以南の暖地でおもに栽培されるが，瀬戸内海沿岸地域の乾燥地帯では古くから栽培されてきた[2]．

4.3.2 品種と形態

a. 品種と育種

わが国のササゲ品種は，同名異品種，異名同品種がかなりある．ササゲとインゲンマメの区別が明瞭でない地域もあり，赤い種子のササゲ品種をアズキと呼ぶ地方もみられる．ササゲは，草型，生育の早晩，莢の長さ，粒型，さらに種子の色，花色などが分類の基準とされ，これらを総合的に加味して7群に分類されている[3]．わが国では栽培が少なくなっているが，九州から沖縄にかけては比較的多く残っている．特に沖縄では，十五夜にはシトギ（もち米を挽いて水でこね，湯がいたもの）にササゲをまぶす風習があり，これがササゲ栽培が続けられている1つの原因と考えられる．また，これらの地域では，栽培種のエスケープと考えられる自生集団が見つかっている[8]．

ナイジェリアに拠点のある国際研究機関の IITA（国際熱帯農業研究所）では，多くの遺伝資源を保存しており，多収性，病虫害抵抗性，寄生雑草 *Striga* 抵抗性，耐乾性などの改良に向けた育種を行っている[7]．IITA におけるササゲ研究にはわが国は人的・財政的な貢献をしている．

b. 形態

1年草で，蔓性（2～4 m），または矮性（30～40 cm）である．品種群 Unguiculata は矮性で，草丈30 cm ほどのものが多い．Sesquipedalis は蔓性で3～4 m に及ぶ．葉は互いに互生し，3小葉からなる複葉で葉柄が長い．各小葉は先の細い卵形である．葉色は濃く，青みを帯びるものもある．また葉柄や茎

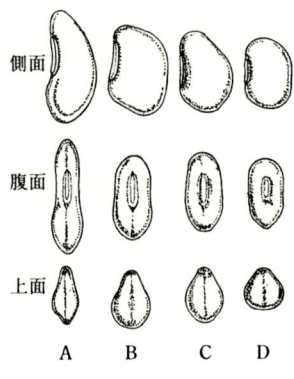

図 4.6 ササゲの粒形[3]

に赤紫色を帯びるものもある．

花は葉腋より長さ10～16 cm抽出する花梗の先の数節につき，2個ずつ対をなす．顕著な花外蜜腺がある．5花弁よりなる蝶形花で，色は白または淡紫青色である．ほとんど自家受精する．莢は円筒形で，長さ12～20 cm，幅0.5～1.5 cm，若いうちは先端がやや上方に反り返り，物を捧げ持つ形なので，ササゲの名が付けられたという．Sesquipedalisは莢は反り返ることがなく，長く垂下し，30～80 cm，品種によっては100～120 cmにも達する．1莢内の種子は10～16個である．莢は熟すると褐黄色になり裂開するが，Sesquipedalisでは，熟莢はしわがよって裂開することはない．

出芽時は，子葉が地上に現れる．初生葉は対生でやや青色を帯びる．種子はアズキ類似の形のものから，大角豆の名のいわれである，やや大型で扁平で角ばるものまで種々あり，4型に分類される（図4.6)[3]．種子の色は，赤，白，褐，黒などのほか，斑色紋様をもつものがあり，臍のまわりに黒い輪状の"眼"がある．大きさは，長さ0.9～1.6 cm，100粒重は，9～15 gである．

4.3.3 栽培方法

熱帯性作物で，低温では生育が劣る．ヨーロッパでは北緯46～48°が北限とされたが，品種改良により栽培地は北上している．わが国では，おもに関東以西に栽培が多く，東北地方では初期生育が遅滞する．初霜，晩霜にきわめて弱いが，干ばつには強い．土壌は適応の幅が広く，土地を選ばない利点がある．また日陰でも比較的よく育つ．

栽培法は，アズキ，インゲンマメ等に準ずる．播種期は晩霜のおそれがなくなってから行うが，発芽にはダイズやインゲンマメより高温を要する．矮性品種は，条間 45～60 cm，株間 30 cm 内外，蔓性のものは株間をより広くとる．ジュウロクササゲなど若莢用の品種は支柱を立てて栽培する．生育日数は早生品種は 70～80 日，中生品種 90～100 日，晩生品種 100～120 日である．子実用収穫期は，8月下旬～9月下旬となるが，東北地方や山間高冷地では霜で枯死するまで生育させ，それまでに実った種子を収穫する方法をとっているところもみられる．アフリカでは，トウモロコシやソルガムの条間に播いたり，混播されることがある．

病害としては，アズキと共通のものが多い．糸状菌，バクテリア，ウイルスによって発生する多くの病害が知られている．また，寄生雑草の *Striga* や *Alectra* も大きな被害を与えており，抵抗性品種の育成が行われている[7]．

4.3.4 加工と利用

種子の栄養成分は，タンパク質が約 24% 含まれ，灰分，リン，ビタミン B 類も多い[6]．干ばつに強いことから，アフリカの降雨量の少ない地帯ではイネ科のソルガム類と並び主要な作物の地位を占め，貴重なタンパク質源である．特に豆をひき割りして煮食するほか，若葉や葉も菜食する．熟した豆は，しばしばコーヒーの代用にされる．わが国では，煮豆，飯と混炊し，またあんの原料とする．特に，赤飯に混ぜる豆としては，アズキのように煮くずれしないので本種がよく用いられる．沖縄では旧暦 8 月 15 日の十五夜には，もち米とササゲからシトギが作られる[8]．若莢，若い豆の剥き身も野菜として利用される．ジュウロクササゲ類は，熟豆は味が悪く，普通食用とはされず，もっぱら長い若莢を菜食，サラダなどとする．

ナイジェリアでは，長い花梗から丈夫な繊維を採る品種も栽培されている．また，おもに飼料用で乾草やサイレージとして利用したり，緑肥にもされる．

〔国分牧衛〕

引用文献

1) 星川清親(1980)：新編食用作物，p. 475-481，養賢堂．
2) 石井龍一(2000)：作物学(1)―食用作物編―(石井龍一他共著)，p. 209-211，文永堂．

3) 川延謹造・土屋敏夫(1952)：信州大学農学部紀要, **2**：47.
4) 国分牧衛(2010)：新訂食用作物, p.383-388, 養賢堂.
5) Martin, J. H. *et al.* (2005)：*Principles of Field Crop Production, 4th edition*, p.633-640, Pearson/Prentice Hall.
6) 食品成分研究調査会編(2000)：五訂日本食品成分表, 医歯薬出版株式会社.
7) Singh, B. B. *et al.* (1997)：*Advances in Cowpea Research*, IITA and JIRCAS.
8) 友岡憲彦(2003)：わが国における食用マメ類の研究（海妻矩彦他編）, p.22-28, 中央農業総合研究センター.

4.4 エンドウ

4.4.1 栽培と利用の現状

a. 起源と分類

エンドウ（豌豆, *Pisum sativum* L.）は，マメ科の1～2年草である．地中海地域からコーカサス，チベットに広く野生する *P. sativum* var. *elatius* Alef. (wild pea) を原種とする説が有力で，*elatius, arvense* を経て *hortense* が生じたという見方がなされている．しかし異説もあり，定説とはなっていない．

栽培種のエンドウは，莢の硬軟により, field pea（*P. sativum* subsp. *arvense* Poir.）と garden pea（*P. sativum* subsp. *hortense* Asch. & Graeb.）の2群に分類される．いずれも染色体数は $2n=14$ である．両種は交雑し，中間型も多い[4]．field pea は莢が硬く，紅花系で，種子，莢は小さい．garden pea は莢は軟らかく，白花系で，一般にサヤエンドウ用に栽培される．種子の色により，青・赤・白エンドウに分類されて取引される．

b. 伝播と栽培・利用の現状

古代に南西アジアからギリシャへ，それからヨーロッパそしてアフリカに広まった．中生まではおもに完熟種子を利用していたらしいが，次第に莢を蔬菜用にする品種が発達し，次いでグリーンピース用品種が発達普及した．東方へは，インド北部へ古代に伝わり，中国を経由して日本に伝来したが，その年代は定かでない．平安時代の『倭名類聚抄（わみょうるいじゅしょう）』に「ノラマメ」の記載がある．室町時代には「園豆（エントウ）」と呼び，その後は「豌豆（エンドウ）」の表記となった．江戸時代にはサヤエンドウが伝来し，明治時代に改めて欧米の品種が導入された．収穫時期から三月豆（茨城, 栃木）と呼ぶほか，サヤブドウ（群馬, 栃木），ブドウマメ（栃木），カキマメ（宮城），ブンコ（広島），ブンズ

(埼玉, 千葉) などさまざまな呼び方がある[6]．

世界のエンドウの生産 (2009年) は，完熟乾燥種子 (dry peas) で，作付面積616万 ha，単収1.69 t/ha，生産量1038万 t である．一方，グリーンピース (green peas) は，作付面積116万 ha，単収7.88 t/ha，生産量917万 t である．比較的冷涼な気候に適していることから，乾燥種子はロシア，ウクライナなどのヨーロッパ諸国やカナダなどで生産が多い．グリーンピースは中国，インドで生産が多い．

わが国では，大正時代の6万 ha をピークに昭和に入ってからは減少の傾向を続けており，乾燥子実の生産量はきわめて少ない．北海道が全体の50％以上を占める．一方，サヤエンドウの栽培は約6000 ha ある．国内需要の不足分は輸入に依存している．

4.4.2 品種と形態

a. 品種と育種

莢の硬軟により分類されるが，栽培上は矮性種と蔓性種とに分ける．用途上からは乾燥子実用，生豆用（むき実，green peas），若莢用（サヤエンドウ）に分けられる．メンデルがエンドウの7対の形質（種子の形，莢の色，草丈など）に着目し，交雑後の形質の発現様式から遺伝の法則を発見したことは著名である．

在来品種は栽培容易で耐寒・耐病性があるが，これに第二次大戦後導入された欧米の優良な品質の品種の交配により，グリンピース用として糖分含量が多く，大粒で，色彩は濃緑色の品種，または若莢用として早生で莢の発達のすぐれるものなどが育成されている．

わが国の著名な品種としては，第1次世界大戦時にイギリスなどに輸出された'札幌大莢（おおさや）'や'丸手無（まるてなし）'がある．その後の品種としては，子実用では'札幌青手無（てなし）'，'改良青手無'，'大緑（おおみどり）'，'豊緑（とよみどり）'，'北海赤花（ほっかいあかはな）'，缶詰用では'アラスカ'，サヤエンドウ用では'三十日絹莢（さんじゅうにちきぬさや）'，'鈴成砂糖（すずなりさとう）'，'仏国大莢（フランスおおさや）'などがある．北海道で生産される子実用エンドウは，取引時には品種名ではなく，「青エンドウ」，「赤エンドウ」，「白エンドウ」などのように種類名（銘柄）で呼ばれる[6]．

b. 形　態

草丈は蔓性で約1 m，矮性では30 cm 程度である．茎は細く断面はやや四

角ばり，中空である．葉は互生し，多くは2対の羽状複葉で軸の先は支柱に巻きつく（図4.7）．各小葉は長さ2～6cmで卵形，葉柄茎部には長さ3cm，幅6cm内外の大型の2枚の托葉がある．小葉，托葉とも平滑で白粉を帯びる．下位の葉腋から分枝し，1株で3～10条となる．主茎・分枝の伸長は，長日・高温で促進され，短日で抑制される．主根は地下80～110cmに伸び，側根を多く出す[2]．

上位の葉腋から長い花梗が出て，先に1～数花の蝶形花が咲く．5花弁，2束の10雄蕊，1雌蕊よりなる．花色は白または紅，紫色を呈する．開花は下位節の花梗から，1花梗内では下位から咲く．開花は晩春から初夏に及ぶ．開花時刻は9時頃に始まり，正午前後に盛んとなり夕方には終わり，夜間は旗弁がやや下がるが，翌日再び開く．ほとんど自家受精である．莢は長さ3～13cm，幅1～3cmとなり，未熟時は緑色を呈する．成熟すると莢は褐色，まれに紫色，黒色となる．莢は，裂開性のものと非裂開性のものとがある[4]．種子は一莢に3～6粒含まれ，円形または鈍方形で，完熟するとしわが寄るものが多い．色彩は淡緑，黄，褐色，褐色地に紫黒微斑をもつものなどがある．赤花品種は着色粒となるものが多い．大きさは直径3～10mm，100粒重は15～50gである．

発芽年限は3～6年，発芽勢は1年でやや劣化する．種子の発芽温度は最低1～2℃，最適25～26℃，最高36～37℃で他のマメ類より低温に適応する．発芽時には上胚軸が伸びる地下子葉型（hypogeal cotyledon）である．催芽種子

図4.7　エンドウの草姿[1]

を 2～5℃ に 2～3 週間置くと春化処理されるが，この程度は品種によって異なり，低温感応性の高い品種は秋播栽培に適し，低い品種は春夏播栽培に用いられる．

4.4.3 栽培方法

栽培されるマメ類のなかでは寒さに最も強く，生育適温は 10～20℃ であり，冷涼気候に適する．ヨーロッパでは，北限が北緯 65～67°，主栽培地も 50～53° の所にある．北米ではカナダ南部に多く，アメリカでは北部で栽培される．熱帯地方の標高 1300 m 以下の平地では，高温のためよく育たない．インドなどでは冬作物として低温期に栽培される．日本では全国的に栽培されるが，北海道では播種から生育盛期にかけ降雨が適量あり，日照が強くなく，開花結実期は少雨多照の時に多収となる．

土壌は，膨軟な砂質壌土または埴質土が適し，pH は 6.5～8.0 で，石灰を多く含むやや塩基性の土壌が適する．エンドウは，忌地性の強い作物で，連作 2 年目では収量が半減し，3 年目では顕著に減収する．この連作障害は酸性が強い土壌ほど著しい．施肥は，カリウムとリン酸に主体をおき，地力により窒素を加減して与える．標準施肥量は，窒素 1.5，リン酸 5，カリウム 4 kg/10 a である．土壌によってイオウやモリブデンも施用効果がある[3]．根粒菌は砂丘地，開墾地などでは，根粒菌の生息する畑土やエンドウ用根粒菌を，種子に塗布混用して播種する．

北海道や寒冷積雪地では春播き，温暖地では秋播きする．秋播きでは，初霜の 10 日前を標準とする．早播きしすぎると軟弱徒長して凍霜害を受ける．選種には比重選 (1.2) を用いる．栽植密度は，畝間 60～90 cm，株間 30～60 cm とし，矮性品種は密に，蔓性および晩生品種は疎とする．播種量は矮性品種では蔓性品種より多くする．秋播きでは，防寒用に北・西側に土寄せ，または笹竹を立て，結霜，寒風を防ぐ．中耕は土寄せを兼ねて年内に 1 回と，春の伸長開始期に行う．草丈に応じた長さの支柱を立てる．

主要な病害虫には，以下のものがある．
・うどん粉病：　4～5 月頃から成熟期にかけておもに葉に，また茎，莢にも発生し，収穫期に被害が著しい．被害株は焼却するか，堆肥に混ぜて充分腐敗させる．

・さび病： 多湿の土地，あるいは冬期温暖，春期多雨などで，茎葉軟弱の場合に発病し，葉が黄褐色さび状となる．窒素肥料の過多を避けて徒長を防ぐ．
・褐紋病（褐斑病）： 葉，茎，莢に発病して，褐色円形の斑が生ずる．保菌種子を播くと，幼苗に発病することがある．種子消毒で予防する．

害虫としてはマメゾウムシが莢に産卵し，幼虫が豆に食い入る．

収穫は，乾燥子実用は茎葉の約70%が黄変し，茎の上部以外は莢が黄褐色になった時期とする．普通開花始めの約50日後で，北海道では8月，その他では6月下旬頃となる．根元から刈取り，数日地干しした後，架干し，脱粒する．小面積では，熟したものから数回に分けて摘み取る．グリンピース用では，莢が肥満し，種子が充実して，なお鮮緑色を保っている時期に摘み取る．軟莢用では，莢がほぼ発達し，なお柔軟で，種子はまだ発達途中の時期，普通開花後15〜20日に収穫する．

4.4.4　加工と利用

栄養成分は，乾燥子実の場合，タンパク質が約22%，炭水化物は約60%である[5]．完熟子実は，主食的に用いられることは少なく，煮豆，煎豆，あん，菓子原料とされる．わが国では国内生産のほかに，かなりの量を輸入している．完熟・硬化する前の生豆はグリーンピースとして缶詰や冷凍食品にされる．軟莢種の若莢は生鮮野菜とされるほか，冷凍加工される．

茎葉は，飼料となり，欧米では飼料用に栽培されることも多く，エンバクとの混作などが行われる．しかし，サイレージ用には酸味が多くて，トウモロコシなどに比べると品質は劣るとされる．　　　　　　　　　　　〔国分牧衛〕

引用文献

1) 星川清親(1980)：新編食用作物，p. 518-526，養賢堂．
2) 国分牧衛(2010)：新訂食用作物，p. 389-394，養賢堂．
3) Martin, J. H. *et al.* (2005)：*Principles of Field Crop Production, 4th edition*, p. 673-676, Pearson/Prentice Hall.
4) 野島　博(2010)：作物学用語事典（日本作物学会編），p. 258-249，農文協．
5) 食品成分研究調査会編(2001)：五訂日本食品成分表，医薬出版株式会社．
6) 相馬　暁・松川　勲(2000)：豆の事典―その加工と利用―（渡辺篤二監修），p. 36-42，幸書房．

4.5 ソラマメ

4.5.1 栽培と利用の現状
a. 起源と分類

ソラマメ（蚕豆，*Vicia faba* L.）はマメ科の越年草である．莢が肥大してカイコ（蚕）のようになるので，あるいは春蚕の結繭期に実るので蚕豆と呼ぶ．また莢が天空を向くのでソラマメと呼ぶという．粒大の異なる以下の3つの品種群に分類される．broad bean（*V. faba* var. *faba*）と呼ばれる大粒種，horse bean（*V. faba* var. *equina*）と呼ばれる中粒種，pigeon beanと呼ばれる小粒種（*V. faba* var. *minuta*）である．これらの品種群間の交雑は容易で，わが国では大粒種と中粒種が栽培されている．

大粒種は北部アフリカ地域で，小粒種は西アジア，カスピ海南部地域を中心とする地域で，それぞれ野生する原生種から古代に栽培化されたと推定される．

b. 伝播と栽培・利用の現状

ヨーロッパやアフリカでは古くから栽培されていたものと推定される．西アジアでは古代から栽培され，旧約聖書にも記され，古代ユダヤ時代にはユダヤ人の安息日の食物とされた[5]．中国へは古くに西方から伝わったとみられるが，文献的には中世まで不明で，王槇の『農書』(1313年)に初めて蚕豆の記載がある．日本へは8世紀に，中国を経て伝わり，僧行基が武庫（兵庫県）で試作したとされ，これが現在の品種「於多福」の始まりと伝えられる．地域により，四月豆，五月豆，大和豆，唐豆，夏豆，がん豆などとも呼ばれる．

世界のソラマメ（2009年産，FAOSTAT, broad bean, horse beanの乾燥子実合計）の栽培面積は約251万ha，生産量は約410万tである．中国が全生産量の約3分の1を占め，次いでアフリカ諸国が多い．ヨーロッパ，中近東，オーストラリア，中南米でも生産がみられる．

わが国では，明治以来昭和初期まで4万ha，年5～6万tの生産をあげていたが，昭和中期から減少し始め，現在では200haで200tほどの生産にすぎない．従来の生産地は，西日本地方に生産が多かった．なお，わが国では未熟豆用のソラマメが園芸作物として栽培されており，暖地産は冬期～春の市場に，

関東・東北産は春～夏の市場に出荷される．子実用の国内生産は需要に足りず，中国などから輸入している．

4.5.2 品種と形態
a. 品種と育種

多様な品種が存在する．粒大により，大粒種，中粒種，小粒種に分ける．小粒種は植物全体が小柄であり，主茎が直立し，分枝が少ない．種子の色にも褐，黒，緑，白と変異が著しい．また生態型も秋播き型と春播き型がある．

日本では，おもに大粒種を生食用として栽培する．代表的な品種は「一寸蚕豆」と呼ばれる品種群で，'仁徳一寸'，'千倉一寸'，'河内一寸'，'陵西一寸'などがある．そのほか，中粒種には，'讃岐長莢'や'房州早生'などがある．現在の主力品種は，北・東日本では'打越一寸'，西日本では'陵西一寸'である．

b. 形態

草丈は0.4～1 mで，茎は直立し，断面は4角形で中空，軟らかく倒伏しやすい．下部節から分枝が出る．葉は羽状複葉で，下位葉では1対，上位葉になるにつれて3枚2対，5枚3対と増える．小葉の葉肉はやや厚目である．葉柄の基部に托葉があり，茎を包む（図4.8）．根は普通は50～75 cmの深さに分布する．

晩春，第7～10節目から，葉腋に短い花茎を出し，1～9花，普通は2～6花をつける．花は蝶形花で，基部は萼に包まれ，旗弁が1枚，翼弁が2枚，竜骨弁が2枚からなる．竜骨弁は2枚が癒着している．花弁は白あるいは淡紫で，旗弁には線紋，翼弁には斑紋があるのが特徴である．雄蕊は10本で，9本は癒着し，1本は独立している．雌蕊は先端が曲がり，先端近くに毛が生える．開花は下位の花序から上位に及び，1花序内では毎日1，2花ずつ基部から咲く．自家受精が主であるが，虫媒で他家受精することもある．上位の花は結莢することがまれで，1花茎に1～3莢をつける．開花時刻は朝から夕刻まで続く．

莢は「ソラマメ」の名の由来のように，上方に向かって伸び，大粒種では長さ10 cm内外，幅3 cmほどになる．小粒種では長さ4～5 cm，幅1 cmである．成熟期には莢は黒変して下垂する．1莢内には普通2～4個の種子がある．種子は，やや角ばった扁円形で臍が大きい．粒の長さは10～28 mm，幅6～

図 4.8 ソラマメの草姿[4]

24 mm で，いずれも種皮は黒，灰褐，茶褐，緑黄色などで堅い．100粒重は28〜250 g で変異が大きい．種子の寿命は常温で5〜7年である．発芽は，子葉が地中に残る地下子葉型 (hypogeal cotyledon) である．

4.5.3 栽培方法

温和，多湿な気候に適するが，マメ類のなかではエンドウと並び低温に強い．そのため，ヨーロッパでは栽培北限はロシアやスカンジナビア半島まで及ぶ．秋播型の品種では，花芽分化には低温を要求する．なおヨーロッパでは，地中海域以外は冬作はできない．また高冷地にもよく育つ．発芽温度は最低3〜4℃，最適25℃，最高35℃である．熱帯の低地では，花は咲くが高温障害により結莢はまれである．日本では，冬が温暖で春以降初夏の収穫期まで少雨の地域が適する．東北・北海道の寒冷地では一般に春播きする方が安全とされる．ソラマメは根雪に対する耐性は概して強くはないが，耐雪性には品種間差異が認められ[1]，積雪期間中の非構造性炭水化物含有率が高い品種[2]や，無機養分の溶出しにくい茎葉の形態的な特性をもつ品種[3]で耐性が高い．

埴壌土，埴土など重粘で，保水・排水のよい土壌が適する．乾燥に弱いため，砂地は適さない．最適水分は容水量の80%以上とされる．pHは弱酸性〜中性が適する．ソラマメは酸性にやや強い作物とされる．かつては，九州では水田裏作として多く栽培されていた．

施肥量は，窒素1〜2，リン酸3，カリウム3 kg/10 aを標準とする．有機質

の乏しい土では，堆肥の施用効果が高い．追肥は成長が盛んになる前に行う．播種期は，春播きは3月頃，秋播きは関東では早生を9月上旬，晩生は10月上中旬，関西では10月中旬，九州では早生を10月中～11月中～下旬，晩生を12月中旬とする．遅播きすると減収が著しい．栽植密度は，大粒種では畝間75cm，株間45cmとして，1株2粒播きとし，覆土は約3cmとする．小粒種ではこれより密植する．秋播きでは，年内と2月（暖地）の伸長開始期に中耕・培土を行い，寒地では防寒する．支柱を使って倒伏を防止する．

主要な病害としては，褐斑病，菌核病，茎腐病，さび病，各種のウイルス病などがある．害虫としては，ソラマメゾウムシによる食害が著しい．収穫・乾燥した種子は，害虫を駆除してから貯蔵する．

収穫は，完熟種子では全体の50～70％の莢が完全に黒変した時に，株を刈取り乾燥する．普通6月下旬からとなり，梅雨期にかかるので乾燥に留意し，種子の腐敗，発芽を防ぐ．未熟種子の場合，スクロース，グルタミン酸およびアラニンなどの成分が甘味と旨味に影響するが，これらの成分は登熟に伴い低下する[9]（図4.9）．したがって，これらの成分が維持されている時期を収穫の目安とする．未熟種子は加熱して食するのが一般的だが，生で食べられる品種も開発されている．若莢用は種子発育のきわめて初期に収穫する．

ソラマメは連作を嫌う作物であるから，同一圃場での作付けは少なくとも4～5年は避ける．

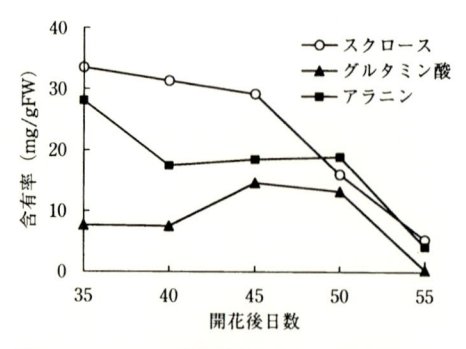

図4.9 ソラマメの登熟過程における主要な糖とアミノ酸の含有率の変化（文献[9]から作図）

4.5.4 加工と利用

　完熟種子の栄養成分は，タンパク質は約25％，インゲンマメやエンドウより多い．カルシウム，リン，鉄など無機質も多く含まれ，ビタミンA，カロチンなども多い[8]．未熟種子はアミノ酸を多く含み，エダマメやスイートコーンに勝る含有量を示す[9]．地中海沿岸では，ソラマメによるアレルギー疾患 (favism) が古代より知られている[6]．豆を食べたときだけではなく，花粉を吸引しても発症する場合がある[10]．

　完熟種子は，煮豆（おたふく豆，富貴豆などと呼ばれる），煎豆，菓子（甘納豆，あん），みそ，醬油原料とされる．調味料の「豆板醬(とうばんじゃん)」や豆麵（ハルサメ）の原料にも用いられる[7]．炒豆を醬油や砂糖，トウガラシなどで味付けした「醬油豆(しょうゆまめ)」は香川県の名産として名高い．未熟豆は，剝き実の塩ゆでにして季節の味覚としての需要が多い．ごく若い莢は，そのまま煮食される．

　茎葉は飼料とされる．飼料としては，トウモロコシ，ヒマワリなどとともにサイレージとしたものは良質である．また cover crop としても栽培される．

〔国分牧衛〕

引用文献

1) 福田直子・湯川智行(1998)：日作紀，**67**：505-509．
2) 福田直子・湯川智行(1999)：日作紀，**68**：283-288．
3) 福田直子ほか(2000)：日作紀，**69**：86-91．
4) 星川清親(1980)：新編食用作物，p. 526-533，養賢堂．
5) 国分牧衛(2010)：新訂食用作物，p. 395-400，養賢堂．
6) 前田和美(1987)：マメと人間―その1万年の歴史（作物食物文化選書），古今書院．
7) 白川武志(2000)：豆の事典―その加工と利用（渡辺篤二監修），p. 43-36，幸書房．
8) 食品成分研究調査会編(2001)：五訂日本食品成分表，医薬出版株式会社．
9) 髙橋晋太郎ほか(2009)：園芸学研究，**8**：373-379．
10) 吉田よし子(2000)：マメな豆の話 世界の豆食文化をたずねて（平凡社新書），p. 211-242，平凡社．

4.6　ヒヨコマメ

4.6.1　栽培と利用の現状

　ヒヨコマメ属は1年生および2年生で，西アジアに10以上の種があるが，ヒヨコマメ (*Cicer arietinum* L.) のみが栽培種である．chickpea の他に，

common gram, garbanzo などとも呼ばれる．栽培起源地は諸説あるが, ヒマラヤ西部から西アジア地方とされる．ヒヨコマメ (chickpea) の名称は, 種子の臍の近傍に雛の嘴状の突起に因む．

　世界の栽培面積は約1108万 ha, 生産量は約977万 t である (2009年)．インドの半乾燥地帯では主要なマメ類の1つである．インドが世界の生産量の約3分の2を占め, 次いで, パキスタン, トルコ, オーストラリアなどで生産が多い．アフリカや中南米でも栽培される．

4.6.2　品種と形態

　植物学上は, 以下の3つの型 (forma) に分けられる. *vulgare*, *album* および *macrospermum* である. *vulgare* はおもに飼料用, *album* は最も普通の種で食用とされ, *macrospermum* は炒ってコーヒーの代用や混合増量に使われる. 実用的には大粒種と小粒種とに分類される. 大粒種は主として地中海や中近東で栽培され, 代表的な品種には 'Kabuli' などがある. 小粒種はインドやエチオピアなどで栽培が多く, インドの代表的な小粒種には 'Desi' がある. この両品種の雑種系統も育成されている[2]．

　1年生で草丈は0.2〜1 m 程度である. 下位節から分枝が出る. 草型は立性, 匍匐性および両者の中間型があり, 変異に富む. 植物体全体に白色の腺毛があり, シュウ酸やリンゴ酸を分泌する. 茎の断面は四角形で, 全体に毛じがある. 葉は4〜7対の小葉からなる羽状複葉で, 長さ5 cm ほどで, 葉にも毛じ

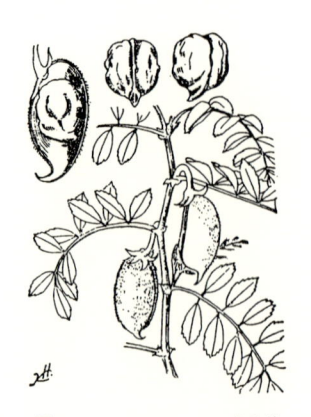

図4.10　ヒヨコマメの草姿[1]

がある（図4.10）．小葉は0.8〜2 cm，卵形，縁辺に鋸歯がある．托葉は卵形で切れ込みがある．葉腋に2〜4 cmの花梗を生じ，1つの花梗に1個まれに2個花がつく．花は紫，桃，白，青などである．全花が咲き終わるのに約1ヶ月を要する．ほとんど自家受精し，莢は長さ2〜3 cm，幅1〜1.5 cm程度である．1莢内に普通1〜2個の種子を含む．種子は径0.7〜1.3 cmで，球形でしわをもつものが多い．百粒重は4〜60 gで変異が大きい．発芽温度は5℃以上とされる．発芽時，子葉は地中に残り，最初の2枚の葉は鱗状である．

4.6.3 栽培方法

比較的高温が適し，生育日数は100〜130日である．低温に対しては−5℃になると枯死する．高緯度地方ではあまり栽培されない．雨量はやや少なめが適し，播種後や開花・結実期の多雨は被害が大きい．耐塩性も強い．土壌は軽鬆な土質がよく，重粘土では生育不良で，多湿では徒長して減収する．

インドのパンジャブ地方では，主要な冬作として9〜10月に播種する．単作のほかに麦類，トウモロコシ，モロコシ，サトウキビ，アマなどと混作する．生育旺盛で雑草を抑えるので中耕は1回程度で済む場合が多い．葉が黄褐色になったら株を引き抜き，1週間程乾燥して，棒で叩いたり，水牛に踏ませて脱穀する．

4.6.4 加工と利用

乾燥種子の栄養成分はタンパク質20%，脂質5.2%，炭水化物（糖質）61.5%，繊維16.3%，灰分2.9%である[3]．栄養価が高く，古来アラビアの遊牧民の旅の糧として知られる．

煮豆，炒豆のほか，種皮を除いて挽き割りにして（ダル，dahl），スープやカレー料理に使う．製粉して小麦粉と混ぜ，パン状に焼く．粉（ベサンと呼ばれる）に香辛料を加えて水で練り，油で揚げたインスタントラーメン状のスナックはナムキーンと呼び，インドではポピュラーなスナック菓子である[4]．わが国ではインゲンマメやアズキ等のあんの代用品として使われており，メキシコなどからガルバンソ（garbanzo）と呼ぶ大粒種を輸入している．その他コーヒーの代用品またはブレンド材とされる．豆モヤシは壊血病の予防に効くという．若葉は塩漬のほか，野菜として用い，また薬用にもされる．

飼料としても種子，莢がインドでは多く用いられる．茎葉には有毒成分があり，飼料に適さない．豆のデンプンは繊維の糊加工や合板の接着剤としても用いられる．

〔国分牧衛〕

引用文献

1) 星川清親(1980)：新編食用作物, p.534-537, 養賢堂.
2) 国分牧衛(2010)：新訂食用作物, p.401-403, 養賢堂.
3) 食品成分研究調査会編(2001)：五訂日本食品成分表, 医薬出版株式会社.
4) 吉田よし子(2000)：マメな豆の話 世界の豆食文化をたずねて（平凡社新書）, p.96-109, 平凡社.

4.7 キ マ メ

4.7.1 栽培と利用の現状

キマメ（pigeon pea, *Cajanus cajan*）は多年生で，アフリカ北部あるいはインドが原産地とされている．これらの地域では，紀元前2000年頃から栽培されたらしい．古代に熱帯アフリカへ伝わり，また北はシリア地方へも伝播した．現在の栽培地域は，インドを中心に東南アジアからアフリカ，中南米の熱帯・亜熱帯各地に広がっている．わが国ではリュウキュウマメとも呼ばれる．キマメはハトが好むので，pigeon peaの英名が付いた[3]．

世界の生産量（2009年）は，生産面積463万ha，生産量350万tである．インドが最大の生産国で247万tの生産があり，世界生産量の約70%を占める．インドではヒヨコマメと並んで重要なマメ科食用作物である．

4.7.2 品種と形態

2変種あり，*C. cajan* var. *flavus* は早生で小型，莢は無毛で，1莢の種子は3個，種子は黄色，*C. cajan* var. *bicolor* は晩生で大型，莢は有毛で，種子数は4〜5個，種子は暗色または斑紋をもつ．インドには両変種内に多くの品種がある．

草丈は1〜4mとなり，キハギに似た草姿である（図4.11）．茎は木のようになるので，「樹豆」と呼ばれる．茎の節からは多数の分枝が生じる．葉は3小葉よりなる複葉で短毛が密生し，裏面は白色である．小葉は長さ5〜10cm

図 4.11 キマメの草姿[2]

で，幅は約 1.5 cm である．花は長い花柄の先に数個着き，主として黄色を呈する．莢は長さ 2～4 cm で，長嘴があり，中に 2～7 個の種子がある．種子は卵形あるいはレンズ形で，径 8 mm，白い臍がある．100 粒重は 5～20 g である．根は直根性で，下方に良く伸長するため，耐乾性が強い．

4.7.3 栽培方法

高温・乾燥の土地に適し，単作またはモロコシやトウモロコシなどのイネ科作物と間作される．播種量は 10 a あたり約 1 kg である．子葉は地中に残る．播種後 6 ヶ月で結実し，以降 3 ヶ月にわたって収穫が続けられる．収穫の末期に地上約 30 cm で切り返し，施肥すると，再生して再度収穫できる．1 期作目の収量は無灌漑で 10 a あたり 70～80 kg，灌漑すると 170～200 kg とれる．根は有機酸（ピスチジン酸）を分泌し，鉄と結合したリン酸から特異的にリン酸を吸収する能力をもっているため，熱帯に分布する低リン酸土壌でもよく生育する[1]．

4.7.4 加工と利用

乾燥種子はタンパク質 19%，脂質 1.5%，炭水化物 57%，繊維 8%，灰分 4% を含み，鉄やヨウ素も豊富で栄養に富む．

インドでは豆類のなかではヒヨコマメなどと並び食用に多用される．未熟種子はグリーンピースのようにして食べる[4]．乾燥子実はダルにして，モヤシに

して，あるいは丸のままスープやカレーの材料とする．若莢は野菜として利用されるほか，缶詰にされる．キマメは緑肥としても利用される．茎葉は飼料として，茎は燃料にもされる．またアッサムやタイ地方では本種を用いてラックカイガラムシを飼養してろうを採るが，ろうの品質は劣る． 〔国分牧衛〕

引用文献

1) Ae *et al*. (1990)：*Science*, **247**：477-480.
2) 星川清親(1980)：新編食用作物, p. 545-546, 養賢堂.
3) 国分牧衛(2010)：新訂食用作物, p. 404-405, 養賢堂.
4) 吉田よし子(2000)：マメな豆の話 世界の豆食文化をたずねて（平凡社新書），p. 109-114，平凡社.

4.8 ヘントウ（レンズマメ）

4.8.1 栽培と利用の現状

ヘントウ（扁豆，lentil, *Lens culinaris*）は，1年生あるいは越年生草本で，ヒラマメ，レンズマメとも呼ばれる．栽培起源地は南西アジアとみられるが，栽培種のうち，小粒種を西アジア，大粒種を東部地中海沿岸とみる説もある．小アジアでは，紀元前2000年に古代ユダヤ人の食糧とされ，ヨーロッパには新石器時代あるいは青銅時代時代までに伝わったとみられる．東方へはインドや中国へも伝わった．しかし，日本へは伝来することがなく，現在も栽培がない[2]．

世界では364万haで約360万tが生産されている（2009年）．インドとカナダが主産国でそれぞれ100万tを超す生産がある．

4.8.2 品種と形態

栽培種は，以下の2亜種に分類される．*macrospermae* は，大粒種で比較的大きな莢を持ち，種子は直径6〜9mm，扁平である．花はやや大きく，白，まれに青色を呈する．地中海，アフリカ，小アジアに分布する．*microspermae* は，小粒種で莢も小さく，種子は直径3〜6mm，凸レンズ状で，紅色を呈する．花は小型で，菫（すみれ），青から白，紅色を呈する．おもに南西〜西アジアに分布する．

図 4.12 ヘントウの草姿[1]

草丈は約 50 cm，細い茎が立ち，多くの枝を出す．葉は長楕円形の小葉からなる羽状複葉で，葉先は蔓となる（図 4.12）．小葉は 4～7 対ほど対生または互生する．托葉は細い．葉腋から長い花柄を出し，2～4 花をつける．花は，青色，白色または紅色で，自家受精する．莢は長さ 1～3 cm，内部に 1～2 個の種子がある．種子は直径 2～9 mm の扁平凸レンズ形である．種皮は灰褐色または赤色，子葉は朱色である．100 粒重は大粒種は 5～9 g，小粒種は 2～3 g で変異が大きい．根系の深さには品種間差異があり，品種の耐乾性と対応している．

4.8.3 栽培方法

発芽温度は最低 4～5℃，最適 30℃，最高 36℃ である．子葉は地中に残る．冷涼で比較的乾燥した温帯性気候に適応するが，広い温度域に適応する．耐寒性が強いことから，一般に冬作物として栽培される．栽培北限はヨーロッパで北緯 64～67° とされる．インド北部では標高 3400 m あたりまで栽培される．熱帯のような高温で多雨の地帯には適さない．排水のよい砂土を好み，pH は中性またはアルカリ性を好む．

インドではイネの前作として作付される．すなわち普通 10～11 月，ときに 1 月まで晩播されるが，播種期の幅は広い．ヨーロッパでは 4 月末～5 月上旬に播く．条播のほか散播される．またオオムギとの混播も行われ，オオムギ 3 対ヘントウ 1 の種子混合率が用いられる．インドではときどきイネの立毛中に

混播することもある．

4.8.4 加工と利用

栄養成分はタンパク質23.2%，脂質1.3%，炭水化物61.3%，繊維17.1%，灰分2.8%である[3]．

豆をひき割りや製粉し，炊き込みご飯やスープにして食べる[4]．また穀物の粉と混ぜてケーキとする．消化がよいので病人食や乳児食に適する．キリスト教の受難節（Lent）期間には肉の代用とされる．また炒って粉にし，コーヒーの混合用とされる．若い葉や莢はインドでは野菜として食べられる．飼料としてもタンパク質に富んだ上質飼料である． 〔国分牧衛〕

引 用 文 献

1) 星川清親(1980)：新編食用作物，p.537-540，養賢堂．
2) 国分牧衛(2010)：新訂食用作物，p.406-408，養賢堂．
3) 食品成分研究調査会編(2001)：五訂日本食品成分表，医薬出版株式会社．
4) 吉田よし子(2000)：マメな豆の話 世界の豆食文化をたずねて（平凡社新書），p.127-130，平凡社．

索　引

ア　行

アオアズキ　193
青臭み　106
青立ち（莢先熟）　16, 80, 85
秋アズキ　131
秋ダイズ　81
味付け（ラッカセイ）　180
アズキ　119
　　──の遺伝と形態　122
　　──の種皮色　124
　　──の粒大　127
アズキ萎凋病　129
アズキ栽培
　（岩手）　140
　（京都）　143
　（北海道）　135
アズキ生産の現状　119
アズキゾウムシ　134
アズキノメイガ　142
小豆ばっとう　140
小豆花虫　134
アズキ品種
　（岩手）　140
　（京都）　143
　（北海道）　138
アズキポリフェノール　151
アズキモザイク病　133, 142
アズキ落葉病　129, 133
畦立同時播種　83
畦豆　143
圧扁　113
姉子　125
アーバスキュラー菌根菌　51
油かす　112
アブラムシ抵抗性　22
甘納豆　146, 181, 192
洗い莢　179
アルコール洗浄法　114
あん　146, 192
あん収率　150
アンモニア態窒素　36

あん粒子　148, 150

石豆　94, 100
一次変性　100
一寸蚕豆　208
遺伝子組換えダイズ　8, 9
忌地性　205
煎り莢（ラッカセイ）　179
インゲン黄化病　188
インゲンマメ　186
インゲンマメ品種　188

うきうき団子　140
うどん粉病　205
畝間灌漑　70
畝立て栽培　50
馬路大納言　143
ウレイド　33

枝豆　108
枝豆用ダイズ品種　109
N 性物質　100
エンドウ　202
エンドウ品種　203

オイルボディー　90, 107, 113
黄色土　72
おから　89
汚損粒　80, 94
於多幅　207
オレイン酸　161

カ　行

開花期関連遺伝子（ダイズ）　15
開花期（ダイズ）　14
香り豆　110
角斑病　191
加工と利用
　（アズキ）　145
　（ダイズ）　87
　（ラッカセイ）　178

褐色斑点病　191
褐斑　169, 206, 210
褐紋病　206
カテキングルコシド　151
加糖あん　120, 146, 148
カドミウム　26
カメムシ類　84, 94
カリウム　44
カルシウム　25, 44, 171
ガルバンソ　213
雁喰い豆　110
感光性　122, 126, 131
緩効性肥料　42
間作コムギ栽培技術　62
乾燥ストレス耐性　23
官能試験　103
干ばつ　39, 80
乾物生産　68

黄色ダイズ　103
黄麹菌　97
キタネコブセンチュウ　164
絹豆腐　90
基肥　42, 74, 133
旗弁　123
キマメ　214
きゅう肥　45
狭畦栽培　47, 61, 74, 79
凝固剤　90, 91
菌核病　191, 210
金時　188

茎疫病　22, 51, 63, 70, 75, 129, 134
茎腐病　170, 210
屈曲型倒伏　40
グライ土　69, 72
鞍掛　19
クラスト　32, 83
グリシニン　24, 117
グリーンピース　202, 206
グルタミナーゼ　101
グルタミン酸　101

索　引

黒渋病　169
黒ダイズ　77, 104
黒根腐病　51, 75
黒ぼく土　69, 72, 141

茎根重比　33
茎葉処理除草剤　62
ケツルアズキ　193
毛豆　110
限定分解タンパク質　100

呉　89
小畦立て播種　50, 69
耕耘同時畝立て播種　50, 69, 74, 84
高オレイン酸品種　161
高温耐性　40
光合成　34
光合成速度　34
抗酸化活性　151
麹菌　95, 98, 101
麹歩合　96
耕盤　30
酵母　98
コガネムシ　171
米みそ　95
ころび型倒伏　40
根系　33
根毛　33
根粒　33, 131
根粒菌　33, 42, 131
　──の接種　42, 62
根粒形成遺伝子　33
根粒窒素固定　36, 42
根粒超着生系統　18

サ　行

最下着花節位　126
栽植密度　47, 61, 83
最適 LAI　68
サイトウ　186
栽培可能日数　72
栽培管理技術（ダイズ）　45
作付体系　72, 76
搾油用ダイズ　87
ササゲ　197
さび病　22, 171, 206, 210
サポニン　107, 114, 135
サヤインゲン　188

サヤエンドウ　202
莢先熟　16, 80, 85
酸洗浄法　114

シストセンチュウ抵抗性　20
自然裂莢　123
湿害　22, 30, 39, 69, 77
紫斑病　85, 94
煮熟増加比　150
収穫
　（アズキ）　137, 142
　（ダイズ）　64, 80, 85
　（ラッカセイ）　172
充填豆腐　90
収量構成要素　38
収斂味　106
ジュウロクササゲ　198
主茎　15, 32
主茎長　15
種子消毒剤　85
出芽　30
種皮色
　（アズキ）　124, 146
　（ダイズ）　19
主要なダイズ生産国　7
種瘤　130
ジュール加熱　89
子葉　30, 31
障害型冷害　40
硝酸還元　36, 45
硝酸態窒素　36
蒸煮処理　100
消泡剤　89
小明渠作溝同時浅耕播種　50, 74
醤油　98
醤油豆　211
食品用ダイズ　5, 87
除草
　（ダイズ）　48, 62, 70, 74, 80, 84
　（アズキ）　136, 142
白絹病　170
白小豆　127
伸育型　16
シンク　35

水素酸化細菌　52
水田転換畑　30, 44, 51, 67, 71
素煎り（ラッカセイ）　180

スターター窒素　42
スパニッシュタイプ　155, 160
ずんだ豆　110

生育不良型冷害　40
成熟期（ダイズ）　15
生態型　81
ぜいたく吸収　45
積算気温　59
節　122
節間長　16

そうか病　170
草型　32
総合施肥播種機　136
ソース　35
ソラマメ　207
ソラマメゾウムシ　210
ソラマメ品種　208

タ　行

ダイズ　1
　──の遺伝と形態　13
　──の吸水性　94
　──の収量構成要素　38
　──の種皮色　19
　──の主要品種　4
　──の生産費　3
　──の生態と生理　30
　──の単収　3, 66, 81
　──の窒素代謝　36
ダイズイソフラボン　114
ダイズインク　11
ダイズかす　11
ダイズ茎疫病菌　31
ダイズゲノム　14
ダイズ栽培
　（関東・東海）　71
　（九州）　81
　（近畿・中国・四国）　76
　（東北・北陸）　65
　（北海道）　59
ダイズ栽培の現状
　（アジア）　10
　（南米）　9
　（北米）　8
ダイズ栽培の歴史　1
ダイズシストセンチュウ　20, 51, 63, 75, 192

索　引

ダイズ紫斑病菌　31
ダイズ収量の限界　53
ダイズ食品　12
ダイズ生産の現状
　（世界）　6
　（日本）　2
ダイズタンパク質　24, 113, 117
ダイズ品種　4
ダイズモザイク病　21
ダイズ油　11
ダイズ利用の現状
　（世界）　11
　（日本）　5
耐倒伏性　32, 40
大納言小豆　121, 127, 131
堆肥　45, 167
ダダ茶豆　110
立性　160
脱脂加工ダイズ　99, 112
タネバエ　61, 63, 75, 191
ダル　213, 215
短日植物　14, 34, 122, 126
炭疽病　188, 191
丹波黒　104
丹波大納言小豆　143

遅延型冷害　40
地温　38
地下子葉　31, 122, 130, 209
地下水位　35, 39, 51
地下水位制御　51, 70
地上子葉　32, 122, 190
窒素施肥　42
窒素代謝　36
窒素追肥効果　43
地干し　173, 175
中間型アズキ　131
中耕除草機　70
中耕培土
　（ダイズ）　47, 62, 70, 74, 79, 84
　（アズキ）　136, 142
中長鶉　188
調位運動　35
超高温短時間殺菌　107
調合みそ　95
調整豆乳　106
地力窒素　44, 52, 68, 78
チロシン　93

追肥　42, 74, 133
ツルマメ　13

低温ストレス耐性　23
低変性脱脂ダイズ　112
摘心　74
テパリービーン　186
手亡　188
田畑輪換　52, 68
デンプン粒　135, 146, 148

豆乳　89, 105
豆乳飲料　106
豆板醬　211
豆腐　88
豆腐カード　116
倒伏　40
豆腐好適ダイズ品種　91
豆腐製造工程　89
土莢　178
土壌処理除草剤　47, 48, 62
土壌pH　41
トランス脂肪酸　11
トリプルカット不耕起播種機　79

ナ　行

長葉　17
夏アズキ　131
夏ダイズ　15, 81
納豆　92
納豆用適性ダイズ品種　92
生あん　146, 147
生呉　89
ナムキーン　213

におい積み　137
にがり　90
二次通気組織　39
二次変性　100
日照時間　65
ニトロゲナーゼ　36, 45
煮豆　101, 192, 211
煮豆用ダイズ　102, 103
乳化　107
乳酸菌　98

練りあん　146
稔実莢数　39

濃縮ダイズタンパク質　114
Nod因子　33
野積み　173, 175

ハ　行

灰色低地土　69, 72
胚軸　30, 31, 107
排水対策　73
培土　47
バクテロイド　34, 36
バージニアタイプ　155, 160
播種作業
　（ダイズ）　46, 60, 69, 73, 78, 82
　（アズキ）　136, 141, 143
　（ラッカセイ）　167
播種時期（ダイズ）　45
ハスモンヨトウ　21, 75, 84
ハスモンヨトウ抵抗性　21, 85
バターピーナッツ　181
葉焼け病　22
バラエティダイズ　8
はるさめ　197, 211
バレンシアタイプ　155, 160
半無限伸育型　16
斑紋　125

光利用効率　35
ピシウム菌　31
ピスチジン酸　215
非選択性除草剤　49, 82
必要除草期間　48
1莢内粒数　38
ピーナッツオイル　181
ピーナッツバター　181
ヒネ豆　150
肥培管理
　（ダイズ）　40, 61, 74, 78, 83
　（アズキ）　136, 141
百粒重　38
病害虫同時防除　63
ヒョウタンゾウムシ　171
ヒヨコマメ　211
ピログルタミン酸　101

フィチン　91
フェロモントラップ　85
不耕起栽培　49, 74, 78, 83
フジマメ　187

伏性　160
斑　125
普通小豆　121, 127, 131
不定根　39, 47
部分浅耕一工程播種　83
プロアントシアニジン　148
プロテアーゼ　101
プロテインボディー　113
分枝　15, 32
分離ダイズタンパク質　115, 117

平均気温　65
ヘキサン　113
ペクチン　93
ベサン　213
臍着色　19, 94
β-コングリシニン　24, 117
ベニバナインゲン　186
ペプチダーゼ　101
変色粒　94
ヘントウ　216

ぼっち　173
ポリフェノール　151

マ 行

マメゾウムシ　206
マメホソクチゾウムシ　134
豆みそ　95
丸ダイズ　99
マルチ栽培　165, 167
円葉　17

瑞穂大納言　143
みそ　95
みそ加工適性　98
蜜煮　181

ミナミアオカメムシ　85

麦みそ　95
無限伸育型　16, 126
無霜期間　59, 67, 72
無中耕無培土栽培　80, 84

毛じ　18
モザイク病抵抗性　21
元肥（基肥）　42, 74, 133
木綿豆腐　90
モヤシ　197
モリブデン　41, 45

ヤ 行

ヤエナリ　193
山形鎮圧輪　83
やませ　66

有機物資材　45
有限伸育型　16
有限成長型根粒　33
有効花　169
有芯部分耕播種　51, 69
ユウナヨ　110
ゆで豆用栽培（ラッカセイ）　175
ゆでラッカセイ　182

幼芽褐変症　175
溶脱　41
葉面積指数　32
翼弁　123

ラ 行

ライマメ　186
落花　34

ラッカセイ　155
　——の遺伝と形態　159
　——の収穫適期　171
ラッカセイ生産の現状　155
ラッカセイ品種　161
落莢　34
ラックカイガラムシ　216
ランナータイプ　160

リノール酸　161
リポキシゲナーゼ　24, 107
リポキシゲナーゼ欠失品種　108
リュウキュウマメ　214
竜骨弁　123
粒大　127
リョクトウ　193
リン　44
輪作体系　51, 61, 133, 164

Rubisco　35

冷害　40, 63
レグヘモグロビン　37
レシチン　11
裂莢性　19
レトルトラッカセイ　182
連作障害　164
レンズマメ　216

ワ 行

矮化病　22
矮化病抵抗性　22
和菓子　146

編者略歴

こくぶんまきえ
国分牧衛

1950年　岩手県に生まれる
1973年　東北大学農学部卒業
現　在　東北大学大学院農学研究科教授
　　　　農学博士

作物栽培大系5
豆類の栽培と利用　　　　　　　定価はカバーに表示

2011年 9月 5日　初版第1刷
2024年12月25日　初版第2刷

　　　　　　　　　　　監　修　日本作物学会
　　　　　　　　　　　　　　　「作物栽培大系」
　　　　　　　　　　　　　　　編　集　委　員　会

　　　　　　　　　　　編　者　国　分　牧　衛

　　　　　　　　　　　発行者　朝　倉　誠　造

　　　　　　　　　　　発行所　株式会社　朝　倉　書　店
　　　　　　　　　　　　　　　東京都新宿区新小川町6-29
　　　　　　　　　　　　　　　郵便番号　162-8707
　　　　　　　　　　　　　　　電話　03(3260)0141
　　　　　　　　　　　　　　　FAX　03(3260)0180
〈検印省略〉　　　　　　　　　　https://www.asakura.co.jp

Ⓒ 2011〈無断複写・転載を禁ず〉印刷・製本　デジタルパブリッシングサービス

ISBN 978-4-254-41505-6　C 3361　　Printed in Japan

|JCOPY|　〈出版者著作権管理機構 委託出版物〉

本書の無断複写は著作権法上での例外を除き禁じられています。複写される場合は，
そのつど事前に，出版者著作権管理機構（電話 03-5244-5088，FAX 03-5244-5089，
e-mail: info@jcopy.or.jp）の許諾を得てください。

好評の事典・辞典・ハンドブック

火山の事典（第2版）	下鶴大輔ほか 編	B5判 592頁
津波の事典	首藤伸夫ほか 編	A5判 368頁
気象ハンドブック（第3版）	新田 尚ほか 編	B5判 1032頁
恐竜イラスト百科事典	小畠郁生 監訳	A4判 260頁
古生物学事典（第2版）	日本古生物学会 編	B5判 584頁
地理情報技術ハンドブック	高阪宏行 著	A5判 512頁
地理情報科学事典	地理情報システム学会 編	A5判 548頁
微生物の事典	渡邉 信ほか 編	B5判 752頁
植物の百科事典	石井龍一ほか 編	B5判 560頁
生物の事典	石原勝敏ほか 編	B5判 560頁
環境緑化の事典	日本緑化工学会 編	B5判 496頁
環境化学の事典	指宿堯嗣ほか 編	A5判 468頁
野生動物保護の事典	野生生物保護学会 編	B5判 792頁
昆虫学大事典	三橋 淳 編	B5判 1220頁
植物栄養・肥料の事典	植物栄養・肥料の事典編集委員会 編	A5判 720頁
農芸化学の事典	鈴木昭憲ほか 編	B5判 904頁
木の大百科［解説編］・［写真編］	平井信二 著	B5判 1208頁
果実の事典	杉浦 明ほか 編	A5判 636頁
きのこハンドブック	衣川堅二郎ほか 編	A5判 472頁
森林の百科	鈴木和夫ほか 編	A5判 756頁
水産大百科事典	水産総合研究センター 編	B5判 808頁

価格・概要等は小社ホームページをご覧ください．